职场通

高效办公职场通 》》

PowerPoint 2010

公司形象与产品销售宣传设计

周娟 编著

中国铁道出版社
CHINA RAILWAY PUBLISHING HOUSE

内 容 简 介

本书主要针对 PowerPoint 在制作公司形象与产品销售宣传设计演示文稿中遇到的各种实际问题进行阐述。全书通过"基础知识回顾→职场问题解决→职场综合应用"的结构将所有内容划分为三大部分，其中：

"基础知识回顾"主要讲解 PowerPoint 2010 软件的基础知识。

"职场问题解决"是本书的主体内容，笔者大量列举了职场中的各种实际问题。

"职场综合应用"将职场问题解决部分中单独的小问题通过多个实例串联起来，呈现完整的制作过程，让读者快速将所学知识应用到实际工作中。

本书主要定位于使用 PowerPoint 的各级广大用户。本书知识讲解系统全面，实例丰富，因此适用于不同年龄段的公司管理人员、行政人员、文秘、企业员工、老师及公务员使用，尤其对刚进入职场的工作人员解决实战问题有很大的指导作用。

图书在版编目（CIP）数据

PowerPoint 2010 公司形象与产品销售宣传设计 / 周娟编著. — 北京：中国铁道出版社，2012.10
（高效办公职场通）
ISBN 978-7-113-15115-7

Ⅰ．①P… Ⅱ．①周… Ⅲ．①图形软件 Ⅳ.
①TP391.41

中国版本图书馆 CIP 数据核字（2012）第 174553 号

书　　名：PowerPoint 2010 公司形象与产品销售宣传设计
作　　者：周　娟　编著

策划编辑：张亚慧　　　　　　　　　　读者热线电话：010-63560056
责任编辑：王雪飞
责任印制：赵星辰

出版发行：中国铁道出版社（北京市西城区右安门西街 8 号　　邮政编码：100054）
印　　刷：北京鑫正大印刷有限公司
版　　次：2012 年 10 月第 1 版　　　2012 年 10 月第 1 次印刷
开　　本：787mm×1 092mm　　1/16　　印张：28　字数：658 千
书　　号：ISBN 978-7-113-15115-7
定　　价：55.00 元（附赠光盘）

系列特色

企业的持续发展不仅依赖于其不断壮大的硬实力，也得益于日渐增强的软实力，在这样一个注重企业形象和营销手段的时代，如何使用PowerPoint软件为企业形象和产品宣传排忧解难，并让客户或者观众从俯拾即是的演示中感受到制作者和企业的独具匠心，这是企业形象宣传与产品销售宣传中亟待解决的问题。

为此，我们精心策划了《高效办公职场通》系列，该系列总共5本，分别是《Excel 2010表格制作与数据处理》、《Excel 2010财务管理与会计应用》、《Excel 2010公式、函数与图表》、《PowerPoint 2010公司形象与产品销售宣传设计》、《Word/Excel 2010行政管理与文秘办公》。

其中本书《PowerPoint 2010公司形象与产品销售宣传设计》主要是针对PowerPoint 2010在公司形象和产品销售宣传设计中遇到的各种实际问题进行处理，从办公问题的常用性和实用性出发，对某一类问题进行特例介绍，深入浅出，启发用户举一反三。

本书内容

本书共17章，通过"基础知识回顾→职场问题解决→职场综合应用"的结构将所有内容划分为三大部分，具体内容如下。

基础知识回顾

该部分共 4 章，主要讲解了一些PowerPoint 2010 软件的基础知识。通过该部分知识可以帮助用户快速回顾和构建必备基础知识。

- 第一章：PowerPoint 2010 基础知识构建
- 第二章：制作图文并茂的演示文稿
- 第三章：演示文稿的多媒体应用与交互设计
- 第四章：制作动态幻灯片

职场问题解决

该部分共 9 章，是本书的主体内容，在这部分内容中，笔者精选了 107 个职场中的常见问题，并通过分析和操作教会读者如何解决这类问题。

- 第五章：解决企业管理问题（NO.001~NO.014）
- 第六章：解决企业宣传问题（NO.015~NO.029）
- 第七章：解决企业会议问题（NO.030~NO.042）
- 第八章：解决人力资源管理问题（NO.043~NO.056）
- 第九章：解决客户维护问题（NO.057~NO.064）
- 第十章：解决产品推广问题（NO.065~NO.071）
- 第十一章：解决产品销售问题（NO.072~NO.085）
- 第十二章：解决公司报告问题（NO.086~NO.097）
- 第十三章：解决其他办公领域问题（NO.098~NO.107）

职场综合应用

该部分共 4 章，将职场问题解决部分中单独的小问题通过实例串联起来，呈现完整的制作过程，让读者快速将所学知识应用到实际工作中。

第十四章：员工素质与技能管理

第十五章：企业公关管理

第十六章：企业产品宣传与推广管理

第十七章：企业经营与管理

本书导读

　　本书的主要目的是教会用户如何解决实际办公中的问题，因此对于问题解决部分采用"职场情景"、"解决思路"和"解决方法"的写作结构，让读者在实际的职场情景中去发现问题、分析问题和解决问题。

　　下面是本书中这几个部分的具体特点和展示。

◆　　**职场情景**：模拟一种实战环境，其中会交待清楚案例的具体情景，并发现有待完善或解决的问题。

/////// **职场情景** ////////////////////////////////////

　　不少大企业在招聘员工时，会提供一些能力测试题让应聘者完成，从中可以对其性格、心理或相关能力进行一些了解，以作为录用时的参考。

　　如图8-24所示为某科技企业制作的招聘测试题演示文稿，在招聘时由公司方放映该演示文稿，应聘者统一作答，并要求在放映演示文稿时部分幻灯片不能被应聘者看到，也可以将整个演示文稿的内容打印到纸张上供测试者或公司人员查看（◎光盘\素材\第8章\招聘员工能力测试.pptx）。

图8-24　招聘员工能力测试幻灯片

◆　　**解决思路**：针对出现的问题进行详细分析，寻求解决之道，以及涉及的相关知识点，为下一步的具体操作进行指导。

/////// **解决思路** ////////////////////////////////////

　　当需要调整当前相册的版式或增减照片数量时，使用前面介绍的编辑相册的方法虽然可以增加新的照片，但相册中的所有照片都必须采用统一的版式或外观样式。

　　而本例希望添加到相册的新一组照片变换为其他版式或外观，这时就需要另外创建新的相册，然后将新相册中创建的幻灯片复制到前面创建的同一演示文稿中，再进行照片的外观设置（◎光盘\效果\第6章\公司工作类型相册2.pptx）。

◆ **解决方法**：根据前面分析的解决思路，利用 PowerPoint 2010 进行实际操作，其中将通过详细的操作步骤进行展示。

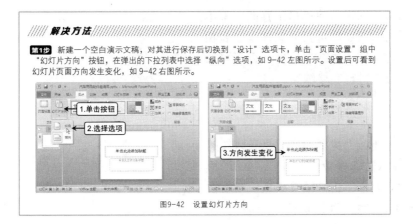

图9-42 设置幻灯片方向

光盘导读

为了方便读者学习和操作，本书附送的光盘中除了提供书中使用到的所有素材和效果文件外，还免费赠送了大量其他拓展学习PowerPoint知识的内容和资料，其具体使用说明如下。

◆ 免费赠送视频教学内容

免费赠送PowerPoint 2007教学视频，该部分内容共计10章。在进入的光盘主界面中单击"PPT 2007"导航按钮即可在右侧查看到内容目录，通过选择不同的知识条目即可进入视频学习。该教学视频可让读者以另一种轻松的形式，拓展学习到PowerPoint 2007的相关知识，与书中介绍的PowerPoint 2010版本配套学习，可达到购买一本书学习两个版本软件知识的目的。

◆ 免费赠送经典范例视频

免费赠送10个经典的范例视频，进入主界面后，在其中单击"范例视频"导航按钮即可查看相关内容。

这部分内容不与本书的综合应用案例相对应，其目的是通过这些额外附赠的范例，帮助用户拓展学习到各种经典案例的制作。

◆ 全面提供素材效果文件

在本书光盘中提供了书中案例涉及的所有素材和效果文件，在进入的光盘主界面中单击"素材效果"导航按钮即可打开文件夹查看相关的内容，通过这些素材效果文件，读者可按照书中的操作步骤进行实战练习。

◆ 免费赠送十三大类精选 PPT 模板

本书光盘中还额外免费赠送了十三大类的PowerPoint演示文稿模板，共计167个PPT模板，在光盘主界面中单击"精选模板"导航按钮即可查看相关文件，通过这些精选的PPT模板，读者在实际工作中只需稍加修改即可快速制作出符合需求的演示文稿，提高工作效率。

读者对象

本书主要定位于使用PowerPoint的各级广大用户。本书知识讲解系统全面，实例丰富，因此适用于不同年龄段的公司管理人员、行政人员、文秘、企业员工、老师及公务员使用，尤其对刚进入职场的工作人员解决实战问题有很大的指导作用。

由于编者经验有限，加之时间仓促，书中难免会有疏漏和不足之处，恳请专家和读者不吝赐教。

编 者

2012年8月

Contents
目录

【基础知识回顾篇】

【职场问题解决篇】

【职场综合应用篇】

PowerPoint 2010 基础知识构建

PowerPoint 2010的基础知识包括演示文稿的创建与保存、幻灯片的创建与管理、幻灯片母版的使用、页面主题的应用与管理、页面背景的设置等。了解这些基本操作，是使用PowerPoint制作演示文稿的前提。本章将分别对其进行讲解。

1.1 PowerPoint 2010 的基础操作

PowerPoint是美国Microsoft公司推出的办公应用软件——Office中的组件之一，从其出现至今研发了多个版本，无论是软件的界面还是功能特性，都在不断地进行完善。目前，PowerPoint 2010是最新版本，也是本书讲解的对象。

新增的视频和图片编辑功能是PowerPoint 2010的新亮点，此版本还提供了许多与同事一起轻松处理演示文稿的新方式。此外，切换效果和动画运行起来比以往更为流畅和丰富。

1.1.1 软件界面自定义

学习该软件的第一步就是认识其工作界面，PowerPoint 2010工作界面主要由"快速访问工具栏"、"功能选项卡及功能区"、"[幻灯片/大纲]"窗格、"幻灯片编辑"窗格、"备注"窗格、"状态栏"以及"视图栏"等部分组成。

在使用PowerPoint 2010的过程中，不同的用户其操作方式也不同，这时可对界面进行自定义设置，使其符合自身的使用习惯。下面将分别进行介绍。

1. 调整功能区显示方式

默认情况下，功能区总是以固定的高度显示在标题栏的下方，若用户在操作过程中感觉该区域占据了屏幕的显示区域，可以将其最小化，即只保留选项卡。

具体的设置方法很简单，只需在PowerPoint 2010功能区上的任意位置右击，在弹出的快捷菜单中选择"功能区最小化"命令，如1-1左图所示，设置后其效果如1-1右图所示。

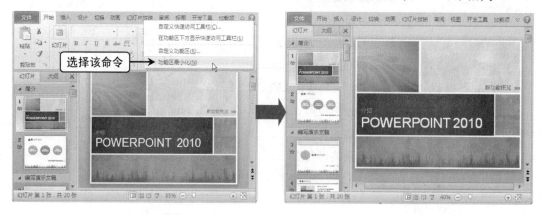

图1-1　设置功能区最小化前后对比效果

2. 自定义快速访问工具栏按钮

默认情况下，快速访问工具栏中包括3个常用按钮，分别是"保存"按钮、"撤销"按钮和"恢复"按钮 ，单击其后的 按钮，在弹出的菜单中可选择其他按钮对应的命令，将所需的按钮添加到工具栏中。

若单击快速访问工具栏右侧的 按钮后，在弹出的菜单中并没有需要添加的按钮命令，用户可以到"PowerPoint选项"对话框中添加任意命令或按钮到快速访问工具栏中，其具体操作如下：

第1步 单击快速访问工具栏右侧的 按钮，在弹出的菜单中选择"其他命令"命令，如图1-2所示。

第2步 打开"PowerPoint 选项"对话框的"快速访问工具栏"选项卡，其右侧有两栏内容，在左栏列表框中用户可选择需要添加的命令或按钮，包括"从下列位置选择命令"下拉列表框中选择不同的命令分类，默认为"常用命令"类，如图1-3所示。

图1-2　选择"其他命令"命令　　　　　　图1-3　默认的命令分类

第3步 在"从下列位置选择命令"下拉列表框中选择"插入 选项卡"选项，然后在下方的列表框中找到需要添加的按钮，单击"添加"按钮，即可将其添加到右侧列表框中，如图1-4所示。

第4步 使用相同的方法继续添加按钮，对于右侧不需要的按钮，可在选择后单击"删除"按钮，将其从列表中删除，完成后单击"确定"按钮，返回到 PowerPoint 的工作界面，此时可看到快速访问工具栏中出现了刚才添加的按钮，单击该按钮即可快速执行相应操作，如图1-5所示。

图1-4　添加按钮　　　　　　　　　　　图1-5　查看添加后按钮

通过快捷菜单添加按钮到快速访问工具栏

除了使用以上方法外，用户在功能区任意选项卡的任意图标上右击，在弹出的快捷菜单中选择"添加到快速访问工具栏"命令，也可将其添加到快速访问工具栏中。对于不再需要的某个已添加的按钮，可在快速访问工具栏中的该按钮上右击，并在弹出的快捷菜单中选择"从快速访问工具栏删除"命令将其删除。

1.1.2　创建演示文稿

一个演示文稿由多张幻灯片组成，各幻灯片中的内容、顺序及展示方式，构建成一个完整的演示文稿。

要制作幻灯片，首先需要创建一个演示文稿，在PowerPoint 2010中有多种创建演示文稿的方法，使用不同的方法可得到不同内容的演示文稿。

1. 创建空白演示文稿

启动PowerPoint 2010后，默认会新建一个空白的演示文稿，在其中只包含一张幻灯片，不包括其他内容，以方便用户自行创作。

除此之外，用户也可手动创建空白演示文稿，其具体方法如下：单击"文件"选项卡中的"新建"选项卡，然后可看到"可用的模板和主题"栏中"空白演示文稿"选项呈选择状态，接着单击右侧的"创建"按钮，即可新建一个空白演示文稿，如图1-6所示。

图1-6　单击"创建"按钮新建空白演示文稿

2. 根据模板快速创建

模板是指在外观或内容上已经进行了一些预设的文件，通过模板创建演示文稿，用户不用完全从头开始制作，从而提高了工作效率。PowerPoint 2010中有样本模板和主题模板两种类型的模板，它们的侧重点在于内容和外观两个方面。

PowerPoint 2010中一部分模板是软件自带的，除此之外，用户还可在Microsoft的官方网站在线下载模板，从而制作出类型多样的演示文稿。

下面介绍根据样本模板和主题模板创建演示文稿的具体操作：

第1步 单击"文件"选项卡中的"新建"选项卡，选择"可用的模板和主题"栏中的"样本模板"选项，在中间栏中显示出计算机中已经存在的文稿模板。

第2步 选择任一文稿模板，在右侧栏中会显示出其预览效果，单击"创建"按钮，即可创建出包含已有内容的演示文稿，如图1-7所示。

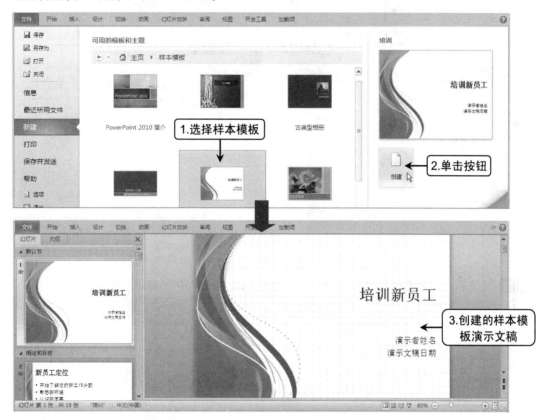

图1-7　根据系统提供的"样本模板"创建演示文稿

第3步 在"可用的模板和主题"栏下选择"主题"选项，则在中间栏中会显示不同外观效果的主题模板，选择其中一项，单击"创建"按钮，即可创建出具有统一背景及配色方案的演示文稿，如图1-8所示。

根据样本模板和主题模板创建的演示文稿有何区别

根据样本模板新建的演示文稿中已经包含了多张幻灯片，并且各幻灯片中包含较多内容和提示信息，用户只需针对自己的实际情况进行相应调整即可；而根据主题模板创建的演示文稿中只有一张幻灯片，其中也没有内容，但在此基础上新建的幻灯片，将保持统一的背景、配色及字体效果。

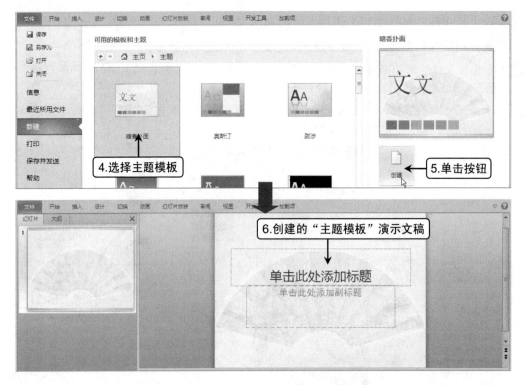

图1-8　根据系统提供的"主题模板"创建演示文稿

第4步 若选择"可用的模板和主题"栏下"Office.com 模板"列表框下的选项，如"幻灯片背景"选项，则会在中间栏中显示 Microsoft 官方网站上提供的各种相应的模板，要想使用它，只需选择所需模板，单击"下载"按钮即可自动下载到电脑中并创建对应的演示文稿，如图 1-9 所示。

图1-9　根据Microsoft官网上提供的模板创建演示文稿

3. 根据现有内容新建

根据现有内容新建演示文稿是新建演示文稿的另一方法，其实质就是创建一个与现有演示文内容和格式相似的演示文稿，下面介绍具体操作方法：

单击"文件"选项卡中的"新建"选项卡，选择"可用的模板和主题"栏下的"根据现有内容新建"选项，在打开的"根据现有演示文稿新建"对话框中选择"产品推广策划案"演示文稿，然后单击"新建"按钮，如图1-10所示，此时返回PPT工作界面，发现已经创建了原有演示文稿"产品推广策划案.pptm"的副本，在"[幻灯片/大纲]"窗格中可看到现存的"产品推广策划案"幻灯片的效果，用户可以利用该模板的样式，在此基础上，根据自己的需要，将其修改成为新的演示文稿。

图1-10　根据现有内容新建演示文稿

1.1.3　保存演示文稿

无论是在新文件中输入数据，还是在已有的文件中编辑数据，在完成数据的输入和编辑操作后都需要对其进行保存，以免造成数据的遗失。

下面从首次保存和另存演示文稿两个方面来介绍保存的方法。

1．首次保存

新建演示文稿后，可以马上对其进行保存，也可在编辑过程中或编辑完成后对其进行保存。其具体方法如下：单击"文件"选项卡中的"保存"按钮，或按【Ctrl+S】组合键来进行保存。第一次保存演示文稿时，会打开"另存为"对话框，在其中设置演示文稿的保存路径、保存类型和名称，如图1-11所示，以后就可以根据这些信息来查找该文件。

图1-11　保存演示文稿

快速打开演示文稿

在打开一个对象的窗口后，通过在单击选择对象后按【Enter】键，或在对象图标上单击鼠标右键，在弹出的快捷菜单中选择"打开"命令来打开文件。

在打开窗口时，也可以按【Ctrl+O】组合键执行"打开"命令，然后在打开的"打开"对话框中选择要打开的演示文稿。

2．另存演示文稿

另存演示文稿的主要作用是将当前演示文稿再保存，除了将原文档覆盖保存外，还可使原文档仍然存在，并将其另存为其他名称，或保存到其他路径，或保存为其他类型（包括不同版本的文档类型转换），其中前两种都可以在"我的电脑"中通过重命名，或移动的方法来解决。

另存为的方法是：单击"文件"选项卡中的"另存为"按钮，在打开的"另存为"对话框中即可进行设置。另存的演示文稿类型有如下几种。

◆ **PPT、PPTX**：这两种格式都是 PowerPoint 中最为基础的文件类型。在 PowerPoint 2010 中两种文件均可正常使用，但在早期版本的 PowerPoint 中需要安装相关补丁后才能打开 PPTX 文件。

◆ **PPTM**：这是包含有宏内容的演示文稿，它与 PPTX 的本质区别在于其中包含有宏。

◆ **POT、POTX、POTM**：POT 是 2003 版本的模板文件；POTX 是 PowerPoint 2010 的模板文件；POTM 是包含有宏的模板文件。

◆ **PPS、PPSX**：这两种格式是 PPT 和 PPTX 文件的变体，在内容上没有什么区别，只是这类文件在打开后会以全屏放映的方式显示，而不提供软件编辑界面，它们的出现是为了方便放映已经编辑制作完成的演示文稿。

快速打开最近使用的演示文稿

在"文件"选项卡中单击"最近所用文件"选项卡，在中间栏中会显示最近使用的演示文稿，单击文稿对应的名称便可以打开相应的演示文稿。

1.1.4　同一演示文稿中编辑多个窗口

同一演示文稿中可打开多个窗口对其进行查看、编辑，大大方便了操作复杂的演示文稿。

1．新建窗口

新建一个演示文稿的其他窗口后，无论在哪一个窗口中对演示文稿进行编辑，其他窗口都会进行相应地变化，下面介绍新建窗口的具体操作方法：

基础知识回顾篇

第1步 单击"文件"选项卡中的"打开"按钮，打开"打开"对话框，在"查找范围"下拉列表框中选择"营销报告.pptm"演示文稿的保存路径，在中间的列表框中选择"营销报告.pptm"演示文稿，单击"打开"按钮，打开该演示文稿，如图 1-12 所示。

第2步 单击功能区中"视图"选项卡"窗口"组中的"新建窗口"按钮，将为"营销报告.pptm"演示文稿添加一个编辑窗口，如图 1-13 所示。

图1-12　打开演示文稿

图1-13　单击"新建窗口"按钮

第3步 单击两次该按钮，将继续添加两个编辑窗口，此时该演示文稿一共有 4 个编辑窗口，最后新建的窗口处于当前激活状态。

2. 排列窗口

对打开的多个窗口可以进行如下两种排列操作。

◆ **全部重排**：当一个演示文稿有多个编辑窗口时，单击"视图"选项卡"窗口"组中的"全部重排"按钮后，在屏幕中并排平铺所有窗口，如图 1-14 所示。

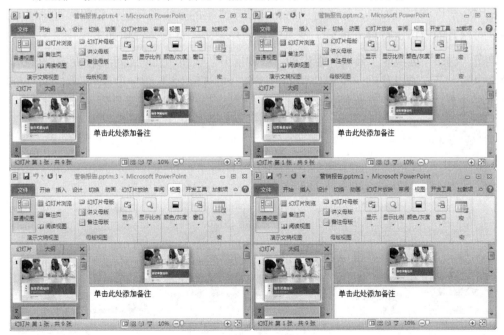

图1-14　并排平铺所有窗口

◆ **层叠**：当一个演示文稿有多个编辑窗口时，单击"视图"选项卡"窗口"组中的"层叠"按钮后，所有窗口将以层叠的方式展示出来，如图1-15所示。

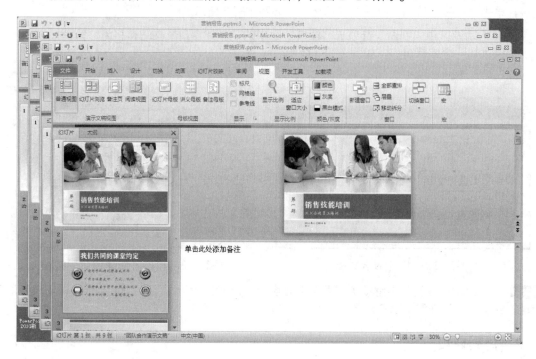

图1-15　层叠展示窗口

3．移动拆分窗口

在PowerPoint 2010中，除了可以将新建演示文稿的多个窗口进行编辑和重排操作之外，还可以对打开的窗口进行移动拆分，使其满足用户需求，其具体操作如下：

单击"视图"选项卡"窗口"组中的"移动拆分"按钮，此时鼠标光标变成✣形状。可通过键盘中的上下左右键移动一个窗口中的分隔条，按【Enter】键完成操作，如图1-16所示为不停地按【↑】键而变化产生的效果。

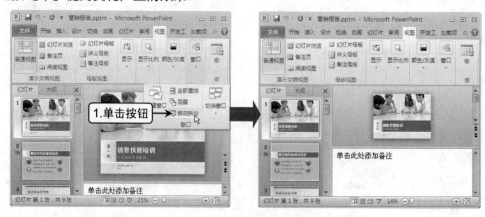

图1-16　移动拆分窗口

1.1.5　创建幻灯片

新建幻灯片的方法有多种，可以在"大纲"窗格中输入文本再将其升级为幻灯片；也可以使用"开始"选项卡中的"新建幻灯片"按钮新建幻灯片；还可以复制同一演示文稿或其他资源中的幻灯片进行新建，下面将分别进行介绍。

1．从"大纲"窗格中创建幻灯片

"大纲"窗格是以层次树的形式显示演示文稿的幻灯片中的文本，幻灯片标题作为顶级，幻灯片中各种级别的项目符号列表作为从属级别，查看起来非常直观。

下面介绍在"大纲"窗格中创建幻灯片的具体操作：

第1步 将当前演示文稿的视图方式切换到"普通"视图，并将显示窗格切换为"大纲"窗格，在其中幻灯片文本上单击鼠标右键，在弹出的快捷菜单中选择"新建幻灯片"命令，如图 1-17 所示。

第2步 程序将在当前幻灯片的后面新建一张幻灯片，并在"大纲"窗格中出现一个左侧带有幻灯片按钮的新行，输入新幻灯片的标题，标题内容将在"大纲"窗格和幻灯片编辑区中显示，如图 1-18 所示。

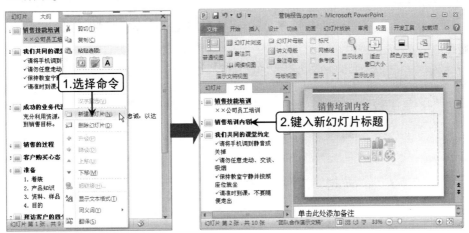

图1-17　选择"新建幻灯片"命令　　　图1-18　输入新幻灯片标题

幻灯片中的升级与降级

"大纲"窗格中的内容可以按【Tab】键降级或使用【Shift+Tab】组合键升级，也可以在其上单击鼠标右键，在弹出的快捷菜单中选择"升级"或"降级"命令，效果是一样的。将某行内容升级到顶级即可将该行转为新幻灯片标题。

2．从"幻灯片"窗格中创建幻灯片

在"幻灯片"窗格中新建幻灯片的方法非常简单，只需在"普通"视图下的"幻灯片"窗格中选中某张幻灯片，然后按【Enter】键，即可在其后新建幻灯片，新建的幻灯片的版式与选中的幻灯片的版式相同。

3．通过版式创建幻灯片

幻灯片版式是指PowerPoint在特定幻灯片上使用的占位符所设置的具体位置。幻灯片版式可包含文本占位符、图形、图表、表格和其他元素。创建了带有占位符的新幻灯片后，可以单击一个占位符插入该类对象元素。

如在"大纲"窗格创建的幻灯片默认使用的是"标题和内容"版式，包括一个幻灯片标题和一个较大的内容占位符，如果希望使用另一种版式，如带有两个彼此相邻但独立的文本框的幻灯片，则必须在创建幻灯片后对版式进行更改，或者在创建幻灯片之前指定另一种版式。

通过版式创建幻灯片的具体操作如下：

第1步 将当前演示文稿的视图方式切换到"普通"视图或"幻灯片浏览"视图，然后选择需要在其后创建新幻灯片的幻灯片。

第2步 在"开始"选项卡"幻灯片"组中单击"新建幻灯片"按钮，在弹出的下拉菜单中选择所需的幻灯片版式，即可创建一个指定版式的幻灯片，如图1-19所示。

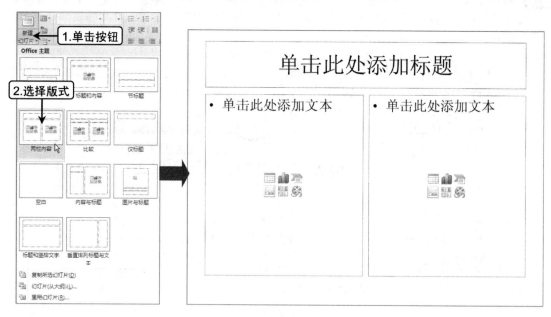

图1-19　根据版式创建的幻灯片

1.1.6　管理幻灯片

一个演示文稿中往往包含了多张幻灯片，PowerPoint提供了管理多张幻灯片的功能，比如选择、删除、重排幻灯片等，操作时主要通过"[幻灯片/大纲]"窗格和在"幻灯片浏览"视图中进行，下面将对其进行分别讲解。

1．选择幻灯片

选择幻灯片可以在"幻灯片"窗格、"大纲"窗格和"幻灯片浏览"视图中进行，其方法通常有以下几种。

◆ **选择单张幻灯片**：在"幻灯片"窗格中单击幻灯片缩略图或在"大纲"窗格中单击幻灯片前面的图标▣，如图1-20所示。

◆ **选择多张连续的幻灯片**：在"幻灯片"窗格或"大纲"窗格中，单击要连续选择的第一张幻灯片，按住【Shift】键不放，再单击连续选择的最后一张幻灯片，两张幻灯片及其之间的所有幻灯片均被选择，如图1-21所示。

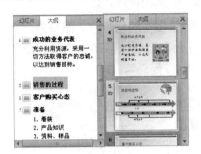

图1-20 选择单张幻灯片

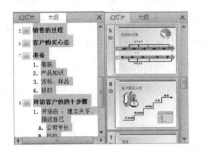

图1-21 选择多张连续的幻灯片

◆ **选择多张不连续的幻灯片**：在"幻灯片"窗格或"幻灯片浏览"视图中，单击需选择的第一张幻灯片缩略图，按住【Ctrl】键不放，单击要选择的其他幻灯片缩略图，被单击的所有幻灯片均被选择，如图1-22所示。

◆ **选择全部幻灯片**：在"幻灯片"窗格、"大纲"窗格或"幻灯片浏览"视图中，按【Ctrl+A】组合键可选择当前演示文稿中所有的幻灯片，如图1-23所示。

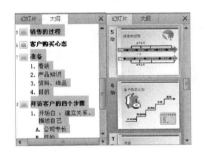

图1-22 选择多张不连续的幻灯片

图1-23 选择全部幻灯片

2．删除幻灯片

在演示文稿中根据不同用户的需求，还可以将多余的幻灯片删除。选择希望删除的一张或多张幻灯片，然后进行下列任一操作即可删除所选幻灯片。

◆ 在"幻灯片"窗格中用鼠标右键单击所选幻灯片，在弹出的快捷菜单中选择"删除幻灯片"命令。

◆ 选择要删除的幻灯片，然后按【Delete】键即可。

3．重排幻灯片

重排幻灯片最好使用幻灯片浏览视图来进行，因为在此视图中，演示文稿的幻灯片会以缩略图的形式出现，可以在屏幕上将幻灯片移动到其他位置，就像在桌子上手动重排打印图纸一样。

另外，在"普通"视图的"[幻灯片/大纲]"窗格中也可以达到相同的目的，但因其一次可显示的幻灯片数量有限，如果要将幻灯片从演示文稿的一端移动到另一端则比较困难。

在"普通"视图的"大纲"窗格中也可以重排幻灯片，虽然不如"幻灯片浏览"视图中重排方便，但可以将一个项目符号从一张幻灯片移动到另一张幻灯片。

下面介绍如何在"幻灯片浏览"视图中重排演示文稿中的幻灯片：

将视图方式切换到"幻灯片浏览"视图，选择希望移动的幻灯片，然后将选择的幻灯片拖放到新位置，在拖动时鼠标光标会变成 形状，且会在幻灯片移动到的目标位置处显示一条竖线，如图1-24所示，释放鼠标，幻灯片移动到目标位置。

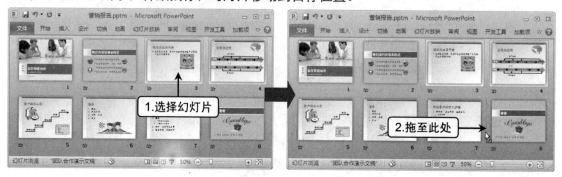

图1-24　重排演示文稿中的幻灯片

用快捷键重排幻灯片

通过键盘上的快捷键也可以在"大纲"窗格中上下移动幻灯片，如按【Alt+Shift+↑】组合键可以上移幻灯片，按【Alt+Shift+↓】组合键可以下移幻灯片。

4．复制幻灯片

复制幻灯片的操作同移动幻灯片的操作方法相似，只不过结果不相同。通过该操作将为原来的幻灯片创建一个副本。

最常用的方法是选择要复制的幻灯片后，按住鼠标拖动的同时，按住【Ctrl】键不放，到适合的位置处释放鼠标后，幻灯片复制到此处。其他的操作方法有很多，与移动幻灯片相似，这里不再赘述。

5．隐藏幻灯片

用户可以将幻灯片隐藏起来，但这种隐藏只在幻灯片放映时才真正看不到。在普通视图中看到的是灰色状态。隐藏幻灯片的方法是选择幻灯片后，单击鼠标右键，在弹出的快捷菜单中选择"隐藏幻灯片"命令。

通过剪切和粘贴来移动幻灯片

选择要移动位置的幻灯片，按【Ctrl+X】组合键，或通过功能区中的"剪切"按钮，或在右键快捷菜单中选择"剪切"命令剪切该幻灯片。选择要移动到的位置处的前面一张幻灯片，按【Ctrl+V】组合键，或单击"开始"选项卡"剪贴板"组中的"粘贴"按钮，或在右键快捷菜单中选择"粘贴"命令，将剪切的幻灯片粘贴到选择的幻灯片之后。

1.2 在 PowerPoint 2010 中构建和谐统一风格

为确保演示文稿中多张幻灯片的一致性，如各幻灯片具有相同的背景、字体和文本位置，并确保在以后对这些设置的更改会自动传播到所有的幻灯片中，如果完全通过在每张幻灯片中手动设置来控制幻灯片的统一风格，不仅难于达到较好的效果，也会因为大量重复性的工作增加制作时间，此时就需要借助PowerPoint提供的版式、主题和母版。

1.2.1 幻灯片母版的使用

幻灯片母版在学习PowerPoint的过程中是最重要的项目之一，如果没有理解掌握它，就只会制作PPT，那么根本没有资格被称为PPT高手。

1. 幻灯片母版视图

单击"视图"选项卡"母版视图"组中的"幻灯片母版"按钮，进入"幻灯片母版"视图，在其中可以对幻灯片母版进行编辑。工作界面左侧的"[幻灯片/大纲]"窗格变成"幻灯片母版缩略图"窗格，在其中单击鼠标选择一个缩略图后，在中间的幻灯片母版编辑窗格中能对应显示出该版式，并可在其中对其进行编辑。

幻灯片母版有"主母版"，并为每个版式单独设置"版式母版"。

◆ **主母版**：在"幻灯片母版缩略图"窗格顶端根部的为主母板，主母板能影响所有版式母版，如有统一的内容、图片、背景和格式，可直接在"主母板"中设置，其他"版式母版"会自动与之一致。一个幻灯片母版只能拥有一个主母板。

◆ **版式母版**：主母版以下略小的缩略图为版式母版，默认情况下，包括标题版式、标题和内容版式、两栏内容版式等 11 种内置版式，虽然一个主母版下面都是版式母版，但是并不代表一个演示文稿中共同拥有这 11 种默认内容版式，这些版式都对应于一个版式母版，通过对各版式母版的修改，可单独控制配色、文字格式、版式位置和背景等。这样演示文稿中的幻灯片即可选择应用不同的版式母版，在兼顾"共性"的情况下也有"个性"的表现。

2. 创建新的版式母版

用户可根据自己需要创建新的版式母版，定义需要的占位符。创建新版式母版的操作如下：在"幻灯片母版"视图中选中新版式将关联的幻灯片母版，然后单击"编辑母版"组中的"插入版式"按钮，如图1-25所示。此时出现一个新版式。创建的每个新版式最初都预设继承自幻灯片母版的预设占位符，包括标题、页脚、日期和幻灯片编号。

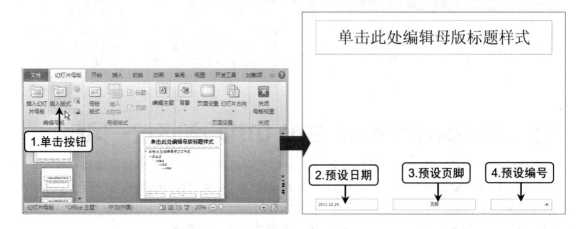

图1-25　创建的每个新版式最初预设的占位符

1.2.2　管理幻灯片母版

掌握了幻灯片母版的使用，下面再来介绍如何复制和删除幻灯片母版、如何重命名幻灯片母版以及如何锁定一个自动创建的幻灯片母版，使PowerPoint不会在此母版不再使用时自动删除它。

1．幻灯片母版的复制和删除

要复制版式，可以在"幻灯片母版"视图中需要复制的版式上单击鼠标右键，在弹出的快捷菜单中选择"复制版式"命令，如图1-26所示，此时该版式的一个副本就会出现在原版式下方。

如果希望删除不需要的版式，可以用同样的方法在快捷菜单中选择"删除版式"命令即可。每删除一个版式，文件就会更小一点。

图1-26　复制版式

2．重命名幻灯片母版

单击"开始"选项卡"幻灯片"组中的"版式"按钮，在弹出的"版式"列表中将会以分类标题的形式显示幻灯片母版的名称。要重命名一个幻灯片主母版或版式母版，可按以下方法进行操作：

在"幻灯片母版"视图中要重命名的幻灯片主母版或版式母版上单击鼠标右键，在弹出的快捷菜单中选择"重命名母版"命令，然后在打开的对话框中键入新名称，单击"重命名"按钮即可，如图1-27所示。

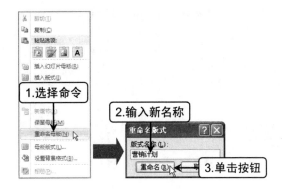

图1-27　重命名幻灯片母版

3．保留幻灯片母版

要锁定一个幻灯片母版，使之不会在没有任何幻灯片使用它时消失，可以在该幻灯片母版上单击鼠标右键，在弹出的快捷菜单中选择"保留母版"命令，如图1-28所示，它可以保留幻灯片母版，使PowerPoint不会自动删除它。

要取消保留，只需再次选择该命令将选择标记切换为关即可。

图1-28　保留幻灯片母版

1.2.3　编辑幻灯片母版

在进入幻灯片母版视图后，在出现的"幻灯片母版"选项卡的"编辑母版"组中可以对幻灯片母版进行编辑。下面分别进行讲解：

1．添加幻灯片母版

一个幻灯片母版设置了一套幻灯片外观样式，在同一演示文稿中可以存在多个幻灯片母版，下面介绍添加幻灯片母版的具体操作：

第1步 单击"视图"选项卡"母版视图"组中的"幻灯片母版"按钮，进入到幻灯片母版视图模式中，左侧的"幻灯片母版缩略图"窗格中只有一个幻灯片母版和其下的多个版式母版，如图1-29所示。

第2步 单击"幻灯片母版"选项卡"编辑母版"组中的"插入幻灯片母版"按钮，此时将出现一个新的空白幻灯片母版，同时是由一个主母版和11个版式母版构成，且其编号为2，如图1-30所示。

设置母版的标题和页脚

若要显示所有幻灯片标题和页脚，选择幻灯片母版中主母版，然后选中"幻灯片母版"选项卡"母版版式"组中的"标题"和"页脚"复选框；若只显示母版中某个版式母版的标题或页脚，选中要显示的版式母版，再选中"标题"和"页脚"复选框。若要取消幻灯片标题和页脚的显示，直接取消选中"标题"和"页脚"复选框即可。

图1-29　进入"幻灯片母版"视图

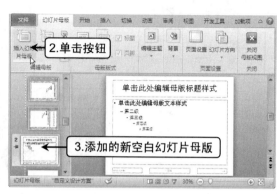

图1-30　插入幻灯片母版

2．添加自定义占位符

如果预设的占位符不能满足幻灯片的需要，可以向幻灯片主母版或各版式母版添加自定义占位符。如果添加到幻灯片主母版中，它将在所有的版式母版上重复出现，如果不希望这样，可单独为某版式母版添加占位符。下面介绍添加自定义占位符的具体操作：

第1步 在"幻灯片母版"视图中选择要添加占位符的版式母版，然后单击"幻灯片母版"选项卡"母版版式"组中的"插入占位符"按钮，在弹出的下拉菜单中选择"文本"选项，如图1-31所示。

第2步 此时鼠标光标变为十字型，在幻灯片上拖动绘制所需大小和位置的内容占位符，释放鼠标时，添加的自定义占位符将出现在幻灯片中，如图1-32所示。

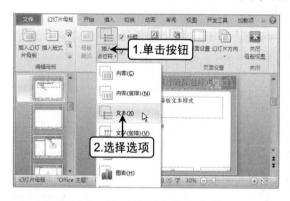

图1-31　选择占位符类型

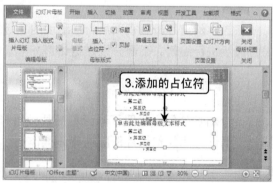

图1-32　添加的占位符

怎样删除或还原自定义占位符

要删除自定义的占位符，可先将其选择后按【Delete】键。要还原删除的自定义占位符，可以立即按【Ctrl+Z】组合键撤销删除操作，但无法通过其他方法还原已从版式母版中删除的自定义占位符。PowerPoint 不会保留关于独立版式中的内容占位符的任何信息，因此必须重新创建意外删除的自定义内容占位符。

1.2.4　设置幻灯片母版的页面

　　幻灯片是由页面承载内容的，页面的大小和方向是可以根据实际情况自行设置的。此外，还可以为幻灯片设置编号，这样让幻灯片看起来更专业，设置幻灯片母版页面的方法为：进入到幻灯片母版视图，单击"幻灯片母版"选项卡"页面设置"组中的"页面设置"按钮，打开"页面设置"对话框，如图1-33所示，下面分别介绍设置的方法。

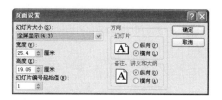

图1-33　"页面设置"对话框

◆ **设置幻灯片大小**：在"幻灯片大小"栏中包括"幻灯片大小"下拉列表框，"宽度"和"高度"数值框。在"幻灯片大小"下拉列表框中默认选中的是当前幻灯片的大小"全屏显示（4:3）"选项，在其中还可以选择其他预设的标准大小选项。若选择"自定义"选项，就可以在"宽度"和"高度"数值框中设置幻灯片的大小，反之，若改变了"宽度"和"高度"数值框的默认值，"幻灯片大小"下拉列表框中将自动选择"自定义"选项。

◆ **设置幻灯片编号起始值**：默认情况下，一个演示文稿中的幻灯片都是从"1"开始进行编号，在"[幻灯片/大纲]"窗格中可以很清楚地看到。在"幻灯片编号起始值"数值框中可以重新输入新的起始编号。

◆ **设置幻灯片方向**：在"方向"栏中可以设置幻灯片的方向，默认为横向，还可以设置为纵向。

◆ **"备注、讲义和大纲"**：在该栏中选中不同的单选按钮可以设置页面的横向显示还是纵向显示。

快速设置幻灯片方向

单击"设计"选项卡下"页面设置"组中的"幻灯片方向"下拉按钮，在弹出的下拉列表中选择对应的选项，可以快速设置幻灯片的方向。

1.2.5　页面主题的应用

　　主题是PowerPoint为演示文稿应用不同效果的样式，它是存储颜色、字体和图形的独立文件，文件扩展名为.thmx，主题对于统一演示文稿的外观有着举足轻重的作用，下面重点进行介绍。

1. 应用内置主题

　　PowerPoint中的库就是包含示例的菜单，主题库就是这样一个菜单，其中包含所有内置的主题和通过当前模板或演示文稿文件可用的额外主题，可从中选择相应的主题应用于演示文稿。演示文稿的主题是可以随时更换的，包括通过模板创建的演示文稿。

　　为演示文稿设置内置主题的方法是：单击"设计"选项卡"主题"组中的"其他"按钮，

在弹出的下拉菜单中包括了所有的内置主题样式，选择其中一种，就能将新主题应用到当前演示文稿中，如图1-34所示。

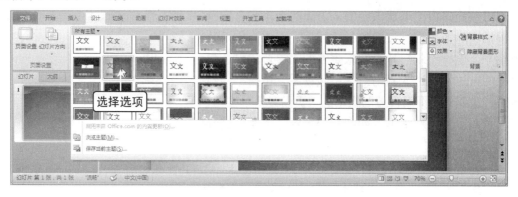

图1-34　应用内置主题到幻灯片中

应用多个主题到演示文稿中

在一个演示文稿中可以应用多个主题，即其中不同的幻灯片可以有不同的主题，这里简单介绍一下方法，在演示文稿中选择要应用一个主题的部分幻灯片，在"主题"组中的列表框中要应用主题上直接单击鼠标，或单击鼠标右键，在弹出的快捷菜单中选择"应用于选定幻灯片"命令即可。未选择的幻灯片依然保持原来的主题。

2. 从主题或模板文件应用主题

用户可以在任何Office应用程序中使用外部存储的主题文件，以便在各应用程序间共享颜色、字体和其他设置，实现各类文档的一致性。也可以通过模板保存并加载主题。

要应用主题文件或模板文件中的主题，其操作如下：单击"设计"选项卡下"主题"组中的"其他"按钮打开主题库，在弹出的下拉菜单中选择"浏览主题"命令，打开"选择主题或主题文档"对话框，在其中选择需要的主题文件，单击"应用"按钮即可，如图1-35所示。

图1-35　从主题文件应用主题

3. 应用和自定义主题颜色

在一个主题中可单独设置内置的主题颜色，PowerPoint 2010中包括45种内置的主题颜色，它用于演示文稿中的文字和背景、强调文字、超链接及已访问的超链接，有需要时还可以自定义它们的其他颜色。

◆ **应用内置主题颜色**：为演示文稿设置内置主题颜色的方法与设置主题的方法相似，单击"主题"组中的"颜色"按钮，在弹出的下拉菜单中包括了所有的内置主题颜色，如图1-36所示，同时，可以先移动鼠标光标到想设置的选项上预览效果，如果效果是自己想要的效果，单击鼠标即可选择该主题颜色到演示文稿中。

图1-36 内置主题颜色

◆ **自定义主题颜色**：在"颜色"下拉菜单中选择"新建主题颜色"命令，打开"新建主题颜色"对话框，如图1-37所示，在其中可以分别为文字、背景等设置颜色，在"示例"框中可以预览效果，最后在"名称"文本框中设置自定义主题颜色的名称，单击"保存"按钮完成操作。此时，在"颜色"下拉菜单中能找到新保存的自定义主题颜色。

图1-37 自定义主题颜色

编辑或删除自定义主题颜色

单击"颜色"按钮，在弹出的下拉菜单中找到要编辑或删除的自定义主题颜色，在其上单击鼠标右键，在弹出的快捷菜单中选择"编辑"命令，可以打开编辑对话框对自定义的主题颜色重新编辑；选择"删除"命令可删除自定义的主题颜色。

---

4. 应用和自定义主题字体

主题中配置的字体是与整个主体比较协调的，但同样也可以对内置的主题字体重新设置或自定义。方法同自定义主题颜色类似。下面简要进行介绍。

◆ **应用内置主题字体**：单击"主题"组中的"字体"按钮，在弹出的下拉菜单中可选择内置的一种或多种主题字体，如图1-38所示。

图1-38 内置主题字体

◆ **自定义主题字体**：在"字体"下拉菜单中选择"新建主题字体"命令，打开"新建主题字体"对话框，如图1-39所示，在其中可以分别为标准字体、正文字体等设置颜色，此时，在"示例"框中可以预览设置效果，最后在"名称"文本框中设置自定义主题颜色的名称，单击"保存"按钮完成操作。此时，在"字体"下拉菜单中能找到新保存的自定义主题字体。

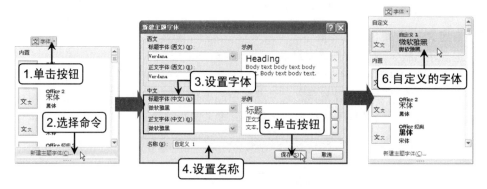

图1-39　自定义主题字体

5. 应用内置主题效果

除了主题中的颜色和字体以外，还可以应用与主题相协调的效果，它主要对表格、图表、关系图和图片的外观产生影响。应用内置主题效果的方法如下：单击"主题"组中的"效果"按钮，在弹出的下拉菜单中可根据需要选择内置的一种或多种主题效果，如图1-40所示。

主题效果的应用

设置的主题效果只有在幻灯片中具有受该主题效果影响的对象时才能发挥作用，例如，文字等对象是无法直接应用主题效果的。

图1-40　内置主题效果

1.2.6　页面主题的管理

除使用内置的主题外，用户还可以根据需要创建主题，并保存为单独的文件应用于其他演示文稿甚至其他Office文档中。下面介绍如何新建主题、管理主题及跨多个演示文稿应用主题。

1. 创建新的主题

要创建新主题，首先应按照需求设置幻灯片母版的格式，包括自定义版式、背景、主题颜色和主题字体，然后将设置保存为新主题文件。其具体操作如下：

第1步 打开 "新建主题颜色"对话框，在"名称"文本框中输入新主题颜色的名称，单击任意一个颜色占位符打开主题颜色框进行颜色的选择，即可在"示例"栏中看到更改的颜色在当前幻灯片上的效果，定义好颜色后单击"保存"按钮，颜色方案被保存，并显示在"颜色"下拉菜单顶端的"自定义"栏中，如图1-41所示。

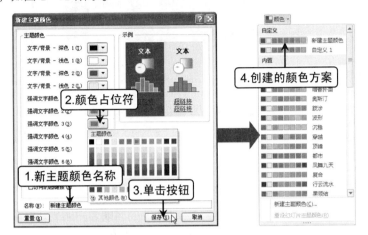

图1-41 创建主题颜色

 选择其他自定义颜色

除了在提供的主题颜色中进行自定义颜色的选择外，还可以选择"其他颜色"命令，在打开的"颜色"对话框中进行主题颜色的选择。

第2步 打开"新建主题字体"对话框，在"名称"文本框中输入新主题字体的名称；在"标题字体"下拉列表框中为标题选择字体；在"正文字体"下拉列表框中为正文选择字体，然后单击"保存"按钮，主题字体被保存，将显示在"字体"下拉菜单顶端的自定义栏中，如图1-42所示。

图1-42 创建主题字体

第3步 设置好主题的字体格式后，单击"设计"选项卡下"主题"组中的"其他"按钮，在弹出的下拉菜单中选择"保存当前主题"命令，如图1-43所示。打开"保存当前主题"对话框，在其中设置好主题的名称，单击"保存"按钮即可完成当前主题的保存。

图1-43　保存新建的主题

2．管理主题

管理主题包括主题的共享、重命名和删除，下面进行简要介绍。

◆　**共享自定义主题**：自定义主题不仅对本地电脑的当前用户可用，如果希望与同一台电脑下的其他用户共享主题，还可以将其复制到该用户的文件夹中，实现自定义主题共享。另外还可以通过将整个主题保存为一个主题文件，然后以邮件的形式发送给其他人，实现自定义主题的共享。

◆　**重命名主题**：通过 Windows 资源管理器可以将 PowerPoint 外部的主题文件（.thmx）重命名，也可以利用任何保存或打开文件的对话框，在 PowerPoint 内重命名主题文件。

◆　**删除主题**：自定义主题会一直显示在"主题"列表框中，如果希望将其从这里移除，必须在"选择主题或主题文档"对话框中找到该主题文件所在的文件夹"Document Themes"，在主题文件上单击鼠标右键，在弹出的快捷菜单中选择"删除"命令删除此文件，或将其移动到另一个位置存储。

3．从其他演示文稿复制主题

通过新建幻灯片母版，为其应用主题然后保留它们，就可以在一个演示文稿或模板文件中创建一个完整的主题库。如果要使该主题库可在其他演示文稿中使用，只需根据现有演示文稿或模板新建演示文稿即可。实质上就是将一个幻灯片母版复制到另一个演示文稿，从而也复制了其主题，下面介绍其操作方法：

打开两个演示文稿，在包含主题的演示文稿中切换到"幻灯片母版"视图，选择该幻灯片母版，按【Ctrl+C】组合键复制，然后切换到另一个演示文稿，切换到"幻灯片母版"视图，按【Ctrl+V】组合键，粘贴幻灯片母版及其关联的主题和版式。

1.2.7　页面背景的设置

在PowerPoint 2010中也为演示文稿的背景提供了内置的背景样式，一共12种，如果不满意这些默认的，用户还可以自行设置。

1. 应用内置背景

应用内置背景样式的操作方法是：单击"设计"选项卡下"背景"组中的"背景样式"按钮，在弹出的下拉菜单中选择需要的选项即可为演示文稿应用该背景样式，如图1-44所示。

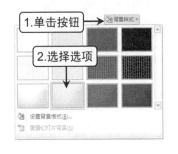

图1-44　内置背景样式

2. 自定义并应用背景

自定义背景是在"设置背景格式"对话框中对填充效果和图片设置两大类进行高级设置而成的样式。

在"背景样式"下拉菜单中选择"设置背景格式"命令，打开"设置背景格式"对话框，在该对话框中"纯色填充"、"渐变填充"、"图片或纹理填充"和"图案填充"单选按钮，表示背景样式只能选择其中一种，如图1-45所示。

图1-45　自定义背景格式

3. 重设幻灯片背景

当在幻灯片中应用了内置背景之后，若对应用的背景不满意，可再次单击"背景样式"按钮，选择下拉菜单中的其他背景选项进行更换，或在"设置背景格式"对话框中进行自定义背景设置。在"背景样式"下拉菜单中选择"重置幻灯片背景"选项可将背景返回为最近一次应用的样式，如图1-46所示。

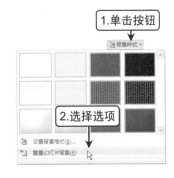

图1-46 重设幻灯片背景

"重置幻灯片背景"选项何时呈可用状态

通常情况下，"重置幻灯片背景"选项是不可用的，只有在"设置背景格式"对话框中设置了背景样式后单击"关闭"按钮（没有单击"重置背景"按钮或"全部应用"按钮）关闭对话框后，"重置幻灯片背景"选项才可用。

第二章

制作图文并茂的演示文稿

在了解了PowerPoint 2010基础知识后，本章接着介绍文字、图片、图示、表格以及图表等元素的运用，如文本的输入与处理、图片的使用与处理、运用自选图形与快捷图示辅助演讲、通过表格让数据说话、通过图表直观展示数据等。通过对本章的进一步学习，可以制作出图文并茂的演示文稿。

2.1 文本的输入与处理

幻灯片中的主要内容是通过文本的方式来表达的，在PowerPoint 2010中是如何展示这些文本内容的？如何对文本格式进行设置？这些都是接下来要介绍的内容。

2.1.1 文本的输入

本节主要介绍PowerPoint中普通文本的输入与编辑操作，普通文本的输入主要包括在占位符中输入和在大纲视图中输入两种方式。另外，通过绘制文本框也是一种既常见又灵活的方法。

1. 直接在文本占位符中输入

新建的空白演示文稿中包含默认的幻灯片版式，这些版式就是由系统预设的占位符来确定的。有些占位符是用于输入文本内容的，被称为文本占位符；有些则是用于插入其他对象的，被称为项目占位符。

占位符在幻灯片中以一定的位置和格式存在，用户只需要将文本插入点定位于其中，或者单击相应的按钮，即可开始输入文本或插入对象。用户也可为幻灯片选择不同的版式，使幻灯片中包含不同种类或不同版式的占位符。

幻灯片中的文本占位符主要分为标题占位符（单击此处添加标题）、副标题占位符（单击此处添加副标题）和正文占位符（单击此处添加文本），如图2-1所示为标题幻灯片，图2-2所示为标题和内容幻灯片。

在文本占位符中输入文本的方法非常简单：在占位符中单击鼠标，其中的文本将自动消失，并显示出文本插入点，此时直接输入需要的文本内容即可。

图2-1 标题幻灯片

图2-2 标题和内容幻灯片

2. 手动绘制文本框输入

文本占位符的实质其实是文本框，只是它是由版式默认提供的，当占位符不能完全满足文本输入需要时，或在当前幻灯片中没有占位符时，就要用户手动绘制文本框，它的位置和格式可自由设置，在其中输入文本的方法与在占位符中相同。

3. 结合上下文在"大纲"窗格中输入

直接在幻灯片的占位符中输入文字时，不便于结合前后幻灯片中的内容查看对照关系，这时用户可在"大纲"窗格中输入文字，这样就可以一边输入一边清晰地查看到整个演示文稿中前后文之间的对照关系。

2.1.2 文本的处理技巧

文本的处理可从文字的排列原则、突出文字的方法和设置合理的字号等方面进行设置，下面将分别进行讲解。

1. 排列文字有原则

演示文稿中文字不同的排列方式对表现效果是有影响的。通常情况下，演示文稿中的文字排列要遵循下面介绍的两个原则。

◆ **集中原则**：集中原则就是应该将有关联的文字都集中在一起，将没有关联的文字相隔一定距离，这样做可以让关联文字看上去是一个整体，增强信息传递的能力。

◆ **对齐原则**：对齐原则就是调整文字排列，使其整齐分布，这样即使文字之间有一定距离，也可以让人感觉到强烈的关联性。

关于文本对齐方式

标准的对齐文字形式包括左对齐、右对齐和居中对齐。很多人会强调使用居中对齐，它给人一种舒服且稳定的感觉，但同时会让人产生一种稳固守旧的感觉。所以请不要过量使用。

2. 突出文字有方法

文字是幻灯片展示的主体，对于一段文字中的关键内容，我们可通过多种方法对其进行突出显示，这些方法虽然简单，但在幻灯片的文字展示过程中还是经常使用的，下面分别进行介绍。

◆ **通过文本颜色强调**：在一段文字中，对于需要突出的文字内容，可将其设置为不同的字体颜色，从而起到突出显示的目的。

◆ **通过文本字体强调**：文字可以设置为不同的字体样式，将某些需要重点突出的文字设置为与众不同的字体，也可起到强调的作用。

◆ **通过文本字号强调**：所谓字号是指文字的大小，将某些内容书写得更大一些，当然就可起到突出的作用。

◆ **通过斜体和下划线强调**：对字体进行变形或添加下划线也可起到强调的作用，但这种方法会对阅读造成干扰，所以应尽量少用。

如何增加其他的字体

通过PowerPoint的字体下拉列表框可以选择文本的字体，但默认情况下只有那么几种样式，如何增加其他的字体呢？用户可通过购买或者下载得到字体文件，然后将其复制到C:\WINDOWS\Fonts文件夹中进行字体的安装，这样在PowerPoint中将出现更多的字体供用户选择。

3. 字号大小有规矩

演示文稿中文字的大小即为字号，如何为文字选择合适的字号也是有一定技巧的。幻灯片中常用的字号是16~40，整张页面中的文字字号差别不宜过大，不同大小的演示厅投影距离也不同，为了使文字显示清楚，一定要选择适合的字号。

 幻灯片中的文字还应注意以下几点

为文字设置倾斜效果，可用于引文，也可用于正文括号内表示注释字体，但中文使用倾斜效果会降低可读性。英文首字母大写可提高可读性，但全部大写可读性就会降低，应尽量避免使用奇怪的字体，以免分散观众的注意力。

2.1.3 设置文本格式

文本的字体格式是指文字内容的外观属性，包括字体样式、字号大小、文本颜色和属性等。在幻灯片中输入的文本字体格式默认是由其使用的模板决定的，如果是创建空白幻灯片，则其中文本的字体格式大都为宋体、黑色。

但幻灯片中的文本字体格式不可能是一成不变的，为了增强文本的演示效果，通常还需要对部分文本进行格式设置。

1. 字体格式的设置

对于字体的格式，可通过选择文本后出现的"文本"迷你工具栏来进行快捷设置，如图2-3所示。另外，也可通过"开始"选项卡下"字体"组来进行更为详细的设置，如图2-4所示。

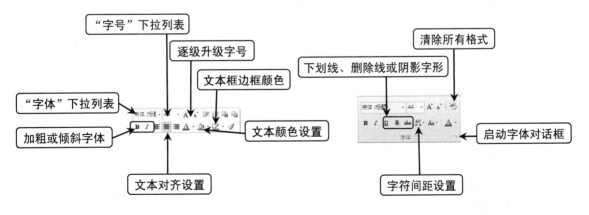

图2-3 迷你工具栏中的设置项　　　　图2-4 "字体"组中的设置项

2．段落格式的设置

多行文本构成了段落，整行整段文本在文本框中的对齐方式，行与行、段与段之间的距离，属于段落格式设置的范畴。

段落可进行的格式设置包括段落文本的对齐方式、段落项目符号与编号、段落的制表位与缩进、段落行间距与段间距、段落文本方向与分栏等。这些格式大多可通过"开始"选项卡的"段落"组来进行设置，如图2-5所示。

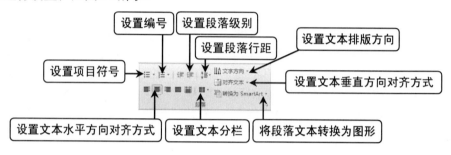

图2-5 "段落"组中的设置项

详细设置项目符号和编号的格式

在"段落"组中设置项目符号和编号，当鼠标指向所弹出的下拉列表中的各选项时，幻灯片中当前被选中设置的文本会得到实时预览效果。

2.2 图片的使用与处理技巧

图片是图形对象的一种，可用来制作背景、装饰以及图标等，图片的内容在幻灯片中是无法再编辑的，所以，使用时直接将图片插入到幻灯片中即可，用户可在PowerPoint中对图片的一些外观效果进行设置。

2.2.1 图片的来源

在幻灯片中使用图片是非常平常的事情，根据图片的来源，可分为外部图片与Office提供的剪贴画。两者不仅从来源上有所区别，在使用方法与表现方式上也有所不同。

1．插入外部图片

外部图片是PowerPoint中使用的图片中最大的一类，通常包括JPG、BMP、PNG、GIF等几种不同的位图文件格式，将图片插入到当前幻灯片中的操作方法如下：

切换到要插入图片的幻灯片，单击"插入"选项卡"图像"组中的"图片"按钮，在打开的对话框中找到并选中需要的图片，然后单击"插入"按钮，如图2-6所示，即可将图片插入到当前幻灯片中。

基础知识回顾篇

图2-6 插入外部图片

2．插入内部剪贴画

剪贴画也是一种图片类型，它与图片在本质上没有区别，只是来源有所不同。Office系统自带有大量剪贴画图片，并对其进行了详细的分类整理，在幻灯片中使用剪贴画时，需要通过剪辑处理器来插入，其操作方法如下：

第1步 切换到要插入剪贴画的幻灯片，单击"插入"选项卡"图像"组中的"剪贴画"按钮，此时在PowerPoint操作界面右侧出现"剪贴画"窗格，在"搜索文字"文本框中输入需要剪贴画的关键字（即描述文字），然后单击展开"结果类型"下拉列表框，从中可看到剪辑管理器中的剪辑类型，这里只选中"插图"复选框，如图2-7所示。

第2步 设置完成后单击"搜索"按钮，即可在下面的列表框中搜索得到需要的剪贴画结果，单击其中的缩略图即可将其插入到当前幻灯片中。

图2-7 插入内部剪贴画

2.2.2 选择图片的多种方法

当把图片插入到幻灯片中后，要对图片进行操作，需要先选择图片，这里最基本的方法是直接单击选择图片对象即可。不过除此之外还有两种适合不同情况使用的选择方法。

1．连续选择多个图片

当需要同时操作多个图片对象时，就需要一次性选择多个图片，其选择方法有如下两种。

◆ **精确选择多个对象**：按住【Shift】键的同时依次单击需要的图片对象，即可将其全部选择。

◆ **选择的图片位置相近或重叠**：在幻灯片空白区域按下鼠标左键拖动，控制出现的选择框将需要的图片整体圈住，即可将其选择。

2．使用任务窗格选择图片

PowerPoint还为用户专门提供了一个"选择和可见性"任务窗格，用于从众多的对象中一次性选择需要的对象，其具体方法如下：

第1步 单击"开始"选项卡下"编辑"组中的"选择"按钮，在弹出的菜单中选择"选择窗格"命令，此时在PowerPoint操作界面右侧出现"选择和可见性"任务窗格，如图2-8所示。

第2步 在该窗格的下拉列表框中列出了当前幻灯片中的所有对象，图片名称以插入的顺序编号，按住【Ctrl】键在列表中各选项上单击，即可选择对应的对象。

图2-8 在"选择和可见性"窗格中选择对象

对象的可见性操作

在"选择和可见性"任务窗格中，除了可快速选择对象外，还可设置某对象在当前幻灯片中是显示还是隐藏。在每个对象选项右侧都有一个图标 ◉ ，表示其当前可见，单击该图标变为 ◉ 形状，其对应的对象即在幻灯片中隐藏起来。使用此方法主要是方便在对象繁多的幻灯片中先暂时让某些对象隐藏，以方便对其他对象的编辑操作。

2.2.3 调整图片亮度和对比度

图片插入到幻灯片中后，如果发觉某些效果不满意，这时已不方便通过PhotoShop等图像处理软件进行处理，可以使用PowerPoint中提供的图片效果调整功能来达到目的，下面将介绍调整图片亮度和对比度的方法。

选择要调整亮度和对比度的图片，"图片工具 格式"选项卡被激活，然后单击"调整"组中的"更正"按钮，在弹出的下拉菜单中的"亮度和对比度"栏中提供了部分设置了亮度和对比度的图片效果，选择不同的预设效果即可改变图片的亮度和对比度，如图2-9所示。

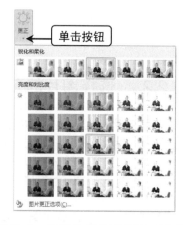

图2-9 预设的图片亮度和对比度

2.2.4 设置图片的外观

PowerPoint还针对图片的形状、边框及整体效果提供了多种预设样式，用户可通过选择不同的样式，快速让图片呈现出不同的外观效果。

1. 快速设置图片预设样式

PowerPoint中预置了多种图片样式供用户选择，为图片合理的设置样式，可以很大程度上增强幻灯片中图片的美观性，提高演示文稿的整体效果。

选择图片后，单击"图片工具 格式"选项卡下"图片样式"组中的"其他"按钮，展开"图片样式"组中的列表框，如图2-10所示。指向不同的样式缩略图，当前选择的图片即会变化外观样式，当找到适合的样式后单击鼠标进行确认即可。

图2-10　展开的图片样式列表框

2．设置图片的边框

从使用预设样式的图片可以看到，系统是对图片的边框、整体效果进行了预设。如果用户对这些预设的样式不太满意，就可以自定义。

自定义图片边框的方法为：首先选择要设置边框的图片，然后单击"图片样式"组中"图片边框"右侧的下拉按钮，在弹出的下拉列表中可为图片设置不同的边框样式、粗细以及边框颜色，如图2-11所示。

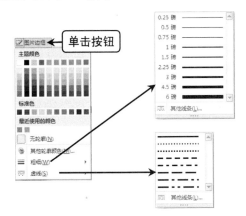

自定义边框粗细与样式

选择左图"粗细"与"虚线"子菜单底部的"其他线条"命令，然后在打开的对话框中可自定义图片边框线条的粗细与虚线样式。

图2-11　设置图片的边框

3．自定义图片阴影或三维效果

除了可自定义图片的边框与形状效果外，用户还可为图片整体添加阴影、映像、柔化边缘和三维效果等。

通过单击"图片样式"组中的"图片效果"按钮，在弹出的菜单中提供了一类预设以及六类分项图片效果的设置，如图2-12所示，通过在各自的子菜单中进行选择，可自定义各种效果。

图2-12　"图片效果"下拉菜单

2.2.5　图片大小的设置与裁剪

图片插入到幻灯片中，其大小不一定适合需要，这时就可对其大小进行调整。

1．设置图片大小比例

图片的所有内容都需要保留，只是改变其整体的大小，主要有以下3种方法。

◆ **直接拖动控制点调整**：选择图片后，其四周将出现8个控制点，用鼠标拖动控制点即可快速调整图片的大小。

◆ **通过"大小"组调整**：选择图片后，通过"图片工具 格式"选项卡下"大小"组中的"高度"与"宽度"数值框，可精确设置图片的大小值，如图2-13所示，默认情况下高度与宽度值也是等比例的。

◆ **通过对话框调整**：选择图片后，单击"大小"组中的"对话框启动"按钮圖，打开对话框，在"大小"选项卡下的"尺寸和旋转"栏中可精确设置图片的高、宽度值；在"缩放比例"栏中可设置图片的缩放比例，如图2-14所示。

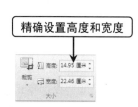

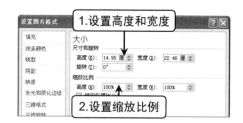

　图2-13　通过"大小"组调整　　　　　图2-14　通过对话框调整

2．裁剪不需要的区域

图片中如果有部分内容是不需要的，则可通过裁剪的方法将其删除，此处的裁剪是将不需要的部分隐藏起来。

具体操作为：选择图片后，单击"大小"组中的"裁剪"按钮，此时图片四周将出现裁剪控制点，拖动各控制点，即可实现图片的裁剪操作，如图2-15所示为图片原始大小，图2-16所示为裁剪右侧部分，图2-17所示为裁剪左侧部分。

　图2-15　图片原始大小　　　　图2-16　裁剪右侧部分　　　图2-17　裁剪左侧部分

2.3　运用自选图形与快捷图示辅助演讲

PowerPoint提供了多种自选图形，用户可轻松地将其插入到幻灯片中，并对它们的形状、外观格式等进行详细设置。在进行幻灯片演示的过程中，常会使用一些简单的图形作为装饰，或相互组合表达一定的含义。

而除了自行绘制形状来组成图示外，PowerPoint 2010中还为用户提供了大量方便实用的快捷图示—SmartArt图形。

2.3.1　自选图形辅助演示

PowerPoint 2010中的形状并不是完全由用户自行绘制，系统中提供了多种类型的形状，通过选择即可快速绘制，大大方便了用户的操作，绘制完成后还需设置自选图形的格式，下面将分别进行讲解。

1．在幻灯片中绘制形状

在幻灯片中绘制自选形状较为简单，先选择需要绘制的形状命令，然后在幻灯片中拖动鼠标即可完成图形的绘制，其具体操作如下：

切换到要插入形状的幻灯片，然后单击"插入"选项卡下"插图"组中的"形状"按钮，在弹出的下拉列表中提供了多种形状类型，如图2-18所示。选择插入图形的类型，此时，鼠标光标变为十字形状，按住鼠标左键，在幻灯片中的适合位置拖动，即可绘制出所选图形。

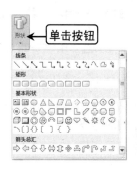

图2-18　可供选择的图形形状

当添加了新的形状后，为什么无法将文本插入点定位于其中

如果出现这种情况，就在图形对象上单击鼠标右键，在弹出的快捷菜单中选择"编辑文字"命令，此时，即可看到文本插入点出现在了图形中，在其中输入文本内容即可。

2．设置与美化形状

在幻灯片中绘制的形状外观默认是由演示文稿所应用的主题决定的，为了让形状更为美观，还可进行后期的设置与美化操作，包括形状填充、边框与整体外观，以及其中文本的对齐与方向等，下面将分别进行讲解。

◆ **形状填充**：选择要设置的形状，然后单击"形状样式"组中"形状填充"按钮右侧的下拉按钮，在弹出的下拉菜单中设置图形的填充效果，如图2-19所示。

◆ **形状轮廓**：单击"形状样式"组中"形状轮廓"按钮右侧的下拉按钮，在弹出的下拉菜单中可设置图形的边框效果，如图2-20所示。

◆ **形状效果**：单击"形状样式"组中"形状效果"按钮，在弹出的下拉菜单中可设置图形的形状效果，如图2-21所示。

基础知识回顾篇

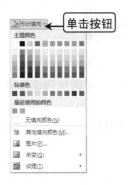

图2-19　形状填充

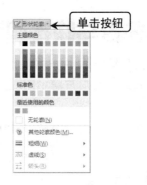

图2-20　形状轮廓

图2-21　形状效果

2.3.2　SmartArt 图形——PPT 中的快捷图示

将某种SmartArt图形插入到幻灯片中后，会在各形状处显示如"文本"样式的占位符，方便用户输入文字内容，除此之外SmartArt还有一个特殊的文字编辑窗格，该窗格在打印或放映时都不会出现，其作用仅是用于文字的输入与编辑。

1．创建 SmartArt 图示

用户可通过从多种不同布局中进行选择来创建SmartArt图形，并通过各种图形的布局关系以及配合文字信息，快速、轻松、有效地表达各种关系或主题，下面介绍如何创建SmartArt图示：

打开演示文稿，切换到要插入图示的幻灯片，单击"插入"选项卡"插图"组中的"SmartArt"按钮，在打开的对话框的左侧选择SmartArt图示类型，然后在中间列表框中选择要插入的图示选项，最后单击"确定"按钮，如图2-22所示。

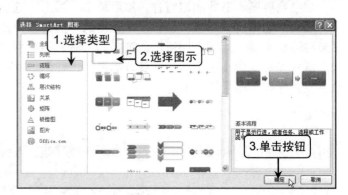

图2-22　"选择SmartArt图形"对话框

2．调整 SmartArt 的布局

所谓SmartArt的布局，是指SmartArt图示中各形状的数量、位置、方向以及级别关系等，这些都是可以根据需要在"SmartArt工具 设计"选项卡下进行调整的，下面分别进行介绍。

◆ **添加各级形状**：选择最后一个形状，然后单击"SmartArt工具 设计"选项卡"创建图形"组中的"添加形状"按钮右侧的下拉按钮，在弹出的下拉菜单中选择"在后面添加形状"选项，如图2-23所示。

图2-23　添加形状

◆ **改变图示方向**：SmartArt图示中形状都是按照从左到右的方向进行排列的，用户可以逆向来调整形状的排列顺序，即将从左到右更改为从右到左，其方法为：单击"SmartArt工具 设计"选项卡下"创建图形"组中的"从右向左"按钮 从右向左 即可。

◆ **升降级形状**：对于不同级别的形状，还可通过简单的操作，实现其现有级别的升降，其具体操作为：选择要调整级别的形状，然后单击"创建图形"组中的"升级" ←升级 按钮，即可使其上升一个级别；单击"降级" →降级 按钮，即自动下降一级。

◆ **改变分类布局**：所谓分类布局，是指某些SmartArt图示本身就具有几种不同的布局形式，改变分类布局的方法为：选择图示中的某个形状后，单击"布局"组中的"其他"按钮，在弹出的菜单中即可选择不同的分类布局，如图2-24所示。

◆ **改变总类布局**：主要是为了与分类布局区分开来。总类实际上就是插入SmartArt图示前所选择的分类，可通过单击"SmartArt工具 设计"选项卡下"布局"组中的"其他"按钮，在弹出的下拉菜单中选择"其他布局"命令，从而快速变换图示的布局，如图2-25所示。

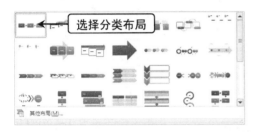

图2-24 选择不同的分类布局

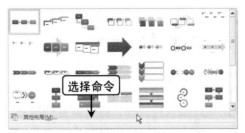

图2-25 选择"其他布局"命令

2.4 让数据说话

表格是一种表现数据的形式，通过其中行与列数据的对比，可达到精确传递信息的目的，在商务领域中，幻灯片要展示的内容常常包括各种数据，这时表格的使用就显得非常必要。

2.4.1 创建表格的几种情况

在PowerPoint 2010中创建表格，有如下几种情况。

◆ **确定行列插入表格**：在创建表格前如果能确定其行列数，则可通过设置直接在幻灯片中插入相应行列数的表格，之后再在其中输入数据和进行格式调整。

◆ **手动任意绘制表格**：对于一些复杂结构的表格，或在插入表格后需要对其结构进行修改，可通过手动绘制的方式，在表格中任意添加表格框架线。

◆ **创建Excel电子表格**：Excel是专门用于制作电子表格的软件，且与PowerPoint一样都属于office的组件，它们之间能进行很好地协作，如对使用Excel制作表格很熟悉的用户，可在幻灯片中调用Excel程序来创建表格。

◆ **插入外部现有表格**：对于外部已经制作好的表格文件，如Word或Excel表格，在幻灯片中可以直接将文件插入到其中使用。

2.4.2　调整表格的布局

在实际工作中，当创建完表格后，某些行、列的宽高度以及单元格的大小可能不符合需要，单元格中的文字布局也不美观，这时就可对其整体、行、列或单元格进行多项编辑或格式设置，它主要是通过表格工具下的"设计"与"布局"选项卡来完成的，如图2-26所示。

图2-26　表格工具"设计"与"布局"选项卡

下面介绍编辑表格的操作：

1．选择表格、行与列

要对某对象进行操作，首先需要选择它，对于一个单元格而言，选择其实就是选择其中的内容，直接单击拖动即可。而对于行、列或整个表格，除了可使用拖动选择外，还可通过单击"表"组中的"选择"按钮，在弹出的菜单中选择相应的命令进行快速选择，如图2-27所示。

图2-27　选择表格、行、列

2．删除与插入行、列

当表格中有多余的行与列时，需要将其删除；当表格中行列数不够时，则需要进行插入，下面将分别介绍在表格中删除和插入行、列的方法。

◆　**删除行、列**：首先将文本插入点定位到要删除的行或列中，单击"表格工具 布局"选项卡下"表"组中的"选择"按钮，然后在弹出的菜单中选择"选择行"或"选择列"命令，文本插入点所在的行或列被选择，再单击"行和列"组中的"删除"按钮，在弹出的菜单中选择"删除行"或"删除列"命令，即可将选择行或列删除，如图2-28所示。

图2-28　删除行、列

◆　**插入行、列**：如需在表格的最右侧插入两列，先将文本插入点定位于当前最后一列的任意单元格中，然后单击"行和列"组中的"在右侧插入"按钮，即可插入一列，使用同样方法再插入一列。

3．合并与拆分单元格

在实际制作表格的过程中，有时需要将一个单元格分割成几个单元格，或者将几个单元格合并为一个单元格，从而形成较为特殊的表格结构，这就是单元格的合并与拆分，其操作方法十分简单，下面进行介绍：

◆ **单元格的合并**：选择两个或多个相邻的单元格，然后单击"合并"组中的"合并单元格"按钮，如图2-29所示，即可将选择单元格合并为一个单元格，原来各单元格中的内容都将保留在合并后的单元格中。

图2-29 合并单元格

◆ **单元格的拆分**：将文本插入点定位于某个单元格中，单击"表格工具 布局"选项卡下"合并"组中的"拆分单元格"按钮，在打开的对话框中设置要拆分成的行列数，然后单击"确定"按钮，如图2-30所示，即可实现单元格的拆分。

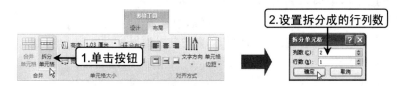

图2-30 拆分单元格

4．单元格行高与列宽的设置

根据内容多少的不同，表格中的各行行高或列宽有时不一定相同，这时就需要用户进行调整。调整的方法可采用手动拖动的方式和精确设置的方式。下面将分别使用这两种方法对表格行列进行设置。

◆ **通过鼠标拖动调整**：将鼠标光标指向要调整行高或列宽的位置，待光标变为♣或♣形状时进行上下或左右拖动，以改变行高或列宽，如图2-31所示。

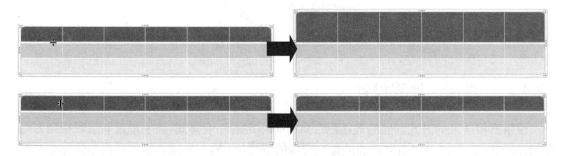

图2-31 通过鼠标拖动调整单元格行高、列宽

◆ **精确设置行高或列宽**：在拖动调整行列时发现并不能精确控制行高或列宽，此时可在"单元格大小"组中"高度"或"宽度"数值框中输入行高或列宽值，如图2-32所示。即可精确设置行高或列宽。

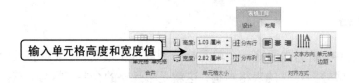

输入单元格高度和宽度值

图2-32　精确设置行高或列宽

5. 设置表格中文字对齐方式

表格中的文字处于单元格中，相对于单元格而言，文字在水平方向上和垂直方向上都有几种不同的对齐方式。

表格中默认输入的文字在水平方向上是左对齐，在垂直方向上是顶端对齐，为了文本布局的美观，可通过"表格工具布局"选项卡"对齐方式"组进行相关设置，包括水平与垂直方向上的对齐方式、文字在单元格中的方向设置等。

◆ **设置单元格中内容对齐方式**：单击"对齐方式"组中的"居中"按钮和"垂直居中"按钮，如图2-33所示，让其中的内容在水平方向和垂直方向上都呈居中对齐显示。

1.居中

2.垂直居中

图2-33　设置文字对齐方式

◆ **文字在单元格中的方向**：选择单元格，单击"表格工具 布局"选项卡"对齐方式"组中的"文字方向"按钮，在弹出的菜单中选择设置文字方向的选项，如图2-34所示。

单击按钮

设置表格整体大小和与其他对象之间的关系

在"表格工具 布局"选项卡下的"表格尺寸"和"排列"组中，可将表格当作一个图形对象一样设置其整体尺寸大小和与其他图形对象之间的排列关系。

图2-34　设置文本方向

2.4.3　表格的外观设计

使用直接插入的方式创建的表格已经具有了一定的外观样式，而手动绘制的表格则为最基础的外观效果，在完成表格结构的调整及内容的编辑后，接下来就需要对表格整体外观进行美化，它主要通过"表格工具 设计"选项卡中的"表格样式选项"组和"表格样式"组来完成。

可设计的美化项目包括表格的边框、填充及表格中某部分外观的效果，下面将进行介绍：

1．设置表格底纹

选择表格或某行列，单击"表格样式"组中的"底纹"按钮右侧的下拉按钮，然后在弹出的下拉菜单中设置底纹颜色或样式，如图2-35所示。

2．设置表格边框

若在"表格样式"组中单击"边框"按钮右侧的下拉按钮，在弹出的下拉菜单中可设置表格的框线样式，如图2-36所示。

3．设置表格效果

单击"表格样式"组中的"效果"按钮，在弹出的下拉菜单中可设置表格的外观效果，如阴影或映像，如图2-37所示。

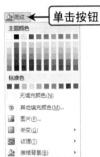

图2-35　设置表格底纹

图2-36　设置表格边框

图2-37　设置表格效果

设置手动绘制的表格线样式

默认情况下通过手动绘制的表格线为1磅的黑色样式，如希望绘制出的线型更为特别，需在绘制前就通过"绘图边框"组对线型、粗细以及颜色进行设置，然后在幻灯片中拖动进行绘制。

2.5　图表的应用

图表是以直观的图形外观来表达数据信息的有用工具，与相对抽象的表格数据相比，通过图表可更为形象与直接地表示数据之间的差异、走势预测和发展趋势等。

2.5.1　在幻灯片中使用图表

图表是依据数据创建的，因此要在幻灯片中使用图表，需要先确定图表类型，然后通过数据表输入数据，此时，图表中各组成部分即会根据数据的不同发生变化，从而实现由形状表现数据的目的。

1. 认识图表组成

在创建图表前，需要认识一下图表的组成部分，各部分在图表中又表示什么含义，如图2-38所示为一个常规的柱状图表，通常包括标题部分、绘图区、坐标轴及图例等。

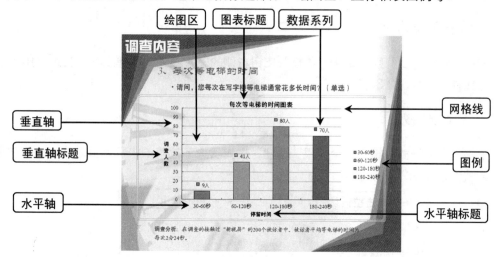

图2-38　图表的组成部分

2. 了解图表的类型

PowerPoint为用户提供了多种图表类型，下面分别介绍各图表类型的特点及其适用情况。

◆ **柱形图**：PowerPoint 中默认的也是最常用的图表类型，用于比较不同类别数据的值，如要比较一段时间内各阶段数值的大小时，柱形图、条形图和拆线图都是不错的选择。

◆ **条形图**：用于数据值的比较，与柱形图的区别在于它是水平条形。

◆ **折线图**：用于分析一种数据在各阶段的趋势情况。

◆ **饼图**：用于分析各项目占总数的百分比情况。

◆ **XY 散点图**：用于比较多组成对的数据值。

◆ **面积图**：以单独实体面积表现数据关系的图表。

◆ **圆环图**：类似于饼图，可用于分析多组数据系列。

◆ **雷达图**：为每个数据系列分配一个由中心向外辐射的值轴，并通过线条连接同一系列的数据，以表现各个数据系列的聚合值。

◆ **曲面图**：通过一个三维曲面来帮助用户找到两组数据间的最佳组合。

◆ **气泡图**：以气泡的形式比较成组的 3 个数据。

◆ **股价图**：用于分析股票的盘高、盘低和收盘价格。

3. 创建图表

在了解了图表的组成部分和图表的类型后，接下来为读者介绍如何在幻灯片中创建图表，其具体操作如下：

第1步 在演示文稿中切换到要插入图表的幻灯片，然后单击"插入"选项卡"插图"组中的"图表"按钮，如图2-39所示。

第2步 打开"插入图表"对话框，在该对话框的左侧列出了各种图表类型选项卡，单击某图表选项卡，则在右侧列出其下具体的子图表类型，选择要创建的图表选项，然后单击"确定"按钮，如图2-40所示。

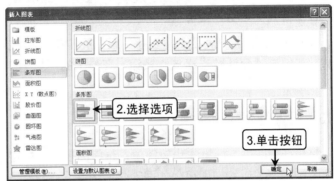

图2-39 单击"图表"按钮　　　　　　　图2-40 选择图表类型

第3步 此时，在当前幻灯片中出现了插入的图表，且同时启动了Excel 2010，并在其中出现了预设的表格内容，这就是图表对应的数据表。

第4步 在Excel的数据表中输入相应的数据，当需要增加数据的行或列时，直接拖动该区域的右下角，然后再进行输入即可。

第5步 完成数据表的输入后，切换到PowerPoint，可看到图表中各组成部分也随着数据的输入发生了变化。

2.5.2 编辑图表中的数据

图表是将数据以图形的方式进行表示，因此图表依据的核心便是数据，本节将详细介绍如何对图表数据进行编辑。

1. 修改图表中的数据

图表创建时，用户在数据表中输入了相关的数据，在完成图表的制作后，还可对这些数据进行任意修改，包括单元格数据的修改、行列的插入或删除，修改后图表将自动发生对应的变化，下面介绍如何修改图表中的数据：

选择要修改数据的图表，然后出现3个"图表工具"选项卡，切换到"图表工具 设计"选项卡，单击"数据"组中的"编辑数据"按钮，如图2-41所示。此时将启动Excel 2010打开该图表的数据表，然后如同在Excel中编辑数据一样，编辑数据表中的数据。

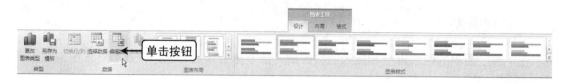

图2-41　单击"编辑数据"按钮

2．设置数据格式

对于数据表中的数据，若有需要还可设置数据的格式，选择相应的单元格或行列数据，然后单击展开Excel 2010的"开始"选项卡"数字"组中的下拉列表框，在其中即可选择各种类型的数据格式，如图2-42所示。

除此之外，用户还可通过"数字"组中的按钮，为数据设置百分比、小数点以及千分位等格式，如单击"会计数据格式"按钮，在弹出的下拉列表中可为数据选择多种货币符号，如图2-43所示。

3．设置行列数据互换

设置行列数据互换操作也较简单，选择图表后，单击"图表工具 设计"选项卡"数据"组中的[切换行/列]按钮即可，如图2-44所示。

图2-42　数据格式列表　　图2-43　货币符号列表　　图2-44　行列数据互换

不能切换行列数据

要进行行列切换的图表，其数据应该是多行多列的，如饼图数据只有一列，进行行列切换没有实际意义。另外在进行行列切换操作前，应先单击"编辑数据"按钮打开数据表，然后才能单击"切换行/列"按钮，否则该按钮将显示为灰色不可操作状态。

2.5.3　设置图表的布局

图表包含着多种组成部分，且各有其作用，在完成图表的基本制作后，用户可对这些组成部分是否显示、显示位置、布局结构等进行设置，它们主要是通过"图表工具 设计"选项卡"图表布局"组以及"图表工具 布局"选项卡来完成的，如图2-45所示。

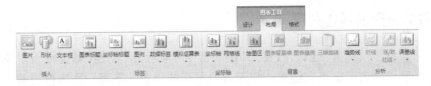

图2-45 "图表工具 布局"选项卡

1. 更改图表类型

图表类型在创建之初就已经确定，但在制作完成后如不满意所选图表类型，还可对图表的整体类型进行更换，其具体操作如下：

选择整个图表，单击"图表工具 设计"选项卡"类型"组中的"更改图表类型"按钮，然后在打开的对话框中选择图表类型，单击"确定"按钮，如图2-46所示。

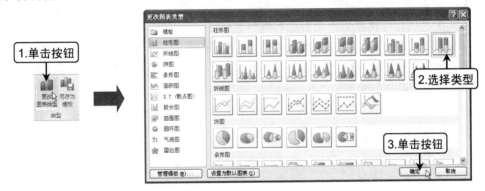

图2-46 更改图表类型

将常用图表保存为模板

将图表保存为模板的方法是：选择已经制作完成的图表，然后单击"图表工具 设计"选项卡"类型"组中的"另存为模板"按钮。然后在打开的对话框中修改图表名称并保存在默认位置下。

这样在创建图表时打开的对话框左侧选择"模板"分类，在右侧列表框中即可看到自己保存的图表模板，选择它即可创建出新的图表。

2. 使用系统预设布局样式

创建的图表其中各组成部分的布局是由系统默认规定的，当然用户也可在系统提供的多种布局样式中进行选择，快速改变图表的布局效果，其具体操作如下：

选择图表后，单击"图表工具 设计"选项卡下"图表布局"组中的"其他"按钮，展开"图表布局"组中的列表框，如图2-47所示，然后为图表选择一种布局样式即可改变其布局。

图2-47 图表布局样式

3. 设置各类图表标签布局

图表中包含着多项标签性质的内容，如图表与坐标轴标题、图例、数据标签以及数据表等，用户可自行设置这些内容是否在图表中显示以及显示的位置，下面分别进行讲解。

◆ **图表标题**：创建图表后，图表中默认只包含图表区和绘图区等，而没有对图表功能进行相应的说明，即图表的标题，因此创建图表后可以添加图表的标题。选择图表后，单击"标签"组中的"图表标题"按钮，在弹出的菜单中可选择是否显示图表标题，以及标题的位置，如图2-48所示。

图2-48 设置图表标题布局

◆ **坐标轴标题**：坐标轴标题与图表标题具有相同的性质，包括横坐标轴标题和纵坐标轴标题，分别用于对横、纵坐标轴进行说明。单击"标签"组中的"坐标轴标题"按钮，在弹出的菜单中分为横、纵坐标轴标题两项子菜单，在各子菜单下即可选择是否显示相应的标题以及标题布局的方式，如图2-49所示。

图2-49 设置图表坐标轴布局

◆ **图例**：默认情况下创建的图表右侧都具有图例，根据图例中的色块颜色以及文字说明来区分数据系列，通过单击"标签"组中的"图例"按钮，在弹出的菜单中可选择图例的位置以及是否显示，如图2-50所示。

◆ **数据标签**：数据标签用于显示图表中各个数据条或其他形状所代表的具体值，包括数值、百分比、文本标签等，当需要在图表中显示准确的数值时，就需要将数据标签显示出来。单击"标签"组中的"数据标签"按钮，在弹出的菜单中可设置数据标签显示的位置以及是否显示，如图2-51所示。

◆ **模拟运算表**：在图表中显示出模拟运算表，可让观众更明确地了解各项数据以及它们之间的关系，单击"标签"组中的"模拟运算表"按钮，在弹出的菜单中即可选择是否显示运算表，如图2-52所示。另外，在图表中显示了运算表后，

图2-50 设置图例布局

常会挤压图表主体的大小，所以通常还需要手动增加图表整体的大小。

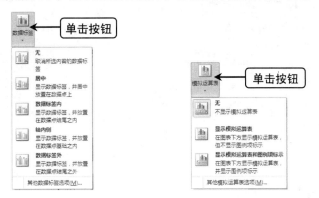

图2-51　设置数据标签布局　　图2-52　设置模拟运算表布局

4. 调整图表坐标轴显示

创建图表后，默认情况下图表中都显示了横、纵坐标轴，但是用户也可对坐标轴的显示进行调整，如改变坐标轴方向，设置坐标轴的刻度类型等。另外，有些图表中还可显示出网格线以辅助观众对应坐标轴查看数据，下面分别介绍设置图表坐标轴和网格线的方法。

◆ **设置坐标轴显示方式**：选择图表后，单击"坐标轴"组中的"坐标轴"按钮，在弹出的菜单中分别包含"主要横坐标轴"和"主要纵坐标轴"两项子菜单，在各子菜单下即可分别设置图表的坐标轴显示方式，如图 2-53 所示。

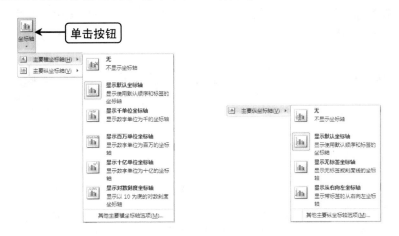

图2-53　设置坐标轴显示方式

◆ **设置网格线的显示**：图表中的网格线是按一定的数值间隔显示的，间隔越密，各数据条对应的数据更容易通过网格线对比坐标轴来读取，当有此要求时即可单击"坐标轴"组中的"网格线"按钮，在弹出的两个子菜单中分别设置横、纵网格线的显示以及疏密程度，如图 2-54 所示。

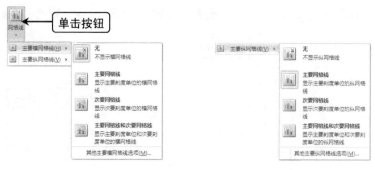

图2-54　设置网格线的显示

5. 设置图表背景布局

图表的背景是指二维图表的绘图区以及三维图表的背景墙和基底。对于二维或三维图表，用户可分别设置是否显示这些背景组成元素，用户还可对三维图表设置旋转。下面将从绘图区、图表背景墙、图表基底、图表三维旋转等多个方面介绍其布局的设置方法。

- ◆ **绘图区**：只有二维图表才可设置是否显示绘图区，且默认情况下图表的绘图区是显示的，只是其颜色为白色，通过单击"背景"组中的"绘图区"按钮，可设置是否显示绘图区，如图2-55所示。

- ◆ **图表背景墙**：三维图表的背景是由背景墙与基底组成，用户可设置是否显示这两个部分，通过单击"图表背景墙"按钮，在弹出的菜单中可选择是否显示背景墙，如图2-56所示。

- ◆ **图表基底**：图表的底部层面即为基底，单击"图表基底"按钮，在弹出的菜单中可设置是否显示基底，对于显示的基底也可设置其颜色，如图2-57所示。

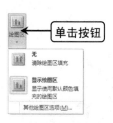　　

图2-55　设置绘图区布局　　　图2-56　设置背景墙布局　　　图2-57　设置基底的布局

- ◆ **图表三维旋转**：选择图表后，单击"背景"组中的"三维旋转"按钮，在打开的对话框的"三维旋转"选项卡下的"旋转"栏中可设置各个方向上的旋转角度，如图2-58所示。

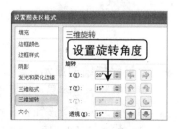

图2-58　设置三维旋转布局

基础知识回顾篇

2.5.4　格式化图表对象

在完成图表内容的制作后，还可以通过"图表工具 设计"选项卡中的"图表布局"组以及"图表工具 布局"选项卡来进行设置，如设置图表区，设置纵横坐标轴以及数据标签等，如图2-59所示。

图2-59　"图表工具 设计"选项卡

1．选择图表对象

在对图表组成对象进行格式化前，需要先选择对象，当图表中的各组成部分太多且相互距离很近时，则可通过PowerPoint自带的图表对象选择功能，其具体操作如下：

选择图表后，在"图表工具 布局"和"图表工具 格式"选项卡左侧都会出现"当前所选内容"组，在该组中的下拉列表框中，用户可轻松选择需要的图表对象，如图2-60所示。

图2-60　选择图表对象

2．设置图表区

选择整个图表，即表示当前选择了图表区对象，该对象实际上就是图表的"编辑区"可设置其填充、边框和其他图形样式。

选择图表区后，单击"当前所选内容"组中的"设置所选内容格式"按钮，如图2-61所示，即可打开对应的格式设置对话框。在对话框左侧的各选项卡即为图表区可进行的设置项。

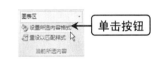

图2-61　设置图表区

3．设置横纵坐标轴

对于图表中的横、纵坐标轴，除了可对其填充与线型格式进行设置外，还可对其坐标轴的格式进行设置，包括起始刻度（即最小刻度与最大刻度）、主要与次要刻度单位，下面介绍设置图表中垂直坐标轴格式的具体操作：

选择垂直坐标轴，单击"设置所选内容格式"按钮，打开其格式设置对话框，在"坐标轴选项"选项卡右侧可看到，其刻度值相关设置选项默认是"自动"的，即是系统根据图表数据系列的最大值与最小值来自行决定的，如果选中"固定"单选按钮，即可在右侧的文本框中自定义相关刻度值，如图2-62所示。

图2-62　设置坐标轴格式

4．设置数据标签

若图表中添加了数据标签，用户还可分别设置各数据系列标签包括的内容以及显示的位置，其具体操作如下：

选择图表中要设置的数据标签，打开格式设置对话框，在"标签选项"选项卡右侧默认只选中了"值"复选框，表示数据标签显示的是数据系列对应的数值，如图2-63所示。在"标签位置"栏中可设置标签的布局位置。

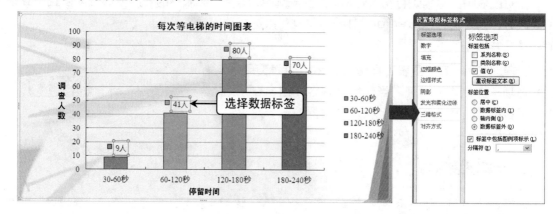

图2-63　默认情况下数据标签只选中"值"复选框

Chapter 3

第三章

演示文稿的多媒体应用与交互设计

在幻灯片中除了使用文本、图形等对象外，还可添加其他多媒体元素，如声音和视频等媒体元素来传递讯息。在演示文稿中使用声音和视频多媒体元素，能将演示文稿变得声色多姿，使幻灯片中展示的信息更多元化。在完成幻灯片内容的制作后，还可设置其最终的展示效果，如通过链接进行幻灯片的交互放映，使展示效果更具感染力。

3.1 幻灯片中音频和视频的使用

要在幻灯片中使用音频与视频,首先需要了解怎样将音频和视频文件插入到幻灯片中,插入音频和视频文件的方法有很多种,下面将分别进行介绍。

3.1.1 在演示文稿中使用音频

要将音频文件插入到幻灯片中,可以使用剪辑管理器将音频文件插入到幻灯片中,也可以将计算机中的音频文件插入到幻灯片中,下面分别进行介绍:

1. 使用剪辑管理器中的音频文件

剪辑管理器中除了包含有图片文件外,还自带了多种声音效果,但这些声音多为一些简单的音效,如鼓掌、开关门、动物叫声以及简单的轻音乐等。其插入方法与剪贴画的插入相似,下面进行简要介绍:

第1步 打开要插入音频的演示文稿,选择所需幻灯片,单击"插入"选项卡"媒体"组中的"音频"下拉按钮,在弹出的菜单中选择"剪贴画音频"命令,如图3-1所示。

第2步 此时在PowerPoint操作界面右侧出现"剪贴画"任务窗格,其中的"结果类型"下拉列表框中自动选中了"音频"复选框,然后在"搜索文字"文本框中输入要查找音频的关键字,然后单击"搜索"按钮,如图3-2所示。

第3步 系统开始在PowerPoint的媒体收藏集以及Office官方网站上搜索相关的声音,然后在下面的列表框中出现搜索结果,将鼠标指向某声音文件选项,可显示相关的信息帮助用户进行选择,如图3-3所示。

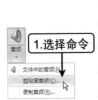

图3-1 选择选项	图3-2 搜索音频文件	图3-3 查看音频文件信息

第4步 单击列表框中声音选项,即可将该音频文件插入到当前幻灯片中。

添加到幻灯片之前预览音频剪辑

将剪辑添加到演示文稿之前,可以预览该剪辑。在"剪贴画"任务窗格显示可用剪辑的框中,将鼠标光标移动到剪辑的缩略图上,单击下拉箭头,然后选择"[预览/属性]"命令,在打开的"[预览/属性]"对话框中,单击"播放"按钮即可预览音频剪辑。

2．使用电脑中的音频文件

剪辑管理器中的音频文件的类别与数量都是有限的，为了满足不同用户的需求，还可将存放在电脑中的音乐文件插入到幻灯片中进行使用，下面介绍其具体操作：

第1步 打开演示文稿，选择要插入音频文件的幻灯片，然后单击"插入"选项卡"媒体"组中的"音频"下拉按钮，在弹出的菜单中选择"文件中的音频"命令，如图3-4所示。

第2步 打开"插入音频"对话框，在"查找范围"下拉列表框中选择电脑中要插入的声音文件的位置，然后在下方的文件列表中选择所需文件，最后单击"确定"按钮，如图3-5所示。

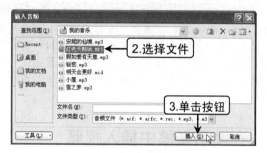

图3-4 选择"文件中的音频"命令　　　　图3-5 插入文件中的音频文件

删除音频剪辑

若要删除一个或多个音频剪辑，先找到包含要删除音频剪辑的幻灯片，在"普通视图"中，单击声音图标然后按【Delete】键即可。

3．插入录制的音频

想要在幻灯片中插入录制的音频，可使用PowerPoint直接录制，也可使用录音机录制声音，然后将录制好的音频文件插入到幻灯片，下面分别介绍如何插入录制的音频到幻灯片中。

◆ **使用 PowerPoint 直接录制声音**：在 PowerPoint 中可直接录制声音，录制的声音文件是嵌入在幻灯片中的，播放演示文稿时无需从外部再插入声音文件，其具体方法如下：打开需要进行录音的演示文稿，选择所需幻灯片，单击"插入"选项卡"媒体"组中的"音频"下拉按钮，在弹出的下拉菜单中选择"录制音频"命令，打开"录音"对话框，在其中单击"录制"按钮可开始录制声音，单击"停止"按钮可停止录制声音，单击"播放"按钮可开始播放声音。在"名称"文本框中还可为录制的声音设置名称，单击"确定"按钮完成录制并将声音插入到幻灯片中，如图 3-6 所示。

◆ **使用录音机程序录制声音**：在电脑桌面上单击"开始"按钮，选择"所有程序/附件/娱乐/录音机"命令，启动录音机程序，然后单击"录音"按钮，此时使用话筒录制旁白，录音完成后单击"停止"按钮，再单击"播放"按钮可试听效果。完成后再选择"文件/另存为"命令对声音文件进行保存，最后再将保存的声音文件插入到幻灯片中使用，如图 3-7 所示。

图3-6　使用PowerPoint直接录制声音　　　　图3-7　使用录音机程序录制声音

为什么在其他电脑中打开制作好的演示文稿时，插入的音频文件不能播放

在使用外部插入的声音时，声音文件并没有嵌入到演示文稿文件中，而是进行的外部链接。当将演示文稿移动位置时，由于与外部声音文件的相对位置发生了改变，可能会造成声音不能正常播放。要解决此问题，一是将声音文件与演示文稿设置在同一个文件夹后，再将其插入到幻灯片中使用；二是在移动演示文稿位置时，一定要将包含链接的声音文件的整个文件夹一起移动，保持其相对位置的不变，才能正常播放。

3.1.2　在演示文稿中插入视频

虽然同属于多媒体元素的视频和音频所表现出来的形式不同，但在幻灯片中插入视频的方法和插入音频文件类似，也有插入剪辑管理器中的视频与插入电脑中存储的视频两种，下面分别进行介绍：

1. 插入剪辑管理器中的视频

与音频文件一样，用户从剪辑管理器中获取视频文件，包括简单的视频效果或GIF格式的动画图片，下面介绍如何将剪辑管理器中的视频插入到演示文稿中：

第1步 打开演示文稿，选择要插入视频的幻灯片，单击"插入"选项卡"媒体"组中的"视频"下拉按钮，在弹出的下拉菜单中选择"剪贴画视频"命令，如图3-8所示，打开"剪贴画"任务窗格，在"搜索文字"文本框中输入要插入的视频文件的关键字，单击"搜索"按钮进行搜索。

第2步 搜索后单击所需缩略图选项，即可将视频插入到幻灯片中，拖动鼠标光标，调整其大小，并将其放置在幻灯片的合适位置，如图3-9所示。

图3-8　搜索剪辑管理器中的视频　　　　图3-9　选择需要的视频选项

2．插入电脑中存储的视频

剪辑管理器中的视频文件通常都较为简单，若用户想要在幻灯片中插入较为特殊的、复杂的影片，这时就需搜索存储在电脑中的更多影片，以便插入到幻灯片中。

其具体操作如下：

第1步 选择要插入视频的幻灯片，单击"插入"选项卡"媒体"组中的"视频"下拉按钮，在弹出的下拉菜单中选择"文件中的视频"命令，如图3-10所示。

第2步 打开"插入视频文件"对话框，在其中找到要使用的视频文件，然后单击"插入"按钮，如图3-11所示，此时视频将被插入到幻灯片中。

图3-10 选择"文件中的视频"命令　　图3-11 插入电脑中存储的视频

3．链接来自网站的视频

在PowerPoint 2010中，除了可以插入剪辑管理器中的视频、插入电脑中存储的视频，还可链接网站中的视频文件。

其具体操作如下：

第1步 在浏览器中，转到包含要链接到的视频网站，在网站上，找到该视频，然后找到并复制"嵌入"代码。

第2步 返回PowerPoint，切换到"插入"选项卡，单击"媒体"组中的"视频"下拉按钮，在弹出的下拉菜单中选择"来自网站的视频"命令。将复制的代码嵌入到打开的"从网站插入视频"对话框中，然后单击"插入"按钮即可，如图3-12所示。

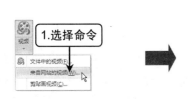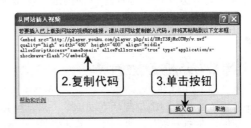

图3-12 链接来自网站的视频

4. 将 Flash 视频插入到幻灯片中

Flash是一种交互式动画，使用它制作的广告宣传片、娱乐短片、教学课件、MTV等都深受人们的喜爱。在幻灯片中结合Flash视频，可使展示的内容和过程变得异常丰富。下面就介绍如何在幻灯片中插入Flash视频：

第1步 打开演示文稿，切换到要插入Flash视频的幻灯片，在"开发工具"选项卡"控件"组中单击"其他控件"按钮，如图3-13所示。

第2步 打开"其他控件"对话框，在该对话框的列表框中选择"Shockwave Flash Object"选项，然后单击"确定"按钮，如图3-14所示。此时鼠标光标变为十字状，直接在幻灯片中拖动，绘制出Flash视频的播放屏幕位置，类似于一张图片，可调整其大小、形状和位置。

图3-13　单击"其他控件"按钮　　　　图3-14　选择"Shockwave Flash Object"选项

第3步 选择绘制的叉形图形，单击"控件"组中的"属性"按钮，打开一个"属性"对话框，其中各项是用来控制使用的控件，这里我们只会涉及到一项，即在"Movie"行后的空白单元格中输入将要使用的Flash动画文件名，包括扩展名，如图3-15所示。

第4步 关闭"属性"对话框，对当前演示文稿进行保存，然后将其关闭，当再次打开该演示文稿时，可看到插入Flash视频的幻灯片中，插入Flash视频的位置不再是白色的区域，此时显示的是该视频的第一帧也就是最开始的效果。

图3-15　输入Flash视频文件名

第5步 按【Shift+F5】组合键直接播放当前幻灯片，此时即可看到Flash视频在幻灯片中播放的效果，默认情况下是切换到幻灯片时自动播放，播放完成后按【Esc】键结束。

插入Flash视频的注意事项

在幻灯片中插入Flash动画时，要保证该Flash动画文件为标准的格式，即扩展名为swf；另外还必须将该文件放置于与演示文稿相同的文件夹下，因为在第4步Movie行中只输入了文件名，没有路径，可见它们必须保证在同一位置，否则将不能正常播放Flash动画。

3.2 控制音频播放

在幻灯片中插入音频后，为保证插入的音频按照用户的需求在演示文稿中顺利播放。还需对音频的播放进行控制。

3.2.1 音频文件的编辑技巧

音频文件的编辑可从两方面入手，一是对音频文件进行压缩，另一方面是向音频剪辑添加书签。

1．压缩音频文件

当演示文稿中插入多个音频文件后，可对音频文件进行压缩，从而节省磁盘空间，同时保持音频的整体质量。压缩音频文件的方法为：在插入了音频文件的演示文稿中，单击"文件"选项卡下"信息"选项卡，然后在"媒体大小和性能"栏中单击"压缩媒体"按钮，在弹出的下拉菜单中选择指定音频的质量，如图3-16所示。

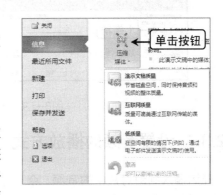

图3-16 压缩音频文件

 指定音频媒体文件的质量

音频媒体文件的质量决定音频的大小，想要达到节省磁盘空间的目的，同时，仍保持音频的整体质量，可选择"演示文稿质量"选项或选择"互联网质量"选项，音频文件的质量可媲美通过Internet传输的媒体；若空间有限的情况下可选择"低质量"选项，例如，通过电子邮件发送演示文稿。

2．音频书签的添加

对于插入了音频的幻灯片，为了快速查找音频剪辑中的特定点，可对音频添加书签。音频书签的添加方法为：单击"音频工具 播放"选项卡下"书签"组中的"添加书签"按钮即可，如图3-17所示。但要注意的是只能向音频中添加一个书签。

图3-17 向音频文件添加书签

书签的删除

找到并单击要删除的书签，然后单击"音频工具 播放"选项卡下"书签"组中的"删除书签"按钮，即可将已添加的书签删除。

3.2.2 剪裁音频剪辑

对于插入到幻灯片中的音频文件，用户可自行进行剪裁，其具体操作为：选择幻灯片中需要剪裁的音频文件后，在"音频工具 播放"选项卡"编辑"组中单击"剪

图3-18 单击"剪裁音频"按钮

基础知识回顾篇

裁音频"按钮，如图3-18所示。

打开"剪裁音频"对话框。若要剪裁剪辑的开始部分，单击起点看到双向箭头时，将箭头拖动到所需的音频剪辑起始位置；若要剪裁音频的末尾部分，单击终点看到双向箭头时，将箭头拖动到所需的音频剪辑结束位置，如图3-19所示。

图3-19　单击并拖动剪裁音频文件

3.2.3　设置音频的播放方式

控制插入到幻灯片中的音频，除了可在插入音频时选择自动播放或在单击时播放外，用户还可以对幻灯片中的音频文件进行多方面的播放控制，以满足实际演示需要，主要包括以下几种情况。

◆ **仅在当前幻灯片中播放**：默认情况下插入到幻灯片中的音频都是在当前幻灯片中播放，且不管是否播放完成，当单击切换到下一个对象的动画时，声音就会停止。因此这种播放方式适合于某种声音仅与当前动画相关，比如讲解录音或音效等，切换到下一对象动画后便不需要该声音。

◆ **在下一动画开始前循环播放**：前面说到音频会在下一个动画开始时结束播放，但如果与下一动画之间的间隔时间很长，而又希望音频在播放完一遍后重复播放，则需要将其设置为循环播放。其设置方法为：在幻灯片中选择插入的音频图标，切换到"音频工具播放"选项卡的"音频选项"组中，然后选中"循环播放，直到停止"复选框即可，如图3-20所示。

图3-20　选中"循环播放，直到停止"复选框

◆ **多个音频选择性播放**：当需要在同一张幻灯片中播放几个不同音频的情况，例如教学演示中有一道选择题，如果学生答对了就播放提示对的音效，如果答错了就播放提示错的音效，这时就需要通过选择来播放音频。其操作方法为：将多个音频插入到幻灯片时，都选择在单击时播放。这样在放映演示文稿时，该张幻灯片中会出现几个音频图标，单击某个图标即播放其对应的声音。不过放映者要记住每个图标所对应的音频，建议用备注记下。

3.2.4　音频的定时播放与停止

PowerPoint将音频播放视为一个幻灯片动画，因此除了上面几种播放方式外，用户还可按照设置动画效果的方式来进行更复杂的音频播放控制，其具体操作如下：

第1步　打开演示文稿，选择第一张幻灯片中的音频图标，单击"动画"选项卡"高级动画"组中的"动画窗格"按钮，如图3-21所示。

第2步　在打开的"动画窗格"任务窗格的下拉列表框中，可看到与当前插入音频对应的动画选项，单击该选项右侧的下拉按钮，在弹出的下拉菜单中选择"效果选项"命令，如图3-22所示。

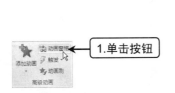

图3-21　单击"动画窗格"按钮　　　　图3-22　选择"效果选项"命令

第3步　打开"播放音频"对话框，在"效果"选项卡的"开始播放"栏中可设置音频开始播放的位置，如设置从第3秒开始播放，在"停止播放"栏中可设置音频在什么时候停止，如在放映到第7张幻灯片时停止，如图3-23所示。

第4步　单击"计时"选项卡，在其中可设置音频在何时开始播放，是单击时还是幻灯片播放之前或之后，还可设置延迟多长时间播放、循环播放的次数以及设置触发器播放等，如图3-24所示。

图3-23　设置播放参数　　　　　　　图3-24　设置播放计时

第5步　单击"音频设置"选项卡，在其中可设置音频的音量或是否在幻灯片中显示音频图标，通常如果将声音设置为背景音乐，则可隐藏其声音图标。完成所有自定义后单击"确定"按钮，然后可按【F5】键进行放映预览，了解声音播放效果。

3.3　控制视频的播放

控制插入到幻灯片中的视频除了可以在插入视频时，选择自动播放或在单击时进行播放外，用户还可以对幻灯片中的视频文件进行多方面的播放控制，以满足实际演示需要，主要包括以下几种情况：

3.3.1 预览视频

在插入视频后，将直接切换到"视频工具 格式"和"视频工具 播放"选项卡，在选项卡的"预览"组中有一个"播放"按钮，如图3-25所示，单击该按钮即可预览插入的影片文件。

图3-25 预览视频

3.3.2 设置视频的播放方式

在"视频工具 播放"选项卡下单击"视频选项"组中"开始"文本框后的下拉按钮，在弹出的下拉列表中选择相应选项可设置视频的放映方式为"自动"、"单击时"两种，如图3-26所示。另外，在"视频选项"组中还可选中相应的复选框设置视频的更多播放方式。

图3-26 视频的放映方式

◆ **全屏播放视频**：在插入影片时，通常会调整其大小，使其放置在幻灯片的合适位置，默认情况下，该影片在播放时其大小即为插入时设置的大小。若用户需要让影片填满整个屏幕进行播放，可选中"视频工具 播放"选项卡"视频选项"组中"全屏播放"复选框，如图 3-27 所示。

◆ **连续播放视频**：选中"视频选项"组中"循环播放，直到停止"复选框即可实现连续播放视频，如图 3-28 所示。需要注意的是，连续播放幻灯片时，若不手动切换到下一张幻灯片，程序将反复播放当前幻灯片中的视频，所以此操作不适用于自动播放演示文稿的场合。

图3-27 全屏播放视频

图3-28 连续播放视频

◆ **视频播放后倒带**：为视频设置倒带后，视频将自动返回到第一帧并在播放一次以后停止。选择幻灯片中插入的视频，然后选中"视频工具 播放"选项卡"视频选项"组中的"播完返回开头"复选框，即可设置影片在播放后自动"倒带"，如图 3-29 所示。

图3-29 视频播放后返回开头

3.3.3 延迟视频开始时间

为了避免还没看清幻灯片中的内容就开始播放视频。用户还可以调整视频文件播放时间的设置。例如，将视频在切换到该幻灯片中的10秒钟之后才播放，而不是在一开始时就播放，这样即可按需求自动播放演示文稿并顺利观看文稿中的影片。其操作方法如下：

第1步 打开演示文稿，选择幻灯片中的视频文件，单击"动画"选项卡"高级动画"组中的"动画窗格"按钮。

第2步 在打开的"动画窗格"任务窗格中，单击视频名称右边的下拉按钮，在弹出的菜单中选择"效果选项"命令，如图3-30所示。

第3步 打开"暂停视频"对话框，单击"计时"选项卡，在"延迟"数值框中输入要延迟的总秒数"10"，然后单击"确定"按钮完成设置，如图3-31所示。

图3-30 选择"效果选项"命令

图3-31 设置视频延迟时间

设置适当长度的延迟时间

在设置延迟时间时，需进行预览，不能设置得过短，以免观众看不清幻灯片；也不能设置得过长，等待时间太长会消磨掉用户继续观看的耐心。

3.4 演示文稿的交互设置

在放映幻灯片的过程中，单击鼠标实现幻灯片对象以及各幻灯片间的切换，从而展示幻灯片中的内容，但这种展示是按从前至后的顺序。实际在展示某项内容时，可能会需要根据讲解流程，要求在不同的幻灯片间切换、跳转或反复查看。这时就可以为幻灯片添加链接，通过单击链接直接控制放映到指定目标内容，这样即可任意控制幻灯片的放映流程。

PowerPoint中的链接主要有两种设置方式：一种是常规的链接；一种是动作。它们的作用都是控制幻灯片的放映，下面分别进行介绍。

3.4.1 通过导航控件控制幻灯片的放映

幻灯片放映过程中，超链接是用户交互的关键，在PowerPoint中可创建的超链接导航包括文字超链接和图形超链接。

1. 创建文本超链接

文本超链接比较简单，用户可以为演示文稿输入相应的Internet地址转化成超链接，或者添加具有解释性含义的文本超链接，其具体的操作如下：

第1步 打开幻灯片，选择要设置超链接的文本，单击"插入"选项卡"链接"组中的"超链接"按钮，如图3-32所示。

第2步 在打开的"插入超链接"对话框的"要显示的文字"文本框中显示选择文本，这里可以修改，修改后的文字也将显示在幻灯片中；在"链接到"栏下的列表框中选择文本要链接到的目标地址，这里选择"本文档中的位置"选项，在右侧的"请选择文档中的位置"列表框中列出演示文稿中幻灯片的列表，单击需要的幻灯片或自定义放映，如图3-33所示。

图3-32　单击"超链接"按钮　　　　图3-33　选择链接的位置

第3步 单击"屏幕提示"按钮，在打开的"设置超链接屏幕提示"对话框中输入屏幕提示内容，单击"确定"按钮返回"插入超链接"对话框，单击"确定"按钮，完成超链接的创建，如图3-34所示。

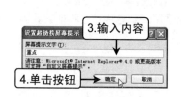

图3-34　设置屏幕提示

> ✎ **超链接或指向的对象**
>
> PowerPoint中的超链接可以链接到同一演示文稿中的其他幻灯片或不同的演示文稿中，或者链接到其他应用程序，如Word或Excel中的某些相关的数据文件，也可以链接到Internet中的某一位置。

2. 编辑文本超链接

编辑文本超链接包括修改链接到的地址或屏幕提示、超链接的删除等，下面分别进行介绍。

◆ **编辑文本超链接**：编辑文本超链接的方法和编辑幻灯片上的其他文本一样简单。

◆ **修改链接到的地址或屏幕提示**：如果要修改链接到的地址或屏幕提示，可以在超链接上单击鼠标右键，在弹出的快捷菜单中选择"编辑超链接"命令，如图 3-35 所示。打开"编辑超链接"对话框，在其中可以像新建超链接一样对超链接进行编辑。

◆ **删除超链接**：如果要删除超链接，可以选择超链接文本，然后按【Delete】键彻底删除，或者在超链接上单击鼠标右键，在弹出的快捷菜单中选择"取消超链接"命令即可取消超链接而保留文本，如图 3-36 所示。

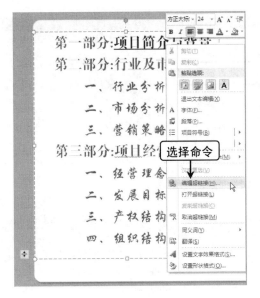
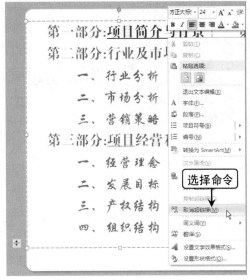

图3-35　编辑超链接　　　　　　　图3-36　取消超链接

3．创建图形超链接

创建图形超链接，可使用"动作设置"和"插入超链接"两种方法，其具体操作如下。

◆ **通过动作设置创建图形超链接**：选择需要使用超链接的图形，在"插入"选项卡"链接"组中单击"动作"按钮，在打开的"动作设置"对话框的"单击鼠标"选项卡下选中"超链接到"单选按钮，在其下的下拉列表框中选择"幻灯片"选项，如图 3-37所示。在打开的"超链接到幻灯片"对话框中选择想要链接到的幻灯片，单击"确定"按钮，如图 3-38 所示。返回到"动作设置"对话框，单击"确定"按钮完成图形超链接的创建。

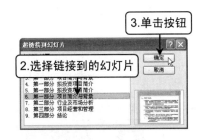

图3-37　选择"幻灯片"选项　　　　图3-38　选择要链接到的幻灯片

◆ **通过插入超链接创建图形超链接**：在要创建超链接的图形上单击鼠标右键，在弹出的快捷菜单中选择"超链接"命令，打开"插入超链接"对话框，在其中设置超链接的位置，完成后单击"确定"按钮，如图 3-39 所示。

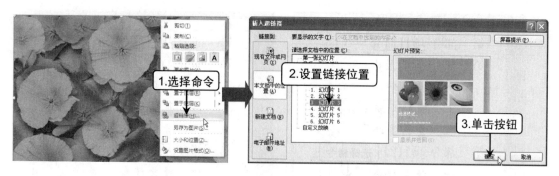

图 3-39　通过插入超链接创建图形超链接

 为图形创建链接到邮件

和文本超链接一样，为图形创建超链接也可以链接到URL、电子邮件地址或其他文件等位置，要链接到电子邮件，可以在"超链接到"下拉列表框中选择"URL"选项，在打开的"超链接到URL"对话框的"URL"文本框中输入"mailto:+邮件地址"，否则PowerPoint将自动在其前面添加"http://"，而使该链接不起作用。

3.4.2　创建动作按钮

PowerPoint中预设的动作按钮有前进、后退、开始、结束、信息等，用户可以直接将其放置在自己的幻灯片中。

1. 在幻灯片上放置动作按钮

若想让演示文稿中的每张幻灯片上都存在相同的动作按钮，通常选择在幻灯片母版上放置动作按钮，其具体操作如下：

第1步 打开幻灯片，单击"视图"选项卡"母版视图"组中的"幻灯片母版"按钮，在幻灯片母版视图中选择第一张幻灯片，如图3-40所示。

第2步 在"插入"选项卡"插图"组中单击"形状"按钮，在弹出的下拉列表的"动作按钮"栏中选择动作按钮，如图3-41所示。

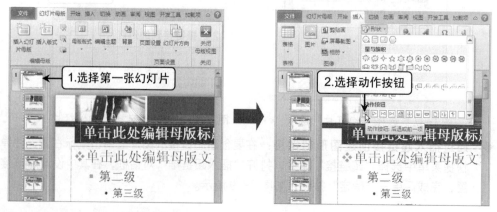

图3-40　选择幻灯片母版视图中第一张幻灯片　　　　图3-41　选择动作按钮

第3步 此时鼠标光标变成十字形，在需要放置按钮的幻灯片母版上拖动，释放鼠标，程序自动打开"动作设置"对话框，在"单击鼠标"选项卡中选中"超链接到"单选按钮，在其下的下拉列表框中选择链接到的对象，单击"确定"按钮，如图3-42所示。

第4步 根据需要添加其他按钮，并为其设置相应的动作，完成后单击"关闭母版视图"按钮，退出母版视图。

图3-42 选择超链接到的幻灯片

2. 自定义动作按钮

在"形状"列表框中提供了一个"自定义"动作按钮，用户可以自行在其中添加文本或填充按钮创建成自定义按钮。其操作如下：

第1步 在自定义动作按钮上单击鼠标右键，在弹出的快捷菜单中选择"编辑文字"命令，如图3-43所示。

第2步 按钮中将出现文本插入点，输入文本后按【Enter】键，完成文本的添加。在"绘图工具 格式"选项卡"插入形状"组中单击"编辑形状"按钮，在弹出的菜单中选择"更改形状"命令，单击其他不同的形状，如图3-44所示。

图3-43 选择"编辑文字"命令

图3-44 选择"更改形状"命令

统一调整多个动作按钮

这里的动作按钮的概念类似于播放器中播放控制按钮的概念。如果需要放置几个按钮形成按钮组，并希望它们的大小一致，可以从放置默认大小的按钮开始，然后将它们全部选中，统一调整其大小。

第四章

制作动态幻灯片

完成幻灯片版式和内容的制作后，接下来就是查看放映效果，但单一的消隐效果使幻灯片显得非常单调，也不利于展示某些特定的内容。所以，本章将介绍设置幻灯片的动画和切换效果的方法，使幻灯片变得更加生动。

4.1 为幻灯片添加动画

幻灯片中能够设置动画效果的对象，包括幻灯片本身及其中的所有对象，为让幻灯片的展示过程变得生动，用户可以在"切换"选项卡下设置其切换效果，如图4-1所示；在"动画"选项卡下设置幻灯片中所有对象的动画效果，如图4-2所示。

图4-1 "切换"选项卡

图4-2 "动画"选项卡

4.1.1 了解对象动画和切换动画

PowerPoint中的对象动画是指幻灯片对象进入和退出幻灯片的方式，对于没有设置对象动画的幻灯片，其上的所有对象在放映时将简单的同时出现。动画功能的出现，使得用户可以应用动画于各种幻灯片对象，例如，让图片从上面落下，或使项目要点一次从左边飞入。

另外，还可为幻灯片设置切换动画，它是指整张幻灯片在放映时进入和退出屏幕的方式。PowerPoint 2010为幻灯片切换和对象提供了多种预设的动画方案。

4.1.2 指定幻灯片切换动画

幻灯片切换动画的应用，使得幻灯片在播放时更加生动。

1. 为幻灯片应用切换动画

在"切换"选项卡"切换到此幻灯片"组中的样式列表框中，选择相应的选项即可为幻灯片应用切换动画。下面介绍幻灯片切换动画的应用方法：

打开演示文稿，切换到"切换"选项卡，其中的"切换到此幻灯片"组用于控制幻灯片的切换动画，展开其中的动画图库，即可看到系统提供的多种切换动画缩略图，如图4-3所示。选择其中一种切换动画，即可将其应用到当前幻灯片，若用户希望为演示文稿中的所有幻灯片应用同一种切换动画，则单击"计时"组中的"全部应用"按钮即可。

设置幻灯片的切换声音

对幻灯片应用了切换动画方案后，在"预览"组中可以预览切换方案的效果，用户还可对幻灯片的切换声音进行设置，其具体操作为：单击"计时"组中"声音"按钮后的下拉列表框，在其中选择一种声音选项即可。

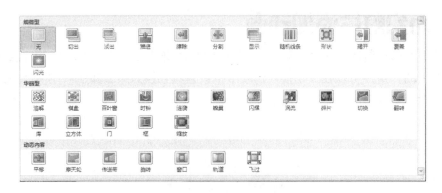

图4-3 系统提供的切换方案

2. 自动切换与手动切换

在进行演示文稿的放映时，可根据实际情况确定演示文稿的切换方式，如果现场有人控制和演示放映，可以使用手动切换，即演示者必须单击鼠标切换到下一张幻灯片，这有助于演讲者对放映进度的控制。

如果要自动放映的演示文稿，例如在展台上播放的演示文稿，则需要设置为自动切换，可以通过设计自动计时来实现自动播放。下面介绍将演示文稿设置为自动切换的具体操作：

第1步 在"切换"选项卡的"计时"组中选中"设置自动换片时间"复选框，在"设置自动换片时间"后的数值框中以秒为单位输入切换等待时间，如图4-4所示，这里输入"10"。

第2步 单击"全部应用"按钮，将此设置应用于演示文稿中的全部幻灯片，切换计时将出现在"幻灯片浏览"视图中的每张幻灯片下方，如图4-5所示。

图4-4 设置自动换片时间　　　　　图4-5 切换时间

幻灯片切换的技巧

通过设置自动计时进行自动切换时，可以为所有的幻灯片设置相同的切换时间，也可以为每一张幻灯片设置不同的切换时间。另外，也可以为幻灯片设置自动切换和手动切换效果同时存在，即在"换片方式"栏中选中两个复选框，这样放映者可灵活控制。

3. 控制幻灯片切换速度

在实际应用中，并不是每张幻灯片都需要在屏幕上显示相同的时间，例如，一些幻灯片上的文字可能比另一张幻灯片上多，或者有一些复杂的概念要掌握，这种差异性的存在，使得为全部幻灯片设置相同的自动计时并不能满足需要。

此时，除了使用手动控制幻灯片播放外，还可以使用"排练计时"功能，使PowerPoint根据排练情况设置计时。

使用"排练计时"功能设置切换时间的操作如下：

第1步 在"幻灯片放映"选项卡的"设置"组中单击"排练计时"按钮，如图4-6所示。

图4-6 单击"排练计时"按钮

第2步 幻灯片开始放映，并在左上角显示"录制"工具栏。单击"下一项"按钮放映幻灯片，当工具栏中的显示时间到达希望幻灯片显示的时间时，切换到下一张幻灯片，可以单击切换，也可以使用"录制"工具栏上的"下一项"按钮，或按【Page Down】键，直到完成演示文稿的放映，如图4-7所示。

第3步 到达最后一张幻灯片时，会出现一个对话框，询问是否保存新的幻灯片计时，单击"是"按钮，如图4-8所示，完成排练计时设置。

图4-7 切换幻灯片

图4-8 保存幻灯片排练时间

排练计时的技巧

在设置计时的时候，可以阅读幻灯片上的文字以模仿听众的浏览速度。在读取幻灯片上的所有文字后，暂停1至2秒，然后继续设置下一张幻灯片。如果需要暂停排练计时，可以单击"暂停"按钮，若需继续时可再次单击"暂停"按钮。

4.1.3 选择幻灯片对象动画效果

PowerPoint为幻灯片对象提供了4种类型的自定义动画，分别是"进入"类、"强调"类、"退出"类和"动作路径"类。

设置幻灯片对象动画效果的具体操作如下：

打开演示文稿，选择要设置动画效果的幻灯片对象，然后在"动画"选项卡的"动画"组中单击"其他"按钮，即可看到系统提供的动画缩略图，如图4-9所示。在其中选择一种动画效果，即可完成设置。在选择的同时可以看到具体的效果，也可单击"预览"按钮，查看动画效果。

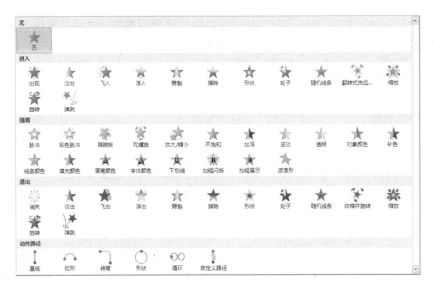

图4-9　系统提供的动画方案

4.1.4　创建自定义动画

对于幻灯片的切换动画，使用系统提供的多种方案就可以满足实际要求了，但对于幻灯片对象动画，使用系统提供的动画方案往往不能满足所有要求，这时用户可使用系统提供的对象动画自定义功能，为对象定义动画并设置动画选项，从而得到更丰富的效果。

下面介绍自定义对象动画的具体操作：

第1步 打开演示文稿，选择第2张幻灯片中的标题文本框，然后单击"动画"选项卡，在"高级动画"组中单击"添加动画"按钮，在弹出的下拉菜单中选择具体的动画效果，此处选择"进入"栏下的"飞入"选项，如图4-10所示。

第2步 选择幻灯片中下面的文本框，准备为它也添加一种进入动画效果，单击"添加动画"按钮，如果对弹出的下拉菜单中提供的动画都不满意，可选择"更多进入效果"命令，如图4-11所示。

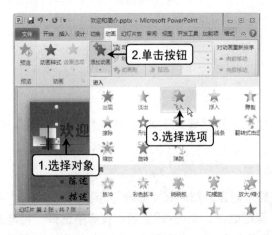

图4-10　单击"添加动画"按钮　　　　图4-11　选择"更多进入效果"命令

第3步 打开"添加进入效果"对话框，该对话框显示了"进入"类动画下的所有子动画项，选择各选项即可预览动画效果，此处选择"温和型"栏下的"回旋"选项，完成后单击"确定"按钮，如图4-12所示。

第4步 此时完成了当前幻灯片中所有对象的动画自定义，单击"高级动画"组中的"动画窗格"按钮，打开"动画窗格"任务窗格，在其列表框中可以看到出现了多个选项，这些选项对应于幻灯片中各对象的动画，且幻灯片中各对象前出现了相应的序号，这些序号按照设置动画的先后顺序依次出现，通过它们可判断对象的动画放映顺序，如图4-13所示。

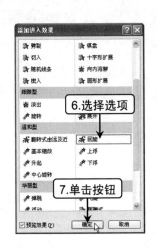

图4-12　选择"回旋"效果　　　　图4-13　动画窗格中显示动画项

第5步 设置完成后，单击任务窗格顶部的"播放"按钮，可看到幻灯片中所有对象动画播放时的效果，单击"停止"按钮即可停止播放。

系统为对象提供的4种动画类型详解

PowerPoint为幻灯片对象提供的"进入"类动画效果是在幻灯片放映时文本及对象进入放映界面时的动画效果；"强调"类是在演示文稿中需要强调部分的动画效果；"退出"类是在幻灯片放映过程中文本及其他对象退出时的动画效果；"动作路径"类是用于指定幻灯片中某个内容在放映过程中动画所通过的轨迹。

4.1.5　创建路径动画

为幻灯片中的对象创建动作路径后，对象将沿指定的路径运动。要创建路径动画，可以使用PowerPoint中预设的动作路径，也可以绘制自定义动作路径，下面分别进行介绍。

1．使用预设动作路径

PowerPoint中预设了多种形状的动作路径，为某个对象使用动作路径的操作如下：

第1步 打开演示文稿，选择要设置路径动画的对象，单击"动画"选项卡"高级动画"组中的"添加动画"按钮，在弹出的下拉菜单的"动作路径"栏下可看到系统提供的预设路径选项，如图4-14所示。

第2步 所选的动作路径将出现在幻灯片上对象的附近，绿箭头表示对象起点，虚线表示它将采用的路径，红箭头表示路径的结束点，如图4-15所示。拖动相应的箭头改变图形对象动画的起始和结束位置，若为闭合路径，则只能看到绿箭头。

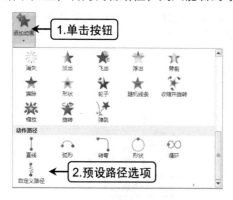

图4-14　预设动作路径

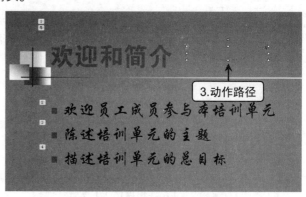

图4-15　路径的起点和终点

动作路径的设置技巧

通过"动画窗格"任务窗格可以设置路径的速度、开始触发以及计时或效果等，单击动画窗格中动作路径后面的下拉按钮，在弹出的下拉菜单中选择"效果选项"命令，打开该路径的对话框，在"效果"选项卡"设置"栏下"路径"下拉列表中，选择相应选项对路径进行设置。其中"解除锁定"路径并在幻灯片上移动动画对象，路径会随对象重新定位；若"锁定"路径，则用户在幻灯片上移动动画对象，它仍然停留在相同位置。

2．编辑动作路径

动作路径由直线或曲线连接的锚点组成，这些线可以进行编辑修改，其操作如下：

第1步 选择幻灯片中动作路径并单击鼠标右键，在弹出的快捷菜单中选择"编辑顶点"命令，如图4-16所示。

第2步 路径上将会出现小的黑色正方形，拖动小正方形以更改路径，完成编辑后再次在路径上单击鼠标右键，在弹出的快捷菜单中选择"退出节点编辑"命令，如图4-17所示。

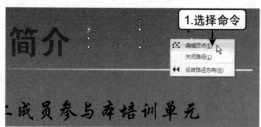

图4-16　编辑路径

图4-17　选择"退出节点编辑"命令

3．绘制自定义动作路径

动作路径可以是直线、曲线或其他闭合线条，如果预设的动作路径没有适合需要的，此时用户就可以绘制自定义的动作路径。为对象绘制自定义动作路径的操作如下：

选择要在幻灯片上移动的对象，单击"动画"组中的"其他"按钮，在弹出的下拉菜单的"动作路径"栏下选择"自定义路径"选项，然后在幻灯片上拖动以绘制路径，绘制完成后进行编辑，调整其位置。

4.2 设置幻灯片的放映效果

完成演示文稿的制作后，最关键的一步就是将内容顺利地呈现在观众眼前，这一过程就是幻灯片的放映。

想要准确地达到预想的放映效果，就需要先对放映进行设置，如设置幻灯片的放映类型，使用屏幕上的放映控件，以及其他一些辅助放映手段的运用等，这就是本节着重要讲解的。

4.2.1 录制旁白

在进行幻灯片放映时，不仅可以添加背景音乐、切换声音，还可以使用一些自己录制的声音旁白来加强演示文稿的表达，其具体操作如下：

第1步 要录制旁白，首先需要准备一个话筒，并将其连接到电脑中。

第2步 在"幻灯片放映"选项卡的"设置"组中单击"录制幻灯片演示"下拉按钮，若要从幻灯片最开始录制旁白，则选择"从头开始录制"命令；若从单击"录制幻灯片演示"按钮之前选择的幻灯片开始录制旁白，则选择"从当前幻灯片开始录制"命令，这里选择"从当前幻灯片开始录制"命令，如图4-18所示。

图4-18 单击"录制幻灯片演示"下拉按钮

第3步 打开"录制幻灯片演示"对话框，如果只录制旁白，就只选中"旁白和激光笔"复选框，然后单击"开始录制"按钮，如图4-19所示。

第4步 此时幻灯片进入到全屏放映状态，幻灯片中显示出"录制"工具栏，可看到工具栏中当前放映时间和总放映时间都开始计时，表示录制旁白开始，如图4-20所示。录制完成后单击切换到下一张幻灯片，以同样的方法继续录制旁白内容。

图4-19 单击"开始录制"按钮

图4-20 正在录制幻灯片

第5步 当切换到下一张幻灯片后，可看到当前幻灯片播放的时间重新开始计时，而演示文稿总的放映时间将继续计时，如图4-21所示。

第6步 当对演示文稿中所有幻灯片都进行了录制旁白后，将自动保存录制的旁白，并自动进入幻灯片浏览视图，在幻灯片右下角可看到出现了声音图标，表示旁白已经添加到幻灯片中，如图4-22所示。

图4-21　继续录制旁白　　　　　　　　　　　图4-22　旁白声音图标

设置是否自动播放旁白

为幻灯片录制旁白后，在放映幻灯片时，旁白会随之自动播放。如果要运行没有旁白的幻灯片放映，需要在"幻灯片放映"选项卡的"设置"组中单击"设置幻灯片放映"按钮，在打开的"设置放映方式"对话框中选中"放映时不加旁白"复选框。在录制旁白时不能播放幻灯片中已有的声音，即录制旁白时，将听不到其他已插入幻灯片放映中的声音。

4.2.2　准确控制幻灯片的放映

要准确控制幻灯片的放映，应了解常规的幻灯片放映操作有哪些，在放映幻灯片之前应根据实际需要确定放映类型，进行放映控制设置。下面分别进行介绍：

1．幻灯片放映的常规操作

这里首先来归纳一下放映幻灯片有哪些常规的操作方法。

开始幻灯片的放映大致有4种情况，即从头开始放映、从当前幻灯片开始放映、广播幻灯片及用户自定义从某张幻灯片开始放映。这4种操作都可通过"幻灯片放映"选项卡下的"开始放映幻灯片"组来进行，如图4-23所示。

图4-23　"开始放映幻灯片"组

◆ **从头开始放映**：单击"开始放映幻灯片"组中"从头开始"按钮或按【F5】键。

◆ **从当前幻灯片开始放映**：单击"从当前幻灯片开始"按钮或按【Shift+F5】组合键。

◆ **广播幻灯片**：单击"广播幻灯片"按钮，向可以在 Web 浏览器中观看的远程观众广播幻灯片放映。

◆ **自定义幻灯片放映**：单击"自定义幻灯片放映"按钮，在弹出的菜单中选择命令，在打开的相应对话框中可创建多种自定义放映的方案。

2. 根据实际需要确定放映类型

PowerPoint为用户提供了3种适应不同场合的放映类型，分别是"演讲者放映"、"观众自行浏览"、"在展台浏览"，这3种放映类型可通过单击"幻灯片放映"选项卡的"设置"组中的"设置幻灯片放映"按钮，在打开的"设置放映方式"对话框中进行设置，如图4-24所示。

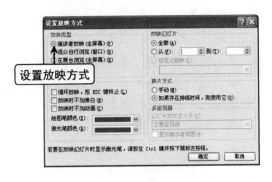

图4-24 设置放映方式

下面对各类型特点进行介绍。

◆ **演讲者放映**：这是最常用的一种放映方式，即在观众面前全屏演示幻灯片，演讲者对演示过程有完整的控制权，是一种非常灵活的放映方式。

◆ **观众自行浏览**：让观众在带有导航菜单的标准窗口中通过滚动条或方向键自行浏览演示内容，还可打开其他演示文稿，该方式又被称为交互式放映方式。

◆ **在展台浏览**：观众手动切换或通过事先设置的排练计时来自动切换幻灯片，整体演示文稿会循环演示。在此过程中除了通过鼠标光标选择屏幕对象进行放映外，观众不能对演示文稿作任何修改，该方式也被称为自动放映方式。

3. 进行放映控制设置

确定了放映类型后，在"设置放映方式"对话框的其他几个栏中，还可对具体的放映效果进行控制，下面分别介绍各栏中选项的作用。

◆ **"放映选项"栏**：选中"循环放映，按ESC键终止"复选框，则演示文稿会不断重复播放直到用户按【Esc】键终止；选中其下两个复选框，则在放映时不播放旁白或动画；而如果要在放映时使用绘图笔功能，则可在下面的"绘图笔颜色"下拉列表框中指定笔迹的颜色。如图4-25所示为"放映选项"栏。

◆ **"放映幻灯片"栏**：在这里设置要参与放映的幻灯片。选中"全部"单选项，表示演示文稿中所有幻灯片都进行放映；选中"从…到…"单选项，在后面的数值框中可以设置参与放映的幻灯片范围；"自定义放映"单选项只有在创建了自定义放映时才会被激活以用于选择不同的自定义放映方案。如图4-26所示为"放映幻灯片"栏。

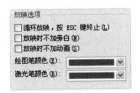

图4-25 "放映选项"栏

图4-26 "放映幻灯片"栏

◆ **"换片方式"栏**：在这里设置幻灯片切换时是手动方式还是按照排练时间自动切换。若选择后者则必须保证设置了排练时间或手动指定了幻灯片切换时间。如图 4-27 所示为"换片方式"栏。

◆ **"多监视器"栏**：如果要使用两台或多台显示器进行幻灯片的放映，应在此栏中选中"显示演示者视图"复选框，并通过上面的复选框设置一台显示器上显示幻灯片放映的内容，另一台显示器则显示演讲者备注以及放映进行的时间等。如图 4-28 所示为"多监视器"栏。

图4-27　"换片方式"栏

图4-28　"多监视器"栏

4.2.3　使用屏幕上的放映控件

在显示幻灯片放映时，鼠标光标和放映控件是隐藏的。移动鼠标可使其显示在幻灯片的左下角，但效果很暗，如图4-29所示。

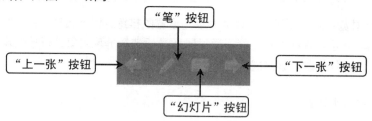

图4-29　放映控件

放映控件上各按钮的功能如下。

◆ **"上一张"按钮**：位置控件的最左侧，单击它将切换到上一张幻灯片，如果当前幻灯片包含动画，将返回到上一个动画事件。

◆ **"笔"按钮**：单击该按钮将弹出一个下拉菜单，在其中可以选择控制笔或鼠标光标外观。

◆ **"幻灯片"按钮**：单击该按钮将弹出一个下拉菜单，在其中可以选择选项定位到任意幻灯片。

◆ **"下一张"按钮**：单击该按钮可切换到下一张幻灯片进行放映。通常只需在幻灯片的空白处单击即可切换到下一张幻灯片，但如果当前正在使用放映控件"笔"，则单击将使其开始绘图，这时要切换到下一张幻灯片必须通过"下一张"按钮。

在放映过程中使用快捷键

在放映演示文稿的过程中还可以使用快捷键进行放映控制，如按【A】键或者按【＝】键可以打开或关闭屏幕上的鼠标光标和放映控件，按【Ctrl+H】组合键将隐藏光标和按钮。

基础知识回顾篇

1．切换到下一张幻灯片

在演示文稿中切换到下一张幻灯片的方法包括以下几种。

◆ **按键切换到下一张幻灯片**：按【N】键、按
空格键、按【→】键、按【↓】键、按【Enter】
键或者按【Page Down】键都可以切换到下一
张幻灯片。

◆ **通过菜单切换到下一张幻灯片**：在幻灯片的
空白处单击鼠标右键，在弹出的快捷菜单中选
择"下一张"命令，如图4-30所示。

◆ **通过控件切换到下一张幻灯片**：单击放映控
件上的"下一张"按钮。

图4-30　选择"下一张"命令

◆ **单击鼠标切换到下一张幻灯片**：放映幻灯片
时，单击鼠标左键。

如果幻灯片中的对象添加了动画效果，则执行上面的操作将会播放动画，而非切换到下一
张幻灯片。例如，将项目符号列表做成动画，使项目符号每次出现一个，那么在进行上述操作
之一时，将逐一出现各项目符号，而不是下一张幻灯片。只有在当前幻灯片上的全部对象显示
完后，PowerPoint才会切换到下一张幻灯片。

2．切换到上一张幻灯片

要切换到上一张幻灯片，可以使用的方法包括以下几种。

◆ **按键切换到上一张幻灯片**：按【P】键、按
【←】键、按【↑】键、按【Backspace】键或
按【Page Up】键都可切换到上一张幻灯片。

◆ **通过菜单切换到上一张幻灯片**：在幻灯片的
空白处单击鼠标右键，在弹出的快捷菜单中选
择"上一张"命令，如图4-31所示。

◆ **通过控件切换到上一张幻灯片**：单击放映控
件上的"上一张"按钮。

图4-31　选择"上一张"命令

在放映时使用快捷菜单

在放映幻灯片的空白处单击鼠标右键，在弹出的快捷菜单中也可以对幻灯片进行定位或者设置控制
笔及鼠标光标外观等。另外，若在"PowerPoint选项"对话框的"高级"选项卡下的"幻灯片放映"
栏中取消选中"鼠标右键单击时显示菜单"复选框，则在此处单击鼠标右键将不能弹出快捷菜单。

3．跳转到特定幻灯片

跳转到特定幻灯片的方法有，通过幻灯片标题来进行选择和通过在幻灯片放映时输入具体的数字并按【Enter】键跳转到某一特定幻灯片这两种方法来实现。

◆ **通过幻灯片标题来进行选择**：在放映幻灯片的空白处单击鼠标右键，在弹出的快捷菜单中选择"定位至幻灯片"命令，在其下的子菜单中列出演示文稿中所有幻灯片的标题，用圆括号括起来的幻灯片编号表示其是隐藏的幻灯片，选择要定位至的幻灯片标题即可跳转并进行放映，如图 4-32 所示。

图4-32　选择要定位至的幻灯片标题

◆ **通过输入具体数字进行选择**：在幻灯片放映时输入具体的数字并按【Enter】键跳转到某一特定的幻灯片。例如要跳转到第3张幻灯片，可以直接按【3】键，然后再按【Enter】键。

◆ **通过对话框进行选择**：在幻灯片放映时按【Ctrl+S】组合键，打开"所有幻灯片"对话框，其中列出了演示文稿中所有的幻灯片标题，可以单击选择某张幻灯片，然后单击"定位至"按钮即可，如图 4-33 所示。

图4-33　在对话框中选择

◆ **返回到演示文稿的第一张幻灯片**：要返回到演示文稿的第一张幻灯片，可以同时按住鼠标左右键并保持两秒钟即可。

返回最后一次查看的幻灯片

在幻灯片放映过程中还可以返回到最后一次查看过的幻灯片，其方法为：在放映幻灯片的空白处单击鼠标右键，在弹出的快捷菜单中选择"上次查看过的"命令。一般情况下"上次查看过的"幻灯片就是上一张幻灯片，但也有一些特殊情况，例如，如果在幻灯片放映过程中来回跳跃（比如跳到某张指定的幻灯片），则在放映过程中使用"上次查看过的"命令放映的幻灯片是刚刚查看过的幻灯片。

4．清空屏幕

在幻灯片的放映过程中有时需要临时暂停放映，这里可以将显示屏幕变为全白或全黑，即清空屏幕，其具体操作为：按【W】键清屏、或者按【，】键显示白屏、按【B】键或【。】键显示黑屏，要恢复放映，按任意键即可。

借助软件放映幻灯片

如果某电脑中没有安装PowerPoint软件，且不希望因放映幻灯片而进行安装，则可以借助PowerPoint Viewer程序进行放映，它由Microsoft在其官方网站上免费提供下载，非常小巧，且能帮助用户轻松放映PPT文件。

4.2.4　自定义放映幻灯片

在放映幻灯片时，通常都是首先放映第一张幻灯片，然后是第二张，第三张，以此类推，直到完成整个演示文稿的放映，这种线性结构适用于表述变化很少的确定信息。

其实PowerPoint提供了自定义放映功能，用户可以灵活选择需要的幻灯片进行放映。

1. 创建自定义放映

自定义放映即将自己需要的幻灯片组织在一起并按自定义的顺序进行放映。在自定义放映中可以将演示文稿设置为针对不同的听众拥有不同放映内容的个性化演示文稿。

要创建自定义放映，首先要创建该放映的所有幻灯片。其具体操作如下：

第1步 在"幻灯片放映"选项卡的"开始放映幻灯片"组中单击"自定义幻灯片放映"按钮，在弹出的下拉菜单中选择"自定义放映"命令，如图4-34所示，打开"自定义放映"对话框，单击"新建"按钮，如图4-35所示。

图4-34　选择"自定义放映"命令　　　　图4-35　单击"新建"按钮

第2步 打开"定义自定义放映"对话框，在"幻灯片放映名称"文本框中输入自定义放映的名称，在"在演示文稿中的幻灯片"列表框中，选择要在自定义放映中显示的幻灯片，单击"添加"按钮，如图4-36所示，将其添加到"在自定义放映中的幻灯片"列表框中，单击"确定"按钮完成自定义放映的创建，如图4-37所示。

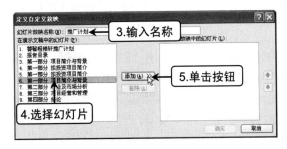

图4-36　添加自定义幻灯片　　　　　　图4-37　添加的自定义放映

对自定义放映进行操作

创建的自定义放映方案将出现在"自定义放映"对话框的"自定义放映"栏下，可以对其进行删除、复制、编辑等操作。

2．运行自定义放映

要启动有自定义放映的演示文稿，可以在"幻灯片放映"选项卡的"开始放映幻灯片"组中单击"自定义幻灯片放映"按钮，在弹出的下拉菜单中选择自定义放映的名称，即可运行自定义放映，如图4-38所示。

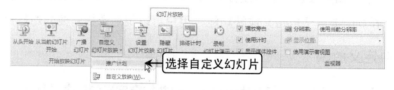

图4-38　运行自定义放映

随时进行自定义放映

在演示文稿放映期间，用户可以随时运行自定义放映，其方法为：用放映控件导航到自定义放映或在幻灯片上创建导航到自定义放映的超链接。创建超链接的方法将在后面进行介绍。

3．使用屏幕绘图笔标记演示文稿

在放映演示文稿时，可以使用圆圈、箭头、线条等形状的屏幕绘图笔标注幻灯片中的内容，以示强调。使用屏幕绘图笔的操作如下：

第1步 单击放映控件上的"笔"按钮，在弹出的下拉菜单中选择"墨迹颜色"命令，在其子菜单的颜色选择框中选择想要的颜色，如图4-39所示。

第2步 再次单击"笔"按钮，在弹出的下拉菜单中选择所需的笔的类型，然后在幻灯片中需要标注的地方拖动鼠标进行标注，按【Ctrl+A】组合键或按【Esc】键返回箭头状态。

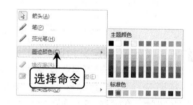

图4-39　选择墨迹颜色

使用了相应的"笔"在放映的幻灯片中进行标注后，当退出"幻灯片放映"时程序会打开一个对话框，询问是否要保留所做的墨迹注释，如图4-40所示。如果单击"保留"按钮，则墨迹注释将变成幻灯片上的图形对象，之后可以进行移动或者删除操作，与"形状"类似。

图4-40　询问是否保留墨迹

如何擦除所画的线段

按【E】键，或者在放映幻灯片的空白处单击鼠标右键，在弹出的快捷菜单中选择"擦除幻灯片上的所有墨迹"命令即可擦除所画的线段。如果只想擦除部分墨迹，可以在弹出的快捷菜单中选择"橡皮擦"命令，用鼠标光标擦除单个线段。

4.2.5 隐藏幻灯片以备用

隐藏的幻灯片仍然保存在文件中，但是在幻灯片放映时是不会显示出来的。在演示文稿的放映过程中可以随时显示隐藏的幻灯片。所以这里的隐藏仅仅是指在幻灯片放映视图中不可见。

1. 隐藏幻灯片

在"普通"视图中可以看到被隐藏的幻灯片，但不如"幻灯片浏览"视图中看起来直观、明显。在"幻灯片浏览"视图中可以清楚地查看到幻灯片是否被隐藏。

隐藏幻灯片的具体操作为：切换到"幻灯片浏览"视图，选择要隐藏的幻灯片，单击"幻灯片放映"选项卡"设置"组中的"隐藏幻灯片"按钮，如图4-41所示。选择的幻灯片即被隐藏，其下的幻灯片编号上出现一个灰色的小框和一条从中间穿过的斜线进行标识，如图4-42所示。

图4-41 隐藏幻灯片

图4-42 隐藏幻灯片

2. 取消隐藏幻灯片

要取消隐藏幻灯片，可以选择幻灯片并单击"隐藏幻灯片"按钮，幻灯片编号恢复正常状态。或者在幻灯片上单击鼠标右键，在弹出的快捷菜单中选择"隐藏幻灯片"命令，如图4-43所示，也可以隐藏幻灯片或取消隐藏幻灯片。

图 4-43 取消隐藏幻灯片

快速取消幻灯片的隐藏

若需要快速取消隐藏的多张幻灯片，可以按【Ctrl+A】组合键选择全部幻灯片，在其上单击鼠标右键，在弹出的快捷菜单中选择两次"隐藏幻灯片"选项，第一次是隐藏还未隐藏的幻灯片，第二次是取消隐藏幻灯片。

3. 在幻灯片演示期间显示隐藏幻灯片

在幻灯片放映过程中,从一张幻灯片切换到下一张幻灯片时,隐藏的幻灯片是不会被放映的。如果需要在放映过程中显示隐藏的幻灯片,可通过以下操作实现:

在"幻灯片放映"视图中,在幻灯片空白处单击鼠标右键,在弹出的快捷菜单中选择"定位至幻灯片"命令,在弹出的子菜单中选择要切换到的幻灯片,如图4-44所示。其中用圆括号将编号括起来的幻灯片为设置了隐藏的幻灯片。

图 4-44 在幻灯片演示期间显示隐藏幻灯片

 关于放映的隐藏幻灯片

在放映时一旦显示了某隐藏的幻灯片,之后就可以很容易地返回放映。在PowerPoint中,当向后放映时显示过的隐藏的幻灯片可以查看,但当向前放映时,曾显示过的隐藏的幻灯片依然不会出现。

Chapter 5
第五章

解决企业管理问题

解决好企业的管理问题,对整个企业的正常运作至关重要,借助PowerPoint强大的辅助展示功能,可以轻松且详细地进行企业员工培训、企业工作例会、企业庆典晚会等管理工作,从而使管理工作更加得心应手。本章将重点介绍利用PowerPoint解决企业行政管理中的一些常见问题。

5.1 企业员工培训

员工培训是指公司或企业为开展业务及培育人才的需要，采用各种方式对员工进行有目的、有计划的培养和训练的管理活动，其目标是使员工了解企业，不断地更新知识，开拓技能，改进员工的动机、态度和行为，从而促进组织效率的提高和组织目标的实现。下面介绍利用PowerPoint处理一些有关企业员工培训方面的问题。

NO.001　根据模板创建员工培训演示文稿

////// **职场情景** //

如图5-1所示为某公司的员工培训演示文稿，演示文稿只展示了员工培训内容，并未对演示文稿进行任何美化（⊙光盘\素材\第5章\员工培训.pptx）。

公司对员工的要求

- 1、有很强的责任心、爱岗、敬业
- 2、有很好的专业形象
- 3、有能顶得住压力的能力
- 4、有不断迎接挑战的决心
- 5、有很强的团队意识和工作意愿
- 6、愿意接受和服从公司的管理及价值体系
- 7、愿意与公司共同发展
- 8、强调并重视积极工作态度、良好工作方法、学习能力、发展潜力

图5-1　员工培训

////// **解决思路** //

如果时间紧迫且对PowerPoint操作不太熟练，可以通过使用PowerPoint提供的模板，快速美化演示文稿（⊙光盘\效果\第5章\员工培训.pptx）。

////// **解决方法** //

第1步 在 PowerPoint 2010 中单击"文件"选项卡，再单击"新建"选项卡，然后在"Office.com模板"栏后的文本框中输入关键字进行模板的搜索，本例输入"员工培训演示文稿"关键字，然后单击"开始搜索"按钮 ，如图 5-2 所示。

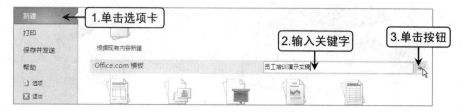

图5-2　在Office官网上搜索模板

第2步 PowerPoint 会链接到网络进行查找，稍后显示搜索的模板，本例选择"员工培训演示文稿"选项，右侧会出现其预览图，确定后单击"下载"按钮，如图 5-3 所示。

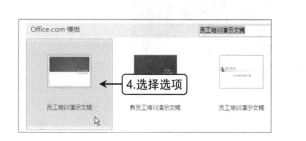

图5-3 选择模板并下载

第3步 系统开始从网上下载该模板到计算机中，并显示下载进度，如图 5-4 所示。

第4步 下载完成后即会在 PowerPoint 中将其打开，用户可看到新建的员工培训演示文稿中已经设置好了各种格式、版式和背景等，并包括多张有预设内容的幻灯片，如图 5-5 所示。然后将未美化的演示文稿的内容复制到模板中，并对其进行保存。

图5-4 正在下载模板   图5-5 打开下载的模板

NO.002 统一改变演示文稿中占位符的字体

///// **职场情景** ///

在完成上例根据模板创建演示文稿后，相关负责人看后对演示文稿中标题和正文的字体不满意，要求相关作业人员对演示文稿中的标题和正文字体进行更改，如图5-6所示（⦿光盘\素材\第5章\员工培训2.pptx）。

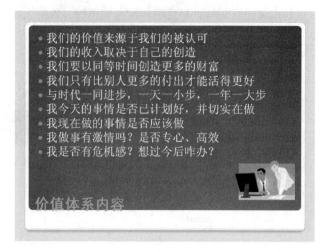

图5-6　员工培训

////// **解决思路** //////

　　演示文稿是由多张幻灯片组成的，如果在每张幻灯片上更改文本字体，比较麻烦。通过在母版中对预定义的标题和正文字体进行修改，可快速、统一地改变占位符中的字体（⊙光盘\效果\第5章\员工培训2.pptx）。

////// **解决方法** //////

第1步 打开提供的素材演示文稿，切换到幻灯片母版视图，然后在"幻灯片母版"选项卡下"编辑主题"组中单击"字体"按钮，在弹出的列表中可选择各种主题字体，本例需要自定义字体，因此需选择其中的"新建主题字体"命令，如图 5-7 所示。

第2步 打开"新建主题字体"对话框，在"中文"栏中设置"标题字体（中文）"为"方正大黑简体"，"正文字体（中文）"为"楷体_GB2312"，然后在"名称"文本框中输入新建主题字体的名称"培训"，最后单击"保存"按钮，如图 5-8 所示。

图5-7　选择命令新建主题字体

图5-8　设置主题字体

第3步 回到母版中，可看到当前主母版和其他版式母版中标题和正文占位符的默认字体发生了变化，即应用了自定义的主题字体，如图 5-9 所示，然后退出幻灯片母版视图。

第4步 回到幻灯片中，可看到其中标题占位符和正文占位符的字体格式发生变化，如图 5-10 所示。

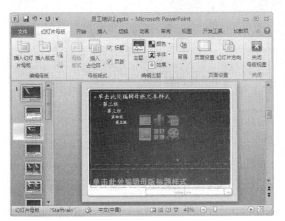

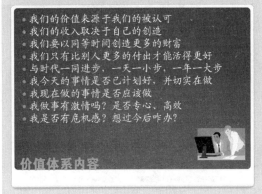

图5-9　字体发生变化　　　　　　　　　　图5-10　字体变化后的幻灯片

NO.003　为员工职业心态培训添加项目符号

////// **职场情景** //

某物业管理公司对新进员工的职业心态培训，如图5-11所示，相关负责人员要求为该张幻灯片中列出的内容添加项目符号（◎光盘\素材\第5章\员工职业心态培训.pptx）。

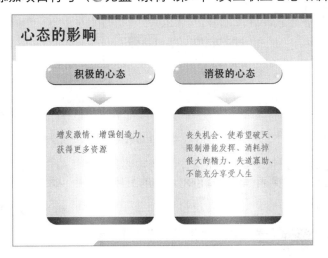

图5-11　员工职业心态培训

////// **解决思路** //

将所展示内容以项目符号展示，让观众更清晰地了解幻灯片中所展示的内容（◎光盘\效果\第5章\员工职业心态培训.pptx）。

////// **解决方法** //

第1步 打开提供的素材演示文稿，切换到要设置项目符号的幻灯片，首先将幻灯片中积极的心态和消极的心态所带来的影响分段展示，如图 5-12 所示。

职场问题解决篇

第2步 选择文本积极的心态所带来的影响，在"开始"选项卡中单击"项目符号"按钮右侧的下拉按钮，在弹出的下拉菜单中选择"项目符号和编号"命令，如图5-13所示。

图5-12 将内容以段落形式展示

图5-13 为所选文本设置项目符号

第3步 打开"项目符号和编号"对话框，单击"图片"按钮，在打开的"图片项目符号"对话框中单击"导入"按钮，如图5-14所示。

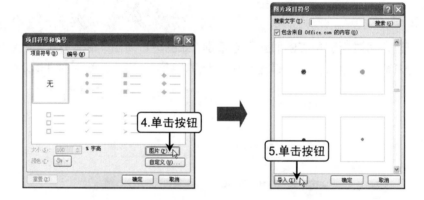

图5-14 单击按钮

第4步 打开"将剪辑添加到管理器"对话框，找到需要的图片，单击"添加"按钮返回"图片项目符号"对话框，在中间的列表框中选择刚刚添加的图片，单击"确定"按钮，如图5-15所示。

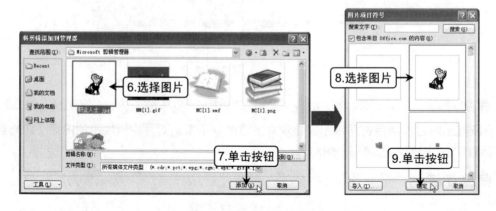

图5-15 选择图片项目符号

第5步 PowerPoint 自动将选择的图片应用到当前项目符号中，如果图片显示过小，可再次打开"项目符号和编号"对话框，在"项目符号"选项卡的"大小"数值框中设置项目符号与文字的大小比例，完成设置后可看到最终效果如图 5-16 所示。

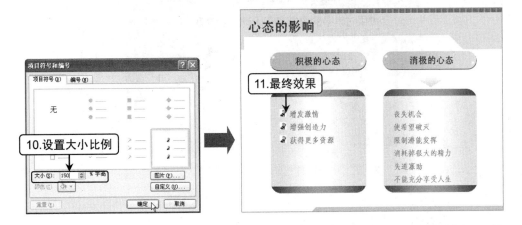

图5-16 调整图片项目符号与文字大小的比例

第6步 选择文本消极的心态带来的影响，重复以上操作步骤，为文本设置图片项目样式，如图 5-17 所示。

图5-17 最终效果

自定义项目符号

选择要自定义项目符号的文本，打开"项目符号和编号"对话框，单击"自定义"按钮，在打开的"符号"对话框中选择符号，完成后单击"确定"按钮即可。

NO.004 为入职宣传幻灯片中的文本设置段落格式

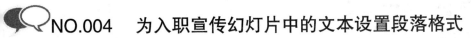

///// **职场情景** /////

每当公司招聘一批新员工后，都要对其进行一系列的宣传工作，好让其快速熟悉公司，这样才有利于后面工作的开展。

如图5-18所示为新员工入职宣传演示文稿中的前言幻灯片，虽然前言幻灯片中内容为两段，但它们并没有并列关系，即是普通的段落文本（光盘\素材\第5章\新员工入职宣传.pptx）。

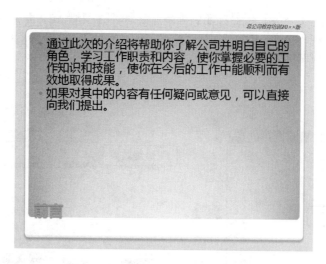

图5-18　新员工入职宣传演示文稿

///// **解决思路** ///

　　取消前言幻灯片中两段文本的项目符号，但段落文本的项目符号被取消后，其段落缩进的格式不太正确，所以可通过拖动标尺的方式来控制段落文本的缩进（●光盘\效果\第5章\新员工入职宣传.pptx）。

///// **解决方法** ///

第1步 打开提供的素材演示文稿，选择前言幻灯片，选中两段文本后，单击"开始"选项卡下"段落"组中的"项目符号"按钮，取消两段文本的项目符号，如图 5-19 所示。

第2步 段落文本的项目符号被取消后，其段落缩进的格式不太正确，于是先在"视图"选项卡下选中"标尺"复选框显示出标尺，如图 5-20 所示。

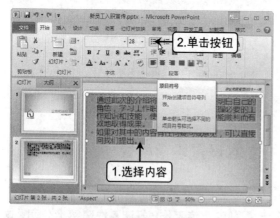

图5-19　单击"项目符号"按钮

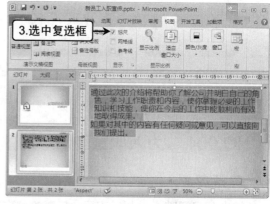

图5-20　选中"标尺"复选框

第3步 拖动标尺中的左缩进按钮和首行缩进按钮，控制段落文本首先缩进两个字符，这是中文段落常用的缩进方式，如图 5-21 所示。

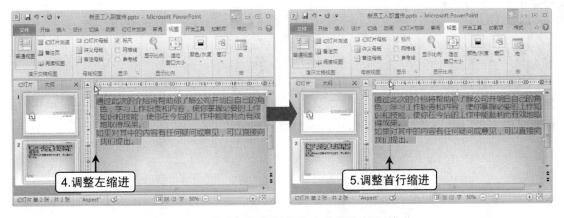

图5-21 通过标尺控制段落左缩进和首行缩进

第4步 此时可看到段落缩进效果如图 5-22 所示，再次选中段落文本并在文本上右击，在弹出的快捷菜单中选择"段落"命令，如图 5-23 所示。

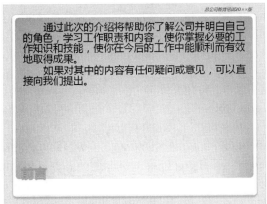

图5-22 设置段落缩进效果　　　　　图5-23 选择"段落"命令

第5步 打开"段落"对话框，在"间距"栏下设置"行距"为"固定值"、设置值为"36 磅"，单击"确定"按钮，回到幻灯片，可看到段落行间距发生变化，如图 5-24 所示。

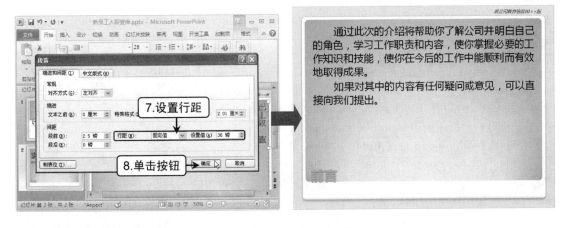

图5-24 设置段落间距

NO.005　将目录幻灯片中的文本以清晰的层次结构展现

////// **职场情景** //

　　如图5-25所示为目录幻灯片，由于目录行过多且每行即为一段，这样全部显示在幻灯片左侧一栏中既严重影响视觉平衡又因其字号太小而不利于在投影仪中放映，为培训过程带来不利因素（◎光盘\素材\第5章\入职宣传目录幻灯片.pptx）。

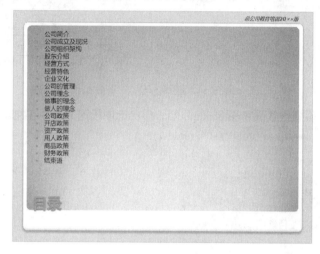

图5-25　目录幻灯片

////// **解决思路** //

　　将文本内容进行分栏，并对其文本级别进行设置，使内容从视觉上感受较平衡和具有较强的可读性（◎光盘\效果\第5章\入职宣传目录幻灯片.pptx）。

////// **解决方法** //

第1步 打开提供的素材演示文稿，选择目录幻灯片，选中文本框后单击"段落"组中的"分栏"按钮，在弹出的菜单中选择"两列"选项，如图5-26所示。

第2步 段落即自动以两列的形式分布在文本框中，这样段落文本的字号自动变大，如图5-27所示。

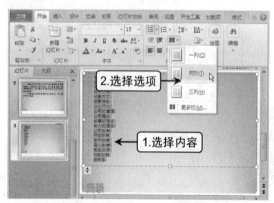

图5-26　单击"分栏"按钮

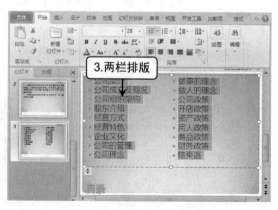

图5-27　段落以两列方式分布的文本框中

第3步 由于这里的各段落实际上分属不同的级别,如图5-28所示选中的第2~6段的内容应属于第一段 "公司简介" 下的分项内容,于是在选中第2~6段后,先单击 "段落" 组中的 "编号" 按钮,将其当前的项目符号变为编号,如图5-28所示。

第4步 直接按【Tab】键,或者单击 "段落" 组中的 "提高列表级别" 按钮,使2~6段变为第二级别文本,其段落缩进增加,且字号变小,如图5-29所示。

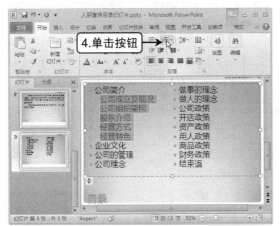

图5-28 设置编号样式

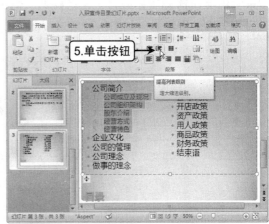

图5-29 单击 "提高列表级别" 按钮

第5步 使用同样方法将8~9段和12段内容也变为二级文本,属于 "企业文化" 的分项,如图5-30所示。

第6步 目录中第10~11段又属于 "公司理念" 下的分项内容,第13~17段属于 "公司政策" 下的内容,于是分别选中各段文本,按两次【Tab】键让其变为第三级正文,然后单击 "编号" 按钮右侧的按钮,在弹出菜单中为其选择另外一种编号样式,得到如图5-31所示的效果,这样即可得到一个结构清楚的目录。

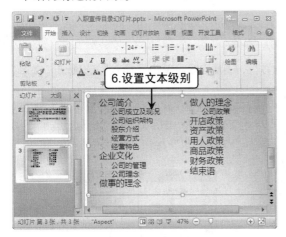

图5-30 设置文本级别

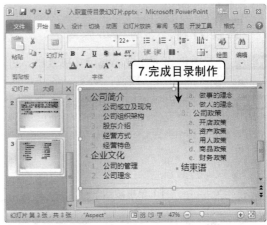

图5-31 完成目录制作

NO.006　为销售培训设置页眉页脚并编号

///// **职场情景** ///

　　要求在销售培训演示文稿中标识出公司名称、演示文稿的制作时间等信息。同时，由于本演示文稿共包括38张幻灯片，页数较多，演示者不便掌握演讲时间以及演讲的进度，现要求对演示文稿进行设置，如图5-32所示（●光盘\素材\第5章\销售培训.pptx）。

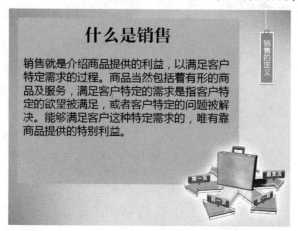

图5-32　销售幻灯片

///// **解决思路** ///

　　对于公司名称、演示文稿的制作时间、幻灯片数量等信息，通过用页眉页脚来标识。为幻灯片添加编号可以使演示者清楚地了解演讲的进度以便更好地掌握时间（●光盘\效果\第5章\销售培训.pptx）。

///// **解决方法** ///

第1步 打开提供的销售培训演示文稿素材，进入幻灯片母版，然后单击"插入"选项卡"文本"组中的"页眉和页脚"按钮，如图5-33所示。

第2步 打开"页眉和页脚"对话框，在"幻灯片"选项卡中选中"日期和时间"复选框，选中其下的"自动更新"单选按钮，选中"页脚"复选框，在其下的文本框中输入"北京启典科技"文本，选中"标题幻灯片中不显示"复选框，设置完成后单击"全部应用"按钮，如图5-34所示。

图5-33　单击"页眉页脚"按钮

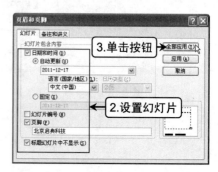

图5-34　设置幻灯片页眉页脚

第3步 演示文稿中，每张幻灯片的底部都添加了公司的名称、演示文稿的制作时间等信息，然后单击"文本"组中的"文本框"按钮，在弹出的下拉列表中选择"横排文本框"选项，如图 5-35 所示。

第4步 在幻灯片右下角图中的皮箱位置单击鼠标绘制文本框，绘制完成后文本插入点会自动定位于文本框中，如图 5-36 所示。

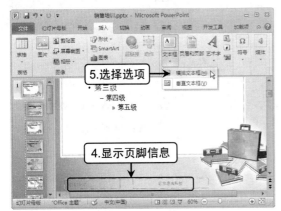
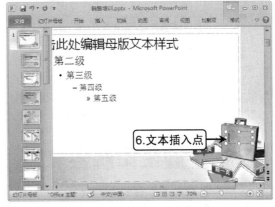

图5-35 单击"文本框"按钮　　　　　图5-36 绘制文本框

第5步 单击"插入"选项卡的"文本"组中的"插入幻灯片编号"按钮，在文本框中插入幻灯片编号"<#>"，在该文本的前方输入"幻灯片"文本，后面输入"/38"，这里的 38 即为演示文稿的总的幻灯片数量，如图 5-37 所示。

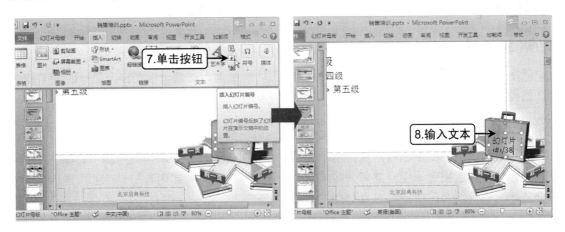

图5-37 输入幻灯片编号

第6步 通过单击"开始"选项卡"剪贴板"组中"格式刷"按钮，复制页脚的格式到文本框中的幻灯片编号文本，适当调整幻灯片编号文本框的位置，如图 5-38 所示。

第7步 由于放置编号的皮箱是灰色，而页脚信息的颜色也是灰色，因此编号不能被清晰地显示，所以选择文本框中输入的编号文本，在"开始"选项卡"字体"组中设置文本颜色为"红色"，如图 5-39 所示，然后关闭母版视图。

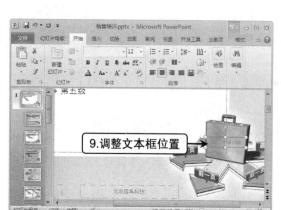

| 图5-38 调整编号位置 | 图5-39 设置编号颜色 |

5.2 企业工作例会

对一个企业而言，在进行了一段时间的生产或工作后，为了加强企业内部的沟通，及时对企业的运行情况进行总结，或及时向各部门传达上级指示，需要定期召开工作会议，这就是工作例会，根据时间间隔的不同，有周例会、月例会等。下面就介绍如何利用PowerPoint来帮助企业解决工作例会中的问题。

NO.007 通过自行绘制图形来组合成背景效果

////// **职场情景** ///

某水电公司要求相关负责人员制作9月份的工作例会演示文稿，但制作人员一时没有找到合适的模板。

////// **解决思路** ///

除了之前讲解的根据模板来进行演示文稿的创建，对于一些要求简洁的演示文稿，用户可通过自行绘制自选图形来组合成背景效果，如本例的标题幻灯片和内容幻灯片的版式，都是由多个简单的色块组合而成（●光盘\效果\第5章\月度工作例会.pptx）。

////// **解决方法** ///

第1步 新建一个空白演示文稿，对其进行保存后切换到幻灯片母版视图中。

第2步 选择主母版，在其中设置正文幻灯片的版式，先在其顶部绘制一长条矩形，设置填充色为深蓝色，然后调整标题和正文占位符的位置并设置相应的格式，如图 5-40 所示。

第3步 添加文本框，在蓝色区域上填写开会单位和例会信息，这些信息将出现在除标题幻灯片外的其他所有幻灯片中。另外为了更加美观，在长条的左侧依次绘制多个小正方形，呈如图 5-41 所示形状排列，并分别设置不同深浅的蓝色，起到一定装饰作用。

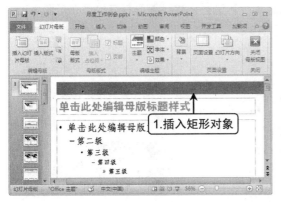

图5-40 插入矩形对象

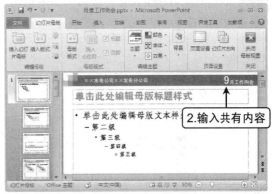

图5-41 输入共有内容

第4步 再在标题与正文占位符之间绘制一细长条线，设置其从左至右的渐变效果，通过该细长条将标题区与正文区分开来，如图5-42所示。

第5步 选择绘制的多个小正方形，对其进行复制再粘贴到幻灯片右下角，作为幻灯片右下角区域的点缀，如图5-43所示。

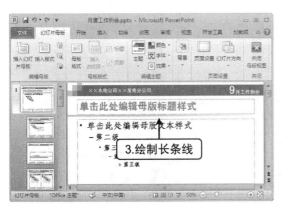

图5-42 插入矩形对象

图5-43 粘贴绘制的多个小正方形

如何调整对象的层次

在幻灯片中新添加的对象，其默认是位于其他已有对象的上层的，如前面在幻灯片中添加矩形后，会遮挡住下面的占位符。要将占位符调整到矩形的上层，则选中占位符对象后单击"绘图工具 格式"选项卡下"排列"组中的"置于顶层"按钮即可。若选中最上层的对象再单击"置于底层"按钮可达到同样目的。

第6步 完成主母版的设置后，切换到标题幻灯片母版，选中"幻灯片母版"选项卡下"背景"组中的"隐藏背景图形"复选框，这样不显示刚才在主母版中制作的背景图形。然后先在其中绘制一个深蓝色的大块矩形，然后调整标题占位符的格式和位置，如图5-44所示。

第7步 使用同样方法再在标题下绘制一个矩形，对副标题进行格式设置后将其放置在矩形之上，然后在其下再绘制一个矩形条，准备在其上显示日期，然后单击"插入"选项卡"文本"组中"日期和时间"按钮，如图5-45所示。

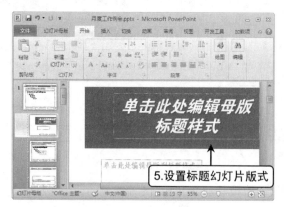

图5-44 设置标题幻灯片版式

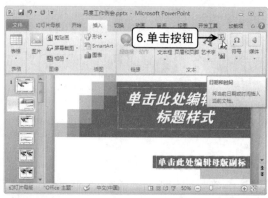

图5-45 单击"日期和时间"按钮

第8步 打开"页眉和页脚"对话框，在"幻灯片"选项卡下选中"日期和时间"复选框，然后在"固定"文本框后输入要显示的日期，由于只在标题幻灯片中显示，于是单击"应用"按钮，如图5-46所示。

第9步 回到标题幻灯片母版中，为日期占位符设置相应格式后，将其放置在前面第三次绘制的矩形条之上，完成在母版中的制作，退出母版视图，如图5-47所示。

图5-46 针对当前幻灯片应用

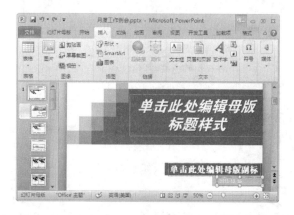

图5-47 完成母版制作

NO.008 通过手动绘制表格直观展示会议事项

///// **职场情景** /////

如图5-48所示为工作例会演示文稿中的会议事项幻灯片，现在相关负责人要求相关制作人员将会议事项直观展示在幻灯片中（光盘\素材\第5章\月度工作例会2.pptx）。

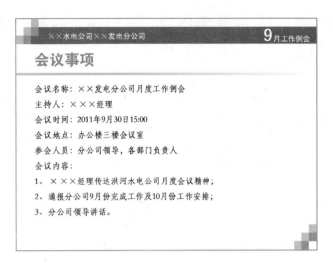

图5-48 会议事项幻灯片

////// **解决思路** //

以表格的形式将会议事项展示在幻灯片中,但通常制作表格时采用的是直接插入指定行列的表格,这种表格结构比较规范,样式较为普通,但在此例中就应制作比较特殊的表格,这时采用手动绘制表格的方法则更为方便快捷(●光盘\效果\第5章\月度工作例会2.pptx)。

////// **解决方法** //

第1步 打开提供的"月度工作例会 2"演示文稿,选择第 2 张"会议事项"幻灯片,在该幻灯片上右击,在弹出的快捷菜单中选择"复制幻灯片"命令,如图 5-49 所示。

第2步 将复制的幻灯片中的会议事项内容删除,单击"插入"选项卡下的"表格"按钮,在弹出菜单中选择"绘制表格"选项,如图 5-50 所示。

图5-49 选择"复制幻灯片"命令　　　　图5-50 选择"绘制表格"选项

第3步 此时鼠标光标变为 𝒁 形状,直接在幻灯片中按住鼠标左键拖动,先绘制出表格的外边框,并自动切换到"表格工具 设计"选项卡,如图 5-51 所示。

第4步 在"表格工具 设计"选项卡"绘图边框"组中可先设置线条的粗细与颜色等，本例保持默认设置，然后再次单击该组中的"绘制表格"按钮，横向拖动绘制出表格中的行，竖向拖动绘制出不同的列，如图 5-52 所示。

图5-51 切换到"表格工具 设计"选项卡　　　图5-52 绘制行线和列线

第5步 完成表格的框架制作后，在其中输入相应的内容，然后选中整个表格，在"表格工具 设计"选项卡下"表格样式选项"组中选中"标题行"复选框，这时在"表格样式"组中的列表框中即出现了多个突出标题行的系统预设样式，在其中选择一种样式即可快速为表格设置外观样式，如图 5-53 所示。

图5-53 在表格中输入相应的内容并为其设置外观样式

第6步 应用了外观样式后可看到，标题行中各单元格间的边框线不见了，这是因为所选样式定义得到的效果，这里希望两个单元格之间的分隔更明显一些，于是先选中右边一个单元格，然后在"绘图边框"组中设置"笔颜色"，最后单击"表格样式"组中的"边框"按钮右侧的下拉按钮，在弹出列表中选择"左框线"选项，即可为所选单元格左侧设置指定颜色的框线，如图 5-54 所示。

第7步 完成表格的制作后，可看到其效果如图 5-55 所示，然后将之前以文本形式展示会议事项的幻灯片删除，并对演示文稿另存。

图5-54 设置表格框线

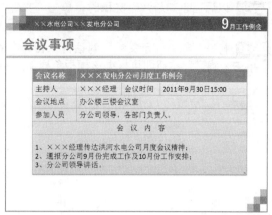

图5-55 完成表格的制作

NO.009 将工作例会演示文稿保存为模板供以后使用

职场情景

紧接上例，对于这种经常要反复制作的例会演示文稿，在下次制作例会演示文稿时怎样快速地将其制作出来呢（光盘\素材\第5章\月度工作例会3.pptx）？

解决思路

我们知道，通过模板可快速创建具有已有格式或内容的演示文稿，因此对于这种经常要反复制作的工作例会演示文稿，在制作完一次后可将其保存为模板，下次工作例会时可根据该模板创建演示文稿，并对其中内容进行相应修改（光盘\效果\第5章\月度工作例会3.potx）。

解决方法

第1步 打开提供的素材演示文稿，执行另存为操作，将其保存为模板格式，先单击"文件"选项卡中的"另存为"按钮，如图5-56所示。

第2步 在打开的"另存为"对话框的"保存类型"下拉列表中选择"PowerPoint 模板"选项，此时将自动切换到系统保存模板的默认文件夹，修改模板名称后将其保存在该默认文件夹下，然后单击"保存"按钮，如图5-57所示。

图5-56 单击"另存为"按钮

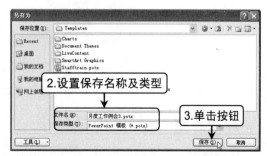

图5-57 将演示文稿另存为模板

第3步 以后当创建新演示文稿时，单击"文件"选项卡中的"新建"选项卡，在"可用的模板和主题"栏下选择"我的模板"选项，如图5-58所示。

第4步 打开"新建演示文稿"对话框，在其中的列表中即可找到自己保存的模板，选择该模板然后单击"确定"按钮即可根据该模板创建新的演示文稿，如图5-59所示。

图5-58　选择"我的模板"选项

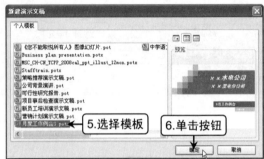

图5-59　将演示文稿另存为模板

NO.010　通过母版添加企业LOGO

////// 职场情景 //

　　某连锁超市制作的月工作例会演示文稿中只在第一张幻灯片中插入了公司LOGO，演示文稿中其他幻灯片中并没有插入公司LOGO，如图5-60所示，现相关负责人要求将企业LOGO插入到演示文稿中的每张幻灯片中（◎光盘\素材\第5章\连锁超市工作例会.pptx、连锁超市LOGO.png）。

图5-60　连锁超市各部门经理工作职责

////// 解决思路 //

　　在母版中一次性添加内容，在所有幻灯片中相同位置同时出现，这样既准确又提高了效率（◎光盘\效果\第5章\连锁超市工作例会.pptx）。

///// **解决方法** ///

第1步 打开提供的连锁超市工作例会演示文稿，切换到"视图"选项卡，在"母版视图"组中单击"幻灯片母版"按钮，如图 5-61 所示。

第2步 进入到幻灯片母版视图，当前选中的是标题幻灯片所应用的版式母版，下面先切换到主母版，然后单击"插入"选项卡下的"图片"按钮，如图 5-62 所示。

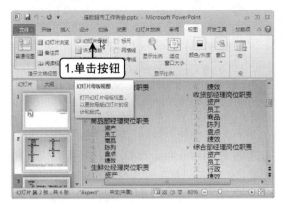

　　　图5-61　切换到母版视图　　　　　　　　图5-62　单击"图片"按钮

第3步 在打开的"插入图片"对话框中找到素材文件夹下第 5 章文件夹中提供的"连锁超市LOGO.png"图片，该图片为公司的 LOGO 图片，选择后单击"插入"按钮，如图 5-63 所示。

第4步 插入的 LOGO 图片即出现在母版中，下面按住【Shift】键的同时拖动其边框右上角控点，将其等比例缩小，然后将其拖动到幻灯片的右下角合适位置，如图 5-64 所示。

　　　图5-63　选择图片　　　　　　　　　图5-64　调整LOGO位置

第5步 切换到其下的其他版式母版中，可看到除部分在 LOGO 图片位置有白色色块的版式将图片遮挡住外（实际上该图片是存在的），其他版式中相同位置均出现了刚才插入的 LOGO 图片，由于本例将只使用到"标题幻灯片"和"标题和内容"版式母版，于是下面切换到"标题幻灯片"母版，其中的 LOGO 图片也被遮挡，如图 5-65 所示。

第6步 因此需要在该版式母版中再插入一次 LOGO 图片，然后调整其大小，将其放置在版式中合适位置，该图片将出现在标题幻灯片中。完成 LOGO 图片的添加，如图 5-66 所示。

6.LOGO 图片被遮挡

图5-65　LOGO图片被遮挡

7.插入 LOGO 图片

图5-66　在标题幻灯片中插入LOGO图片

第7步 完成母版中的设置后退出幻灯片母版视图，回到标题幻灯片中，可看到其中已经出现了前面添加的 LOGO 图片，如图 5-67 所示。

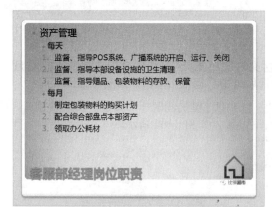

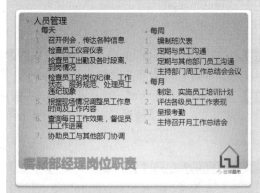

图5-67　添加的企业LOGO

5.3　企业庆典晚会

对于企业而言，通常在节庆、周年庆时，公司会组织相关庆祝晚会。或在经过了一年的辛勤工作后，为了对公司所有员工进行奖励，以及鼓励大家来年更好地工作，公司在年终往往会举办一次聚餐或晚会活动，做一些游戏或进行表彰奖励，这时可借助一个活动流程演示文稿，来串联整个过程。

NO.011　在圣诞节演示文稿中插入艺术字

///// 职场情景 /////

在圣诞节来临之际，某企业准备组织圣诞节晚会，如图5-68所示为制作的圣诞节幻灯片背景，现在需要将晚会名称以最美观、最直接的方式展现在幻灯片中（●光盘\素材\第5章\圣诞节演示文稿.pptx）。

图5-68 圣诞节幻灯片

////// **解决思路** //

由于晚会名称是以文本形式出现的,因此可以很容易想到利用艺术字功能来进行晚会名称的设置与美化（◎光盘\效果\第5章\圣诞节演示文稿.pptx）。

////// **解决方法** //

第1步 打开提供的圣诞节演示文稿,在"插入"选项卡"文本"组中单击"艺术字"按钮,在弹出的下拉列表中选择如图5-69所示的样式。

第2步 在插入的艺术字区域输入晚会名称,如图5-70所示。

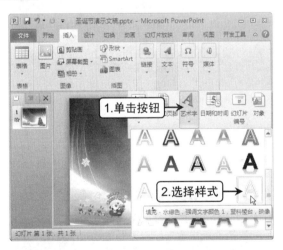

图5-69 选择艺术字样式   图5-70 输入晚会名称

第3步 利用"开始"选项卡将艺术字文本格式设置为"Arial Unicode MS",然后调整文本框位置,如图5-71所示。

第4步 选择艺术字文本框中文本,在"绘图工具 格式"选项卡"艺术字样式"组中单击"文本效果"按钮,在弹出的下拉菜单中选择"阴影/透视"栏下的"右上对角透视"效果,如图5-72所示。

职场问题解决篇

图5-71　调整艺术字文本

图5-72　设置效果

第5步 完成操作，效果如图 5-73 所示，重复以上操作，再添加一个艺术字文本框，在艺术字区域输入文本后，调整文本框位置，如图 5-74 所示。

图5-73　设置后的效果

图5-74　输入文本

第6步 完成操作，效果如图 5-75 所示。

图5-75　完成制作后的最终效果

利用对话框设置艺术字对象

在艺术字区域的边框上单击鼠标右键，在弹出的快捷菜单中选择"设置形状格式"命令，将打开"设置形状格式"对话框，在左侧选择需设置的属性后，便可在右侧进行详细设置。其中包含的属性有填充、线条颜色、线型、阴影、映像、三维格式、三维旋转、图片颜色、文本框等多达 16 种选项。

职场问题解决篇

NO.012 安插符合演示文稿主题的图片

///// **职场情景** /////////

紧接上例，在制作好圣诞节演示文稿封面幻灯片后，如图5-76所示为圣诞节幻灯片目录，虽然该幻灯片中放置了圣诞节标志性的图片，但整个版面太过单调，不能很好地烘托节日气氛（🔘光盘\素材\第5章\圣诞节演示文稿2\）。

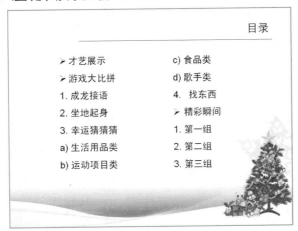

图5-76 圣诞节目录幻灯片

///// **解决思路** /////////

在这种文本已经全部放置到幻灯片中的情况下，可适当添加一些和圣诞节有关的图片到幻灯片中，既起到了美化幻灯片的作用，整个幻灯片片面也不会显得单调（🔘光盘\效果\第5章\圣诞节演示文稿2.pptx）。

///// **解决方法** /////////

第1步 打开提供的圣诞节演示文稿，切换到幻灯片母版视图，选择主母版幻灯片，如图5-77所示。

第2步 单击"插入"选项卡"图像"组中"图片"按钮，打开"插入图片"对话框，选择素材文件夹下第5章文件夹中的图片"雪花.png"，单击"插入"按钮，如图5-78所示。

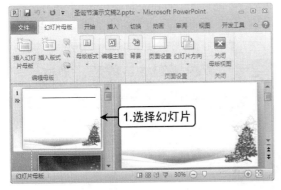

图5-77 选择主母版幻灯片

图5-78 选择插入的图片

第3步 返回幻灯片可看到图片插入到幻灯片中，调整该图片的大小，并将其放置在如图 5-79 所示的位置。

第4步 插入雪花图片后还是略显单调，此时可选择雪花图片，对其进行多次复制粘贴，调整其大小并呈如图 5-80 所示的形状排列。

图5-79　调整图片大小及位置

图5-80　复制粘贴图片

第5步 再次打开"插入图片"对话框，将图片"圣诞节.png"插入到幻灯片中，然后对插入的图片的大小和位置进行调整，如图 5-81 所示。

第6步 完成主母版的设置后，切换到版式母版幻灯片，将刚才插入到主母版中的图片设置为隐藏，如图 5-82 所示。

图5-81　调整图片大小及位置

图5-82　隐藏背景图形

第7步 退出幻灯片母版视图，可看到其最终效果如图 5-83 所示。

图5-83　最终效果

通过"剪贴画"窗格插入图片

在幻灯片母版视图下，选择主母版幻灯片，单击"图像"组中"剪贴画"按钮，打开"剪贴画"窗格，在"搜索文字"文本框中输入"圣诞节"关键字，然后单击"搜索"按钮，然后在搜索出的结果中选择要插入到幻灯片中的图片即可。

职场问题解决篇

NO.013　在年终晚会演示文稿中插入开场音乐

///// **职场情景** ///

　　公司在年终往往会举办一次晚会活动,做一些游戏或对公司所有员工一年的辛勤工作进行表彰奖励,这时,可借助一个活动流程演示文稿来串联整个过程。

　　如图5-84所示为某科技公司年终晚会演示文稿,幻灯片虽图文并茂,现要求在晚会开始前将晚会会场的气氛渲染得更加热闹些(💿光盘\素材\第5章\年终晚会演示文稿\)。

图5-84　年终晚会幻灯片

///// **解决思路** ///

　　在这种情况下,可以很容易想到在演示文稿中插入开场背景音乐来渲染晚会的气氛(💿光盘\效果\第5章\年终晚会演示文稿.pptx)。

///// **解决方法** ///

第1步 打开提供的年终晚会演示文稿,单击"插入"选项卡"媒体"组中"音频"按钮下半部分,在弹出的下拉菜单中选择"文件中的音频"命令,如图 5-85 所示。

第2步 打开"插入音频"对话框,在"查找范围"下拉列表中选择光盘素材第 5 章文件夹提供的音乐文件,然后在中间的列表框中选择所需文件,单击"插入"按钮,如图 5-86 所示。

图5-85　选择命令

图5-86　选择音频文件

第3步 单击后即可将其插入到当前幻灯片中，并以一个喇叭图标显示，可选择此"喇叭"后将其拖动到合适的位置，如图 5-87 所示。

第4步 选择幻灯片中声音图标，切换到"音频工具 播放"选项卡，在"音频选项"组中单击"开始"下拉列表框，在弹出的下拉列表中选择"自动"选项，如图 5-88 所示，即可在放映到该幻灯片时自动播放当前选择的声音。

图 5-87　调整音频图标位置

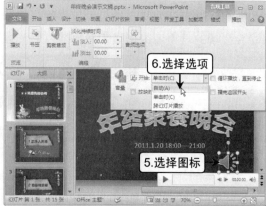

图 5-88　设置音频自动播放

第5步 在"音频工具 播放"选项卡"音频选项"组中选中"循环播放，直到停止"复选框，即可重复播放插入的音频文件，如图 5-89 所示。

第6步 选中"音频工具 播放"选项卡"音频选项"组中"放映时隐藏"复选框，如图 5-90 所示，在放映幻灯片时音频图标将不被显示。

图 5-89　设置音频重复播放

图 5-90　隐藏音频图标

NO.014　保证插入音频的演示文稿在其他计算机上正常放映

////// **职场情景** //////////

在完成上例的插入背景音乐后，如图 5-91 所示，如何确保在其他电脑上不会因为缺失文件问题不能正常播放呢（●光盘\素材\第5章\年终晚会演示文稿2.pptx）？

图5-91　年终聚餐晚会幻灯片

////// **解决思路** //

　　对于这类演示文稿，要确保在其他电脑上正常播放，就需要将演示文稿进行打包（💿光盘\效果\第5章\年终晚会\）。

////// **解决方法** //

第1步 打开提供的年终晚会演示文稿2，单击"文件"选项卡，在"保存并发送"选项卡"文件类型"栏下选择"将演示文稿打包成CD"选项，系统将切换到"将演示文稿打包成CD"，单击该栏下的"打包成CD"按钮，如图5-92所示的样式。

第2步 打开"打包成CD"对话框，单击"打包成CD"对话框中的"选项"按钮，如图5-93所示。

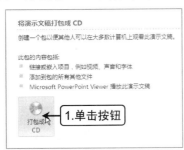

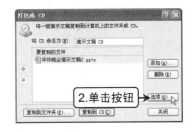

图5-92　单击"打包成CD"按钮　　　　图5-93　单击"选项"按钮

第3步 打开"选项"对话框，在其中可对包含的文件、密码等进行设置，然后单击"确定"按钮，如图5-94所示。

第4步 若设置了打开和修改演示文稿时所用密码，则单击"确定"按钮后需再次输入打开和修改演示文稿时所用密码。

第5步 返回到"打包成CD"对话框，单击"复制到文件夹"按钮，在打开的"复制到文件夹"对话框中设置打包文件夹名称与位置后单击"确定"按钮，如图5-95所示。

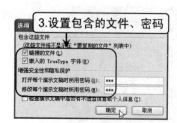

图5-94　设置包含的文件、密码

图5-95　设置打包文件名称与位置

第6步 在打开的提示是否包含链接的提示对话框中单击"是"按钮，系统将自动进行打包，完成后单击"打包成CD"对话框中的"关闭"按钮即可完成所有操作，如图5-96所示。

图5-96　提示对话框

打包与压缩的区别何在

我们在日常生活中通常所说的将文件"打包"是指使用压缩软件将文件压缩成一个压缩包，而这里所指的"打包"是指将文件发布为CD压缩包。如果用户没有安装PowerPoint软件，但只要安装了PowerPoint Viewer也能打开打包成CD的PPT文件。

第六章

解决企业宣传问题

向客户宣传自己的企业或产品是一项非常重要的商务活动，借助 PowerPoint 2010完善的展示功能，可让此项活动变得轻松且出色，并使客户对自己的企业或产品留下更深刻更良好的印象。下面就重点介绍利用 PowerPoint解决企业文化、宣传、推广以及策划等方面的问题。

6.1 企业形象宣传

企业形象的宣传有助于提高企业品牌在市场上被认知的程度,对企业的营销、持续性发展等都有一定的推动作用。下面介绍利用PowerPoint处理一些有关企业形象宣传方面的问题。

NO.015 在企业简介演示文稿中制作节标题幻灯片

///// **职场情景** ///

如图6-1所示为某信息技术公司的公司简介幻灯片,但由于该演示文稿的幻灯片页数较多,演示文稿的结构不能清楚地体现出来,在演示时,客户往往觉得一头雾水,不清楚整体结构和思路(●光盘\素材\第6章\企业简介.pptx)。

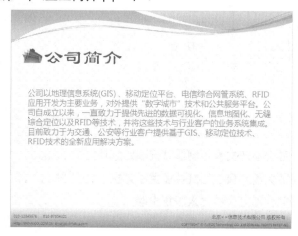

图6-1 企业简介

///// **解决思路** ///

对于页数较多的演示文稿,以一个节标题幻灯片作为开始能让结构更清楚。节标题幻灯片可起到阶段开启的作用,(●光盘\效果\第6章\企业简介.pptx)。

///// **解决方法** ///

第1步 打开提供的素材演示文稿,可看到从第 5 张幻灯片开始都是在介绍公司业务,于是在第 4 张幻灯片后新建一张 "节标题" 版式幻灯片,并在其中输入标题文本,然后调整其位置,将其副标题占位符删除,如图 6-2 所示。这里制作的节标题幻灯片,相当于该部分内容的一个目录。

图6-2 插入节标题幻灯片

第2步 常规的目录可以使用并列的文本直接展示，这里可以制作个性化的目录。先在幻灯片中绘制3个不同大小的圆形，如图6-3所示。

第3步 设置3个圆形对象为不同颜色的渐变填充效果，无轮廓。然后在各个圆形对象上添加文本框，在其中输入业务项目名称，并设置文本格式，如图6-4所示。

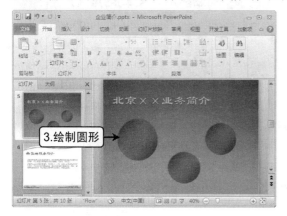

图6-3　绘制的圆形

图6-4　输入业务项目名称并设置文本格式

第4步 只有业务项目名称可能稍显简单，于是再添加一个文本框，在其中输入第一项敬老服务的简介内容，并设置文本格式，如图6-5所示。

第5步 简介文本的内容呈水平方向，为了使其与项目名称所在的圆形更协调，于是选择简介文本框，然后在"格式"选项卡下单击"文本效果"按钮，在弹出的菜单中选择"转换/上弯弧"命令，如图6-6所示。

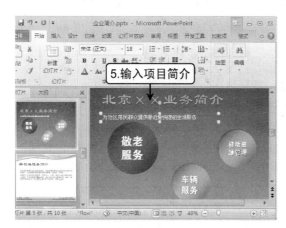

图6-5　输入项目简介

图6-6　设置文本形状

第6步 此时可看到该文本框出现了一点弧度，但还没有达到我们的需要，于是将文本框当作一种图形对象，直接拖动其上下左右边框调整圆弧形状，然后再拖动其红色控制点，调整圆弧文本的所占的弧段长度，拖动绿色控制点则调整圆弧文本的旋转角度，使其沿圆形环状分布，调整到合适时的效果如图6-7所示。

第7步 将制作好的圆弧文本再复制两个，分别输入其他两项业务的简介，并调整圆弧大小，使其与不同的圆形相符合，如图6-8所示。

职场问题解决篇

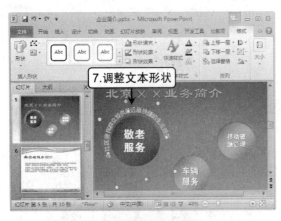

图6-7　调整文本形状

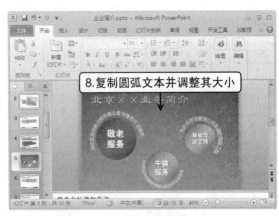

图6-8　完成节标题幻灯片制作

NO.016　为公司业务简介目录幻灯片设置超链接

////// **职场情景** //

　　紧接上例，如图6-9所示为公司业务目录简介幻灯片，现要求在放映该演示文稿时单击不同的目录对象即可跳转到指定的幻灯片（●光盘\素材\第6章\企业简介2.pptx）。

图6-9　公司业务目录简介

////// **解决思路** //

　　本例需要对各目录设置超链接，以达到在放映时单击不同的目录对象时跳转到指定的幻灯片的效果（●光盘\效果\第6章\企业简介2.pptx）。

////// **解决方法** //

第1步 打开提供的企业简介演示文稿，切换到业务简介目录幻灯片，选择第一项业务项目文本框，在其上单击鼠标右键，选择"超链接"命令，如图6-10所示。

第2步 打开"插入超链接"对话框，在左侧单击"本文档中的位置"选项卡，在中间列表框中选择要链接的幻灯片，然后单击"确定"按钮，完成链接的设置，如图6-11所示。

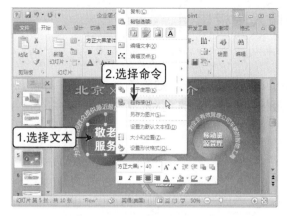

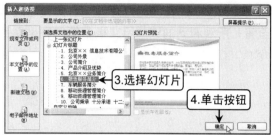

图6-10 选择"超链接"命令　　　　　　　　　图6-11 选择链接目标

第3步 使用同样方法设置项目文本框下的圆形对象也链接到同样的幻灯片，这样在放映时无论是单击的文本还是其所在圆形，都能达到链接的目的，如图6-12所示。

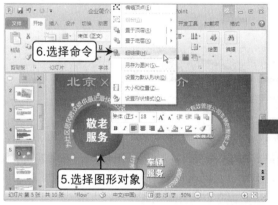

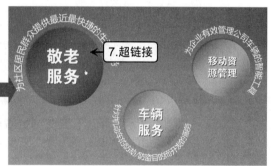

图6-12 为图形对象设置超链接

第4步 使用同样的方法为其他两项业务简介目录设置各自对应的链接，完成本例幻灯片的制作，如图6-13所示。

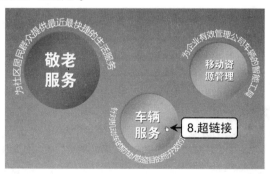

图6-13 完成超链接的设置

NO.017　在公司简介幻灯片中输入版权申明

///// 职场情景 /////

如图6-14所示的幻灯片为某咨询公司的公司简介，现在要求在放映该演示文稿时，提醒浏览者，所观看到的该演示文稿中的内容是受到版权保护的（○光盘\素材\第6章\咨询公司简介.pptx）。

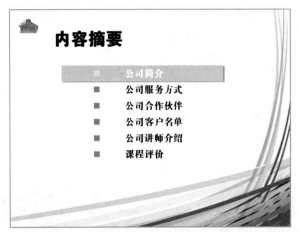

图6-14　公司简介演示文稿中内容摘要幻灯片

///// 解决思路 /////

想要在观众浏览演示文稿时，提醒浏览者所观看到的内容是受版权保护的，通常考虑在幻灯片中输入一些版权申明信息（○光盘\效果\第6章\咨询公司简介.pptx）。

///// 解决方法 /////

第1步 打开提供的企业简介演示文稿，切换到幻灯片母版，选择主母版幻灯片，在其底部绘制一长条矩形，设置填充色为白色，然后调整其位置，如图 6-15 所示。

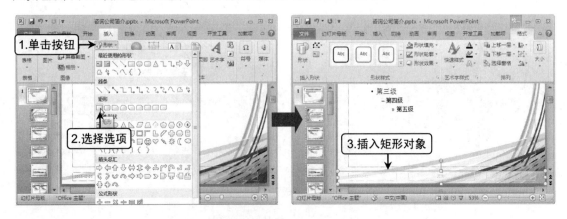

图6-15　插入矩形对象

第2步 在幻灯片左下角白色区域上添加文本框，然后填写公司网址、邮箱、电话号码等信息，如图 6-16 所示，这些信息将出现在除标题幻灯片外的其他所有幻灯片中。

第3步 在幻灯片右下角添加文本框，填写公司名称及版权申明信息，版权申明的正确的格式应该是：© [dates] by [author/owner]，但是要在 PowerPoint 中输入©符号并不是那么容易，这需要借助 Word 来进行输入。

为什么要借助 Word 来输入版权所有符号

切换到 PowerPoint 2010 的"插入"选项卡，单击"符号"组中"符号"按钮，在打开的"符号"对话框中选择各类符号，但这之中却没有版权符号，所以只能使用下面的方法借助 Word 来输入。

第4步 启动 Word 2010，将文本插入点定位于空白文档中，单击"插入"选项卡下"符号"组中的"符号"按钮，在弹出列表中列出了一些常用的符号，其中并没有我们需要的版权符号，于是选择其中的"其他符号"命令，如图 6-17 所示。

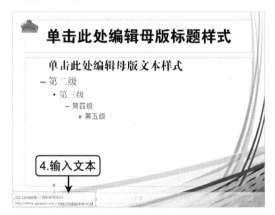

图6-16　输入公司信息

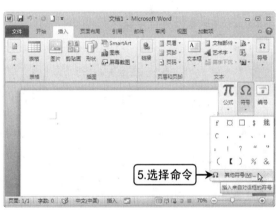

图6-17　选择"其他符号"命令

第5步 打开"符号"对话框，在其下的列表框中可选择系统提供的多种不同的符号，如图 6-18 所示，而本例需要单击"特殊字符"选项卡。

第6步 切换至"特殊字符"选项卡，在其中可看到各种不同的字符以及输入该字符的快捷键，除我们需要的"版权所有"符号外，还有"注册"®和"商标"™符号，这里我们选中"版权所有"符号选项，单击"插入"按钮即可，然后关闭对话框，如图 6-19 所示。

图6-18　"符号"对话框

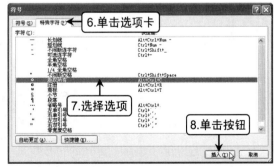

图6-19　选择"版权所有"符号并插入

第7步 回到 Word 文档中，即可看到其中插入了需要的版权符号，如图 6-20 所示，这时选中该符号进行复制操作。

第8步 然后切换到 PowerPoint 幻灯片中，在幻灯片右下角文本框中进行粘贴，即可在幻灯片输入©符号，如图 6-21 所示。

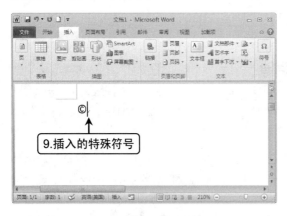

图6-20 版权所有符号插入到Word文档中　　　　图6-21 将符号复制到幻灯片中

 关于版权所有符号的知识

符号©（注意不是（c））通常可以代替 Copyright，All Rights Reserved 在某些国家曾经是必须的，但是现在大多数国家，都不是法律上必须有的字样。下面列出几个正确的版权申明格式：

©1995-2004 Macromedia, Inc. All rights reserved.
©2004 Microsoft Corporation. All rights reserved.
Copyright © 2004 Adobe Systems Incorporated. All rights reserved.
©1995-2004 Alexaeer. and Royal Guard. All Rights Reserved.

请注意标点符号和大小写的用法，这也是专业精神的一种体现。

NO.018　自定义版式展示公司现况

///// **职场情景** //

　　如图6-22所示为某公司的公司现况幻灯片，为了使画面更加美观，负责人要求制作人员进行适当更改（●光盘\素材\第6章\公司现况.pptx）。

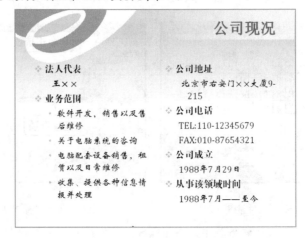

图6-22 公司现况幻灯片

/////// **解决思路** ///

除了呆板地使用项目文本罗列信息外,还可通过各种图片或形状,自定义项目文本展示版式,使得画面更加美观(⊙光盘\效果\第6章\公司现况.pptx)。

/////// **解决方法** ///

第1步 打开提供的公司状况演示文稿,在第 4 张幻灯片后面插入一张节标题幻灯片,输入标题并调整位置后,单击"插入"选项卡下的"形状"按钮,在打开的下拉列表中选择"椭圆"选项,如图 6-23 所示。

第2步 使用"椭圆"工具先在幻灯片左上角绘制一个椭圆,然后在"绘图工具 格式"选项卡下的"形状样式"列表框中为其应用一种外观样式,如图 6-24 所示。

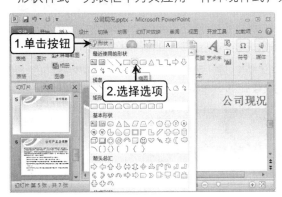

图6-23　插入矩形对象

图6-24　为图形应用样式

第3步 单击"插入"选项卡下的"文本框"按钮,在椭圆上添加一个横排文本框,在其中输入内容并设置格式,如图 6-25 所示。

第4步 单击"插入"选项卡下的"图片"按钮,将光盘文件中第6章提供的"logo.png"图片插入到幻灯片中,调整其大小后将其放置在椭圆的下半部位置,制作成一个类似公司标志的图形,如图 6-26 所示。

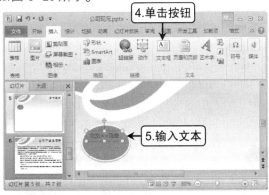

图6-25　在文本框中输入内容并设置其格式

图6-26　插入图片并调整其大小和位置

第5步 通过"插入"选项卡下的"形状"按钮,在幻灯片右侧绘制一个圆角矩形,并拖动其边框上的黄色控制点调节其圆角大小,然后为其应用一种外观样式,最后再添加文本框,输入相关内容并设置格式,完成第一条公司现况内容的制作,如图 6-27 所示。

第6步 选择第一个矩形对象,按住【Ctrl】键向下拖动,复制出一个新的矩形,再拖动其边框和控制点调节大小,然后为其更换一种外观样式,并同样添加文本框输入相应内容,完成第二条公司现况内容的制作，如图 6-28 所示。

图6-27　完成第一条公司现况内容的制作　　　图6-28　完成第二条公司现况内容的制作

第7步 使用相同的方法继续制作其他内容，完成各条内容的制作效果如图 6-29 所示。

第8步 完成各条内容的制作后，还可对其进行一些装饰，插入光盘素材第 6 章文件夹提供的"圆形.png"图片到当前幻灯片，调整图片大小后将其放置在第一个矩形对象的左侧，如图 6-30 所示。

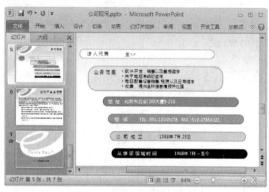

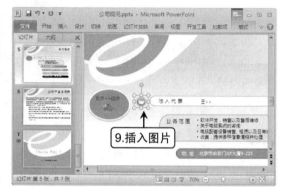

图6-29　完成各条内容的制作　　　　　　　　图6-30　插入外部图片

第9步 再复制多个分别放置在其他矩形对象的左侧，如图 6-31 所示，这样即完成"公司现况"幻灯片的制作。

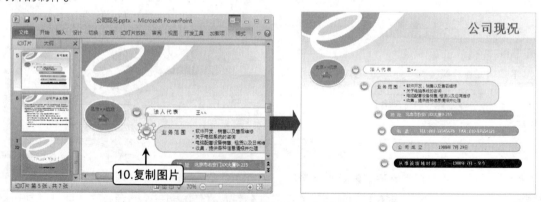

图6-31　完成工作现状幻灯片的制作

NO.019 利用图形为幻灯片制作特殊版式

职场情景

如图6-32所示为某公司的业务简介幻灯片，为了使画面更加生动、观众印象更加深刻，现要求制作人进行修改（◎光盘\素材\第6章\公司业务简介.pptx）。

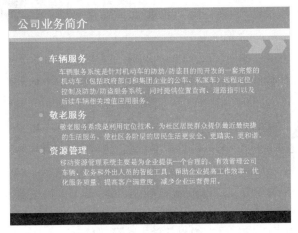

图6-32 公司业务简介幻灯片

解决思路

公司业务简介幻灯片中包含3部分内容，于是通过PowerPoint提供的自选图形绘制3个梯形，然后采用汽车灯光的原理填充渐变并进行组合，制作出别具一格的特殊版式（◎光盘\效果\第6章\公司业务简介.pptx）。

解决方法

第1步 打开演示文稿后，在第 3 张幻灯片后新建一张幻灯片，输入标题并调整位置后，然后在幻灯片中插入一个空心弧对象，如图 6-33 所示。

第2步 调整其大小和位置后在"绘图工具 格式"选项卡下"形状样式"组中单击"形状填充"按钮右侧的下拉按钮，在弹出菜单中为其应用一种酸橙色填充，如图 6-34 所示。

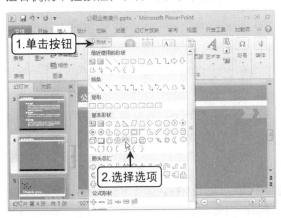

图6-33 插入空心弧对象

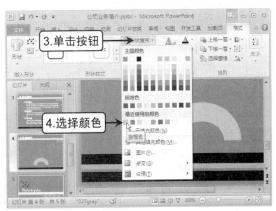

图6-34 为空心弧填充颜色

第3步 再次单击"形状填充"按钮右侧的下拉按钮，在弹出菜单中选择"渐变"命令，在其子菜单中选择一种渐变效果，如图 6-35 所示。

第4步 再单击"形状样式"组中的"形状轮廓"按钮右侧的下拉按钮，在弹出菜单中选择"无轮廓"选项，取消对象的轮廓，如图 6-36 所示。

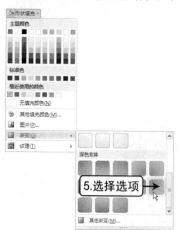

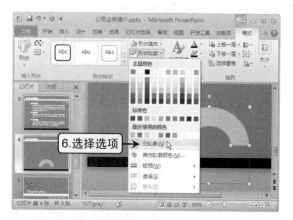

图6-35　选择渐变效果　　　　　　　　　　　　　图6-36　设置空心弧无轮廓

第5步 继续单击"形状效果"按钮，在弹出菜单中选择"棱台"子菜单中的某种选项，使得对象有一种立体的效果，如图 6-37 所示。

第6步 在圆弧的左上侧绘制一个圆形对象，取消其轮廓效果后单击"形状填充"按钮右侧的下拉按钮，在弹出菜单中选择"渐变"子菜单下的"其他渐变"命令，打开"设置形状格式"对话框，在"填充"选项卡右侧选中"渐变填充"单选按钮，在"类型"下拉列表框中选择"射线"选项，在"方向"下拉列表框中选择"中心辐射"选项，如图 6-38 所示。

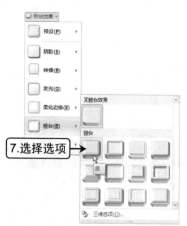

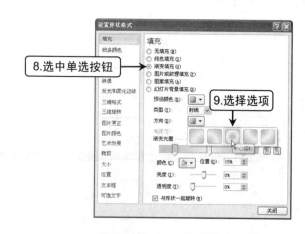

图6-37　设置变形效果　　　　　　　　　　　　　图6-38　设置渐变类型

第7步 然后在"渐变光圈"下拉列表框中选择"停止点 1"滑块，单击"颜色"按钮设置光圈 1 的颜色为水绿色，拖动滑块调节结束位置为"10%"，再选择"停止点 2"滑块，设置其颜色为酸橙色，调节结束位置为"100%"，完成后关闭对话框，得到中心水绿色边缘酸橙的渐变效果。复制该圆形对象再生成两个，并分别调节大小和位置，再输入文本内容，如图 6-39 所示。

渐变光圈究竟是什么意思

一段渐变颜色实际上是由多段不同的颜色组成的，这里各段颜色即是渐变光圈，用户可自行设置各段颜色的值、各段颜色所占的位置以及透明度等。

第8步 在幻灯片中插入一个梯形，拖动其绿色控点进行旋转，然后将其放置在圆形下层，并设置其由内向外由绿变白的渐变效果，使用同样方法在其他两个圆形下层也绘制梯形对象；形成一种光线发散的效果，如图 6-40 所示。

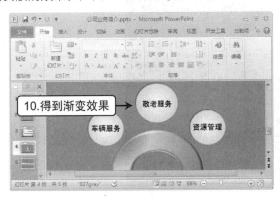

图6-39 设置圆形渐变效果　　　　图6-40 设置梯形对象效果

第9步 再在梯形对象上绘制文本框，输入内容并设置格式后，根据梯形对象的角度，同样也拖动文本框的绿色控点进行旋转，摆放到合适位置后完成本幻灯片的制作，如图 6-41 所示。

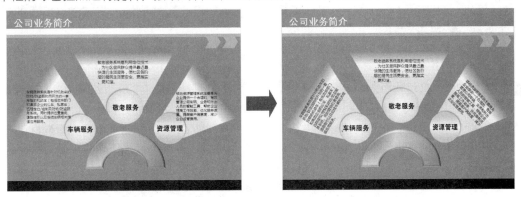

图6-41 旋转文本方向

6.2 企业网页推广

网页是宣传企业的一种重要工具，当然这里的网页指的是Internet中的页面，由于PowerPoint中可以设置各种超链接，因此也可将演示文稿制作成"网页"效果，发送给客户查看时也可起到与Internet网页相同的作用，即了解到公司的相关信息。下面介绍如何利用PowerPoint来帮助企业解决推广问题。

NO.020 为网络科技信息咨询公司中LOGO添加动画

职场情景

　　某科技企业已经完成了公司网页演示文稿的制作，如图6-42所示为网页演示文稿的主页，其中展示了企业的一些基本信息，虽然画面效果很炫也符合公司科技的形象，但现在负责人要求制作人员将整个页面生动化（💿光盘\素材\第6章\公司网页pptx、公司网页logo.png）。

图6-42　公司网页主页幻灯片

解决思路

　　在"幻灯片母版"视图中为公司LOGO设置动作效果，这样该标志将在浏览网页的过程中一直旋转（💿光盘\效果\第6章\公司网页.pptx）。

解决方法

第1步 打开提供的公司网页演示文稿，然后进入到幻灯片母版，选择主母版幻灯片，然后以"空格"替代 LOGO 中字母"O"，如图 6-43 所示。

第2步 单击"插入"选项卡下"图片"按钮，在打开的"插入图片"对话框中将光盘素材第 6 章文件夹中提供的图片"公司网页 logo.png"插入到主母版中，调整大小并使其旋转在字母"C"与"M"之间，共同构成一个"COM"的样式，如图 6-44 所示。

图6-43　选择"幻灯片母版"幻灯片

图6-44　插入图片到主母版

第3步 单击"动画"选项卡"高级动画"组中"添加动画"按钮，在弹出的下拉菜单中选择具体的动画效果，此处选择"强调"栏中的"陀螺旋"选项，如图6-45所示。

第4步 单击"动画窗格"按钮，打开"动画窗格"窗格，其中显示了当前幻灯片中设置的动画效果，单击动画效果右侧的下拉按钮，在弹出的下拉菜单中选择"计时"命令，如图6-46所示。

第5步 打开对应效果的对话框，在"计时"选项卡下设置其开始方式为"单击时"，速度为"中速"，重复方式为"直到幻灯片末尾"，如图6-47所示。这样该标志图片将在浏览网页的过程中一直旋转，使得整个页面变得更为生动。

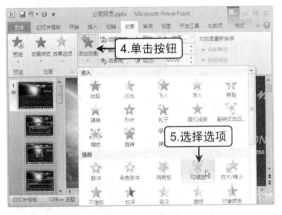

图6-45　为LOGO添加动画

图6-46　选择命令

图6-47　设置动画效果

 NO.021　将公司的Internet主页地址与公司网页幻灯片结合使用

///// **职场情景** ///

设置公司网页中LOGO后其效果如图6-48所示，紧接上例，在放映该演示文稿时，观众想更多地了解公司除该演示文稿中所涉及信息外的其他信息（◎光盘\素材\第6章\公司网页2.pptx）。

图6-48　公司网页主页幻灯片

///// **解决思路** ///

　　为避免此类突发状况，在制作演示文稿时应作好充分准备，但由于演示文稿的幻灯片页数不宜过多，因此可以选择在公司网页幻灯片中制作一个按钮，并设置该按钮的链接地址为公司Internet主页地址（●光盘\效果\第6章\公司网页2.pptx）。

///// **解决方法** ///

第1步 打开提供的"公司网页 2.pptx"演示文稿，进入到幻灯片母版视图，选择主母版幻灯片，然后绘制一个圆角矩形，如图 6-49 所示。

第2步 为圆角矩形设置一种快速样式，使其外观呈现为一个按钮的形状，如图 6-50 所示。

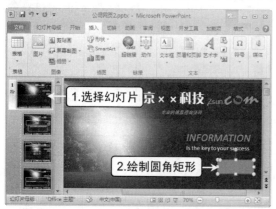

　　图6-49　在幻灯片中绘制圆角矩形　　　　　　　图6-50　设置圆角矩形样式

第3步 在矩形中输入文本"Read more"，表示单击此按钮链接，可打开其他页面了解公司更多的信息，如图 6-51 所示。

第4步 在矩形上单击鼠标右键，选择"超链接"命令，在打开对话框左侧单击"现有文件或网页"选项卡，在中间的"地址"下拉列表框中输入单击此链接将打开的网页地址，这里输入公司的Internet 主页地址，单击"确定"按钮，如图 6-52 所示。退出幻灯片母版视图。

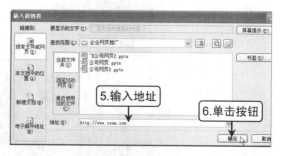

　　图6-51　在按钮上输入文本　　　　　　　图6-52　设置链接到公司的Internet主页地址

NO.022 突出公司网页中此时单击的链接

////// **职场情景** //

　　如图6-53所示的科技公司网页幻灯片,其主、分网页幻灯片具有相同的背景图片与导航条,只是各网页的下半部分内容不同,现要求单击导航条进行幻灯片的切换时,突出此时单击的分页链接 (●光盘\素材\第6章\公司网页3.pptx)。

图6-53　公司网页主页幻灯片

////// **解决思路** //

　　本例可在分页幻灯片导航条对应文本框下绘制直线,并为其设置效果以突出此时单击的分页链接 (●光盘\效果\第6章\公司网页3.pptx)。

////// **解决方法** //

第1步 打开提供的"公司网页3.pptx"演示文稿,选择第2张幻灯片,先在"Home"文本框下绘制一条直线,在"格式"选项卡下设置该直线的颜色为"红色",粗细为"1.5磅",然后单击"形状效果"按钮,在弹出的下拉菜单中为其选择一种发光效果,如图6-54所示,并复制该红色发光直线。

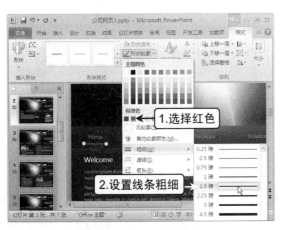
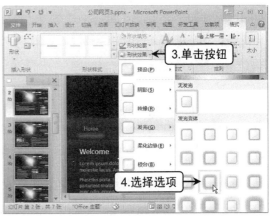

图6-54　制作红色发光直线

第2步 选择第 3 张幻灯片，将在第 2 张幻灯片中复制的红色发光直线粘贴到幻灯片中，由于该幻灯片展示的是 "About us" 分页的介绍内容，于是将红色发光直线移至第 3 张幻灯片 "About us" 文本框下，如图 6-55 所示。

第3步 使用同样方法，继续将红色发光直线复制到各分页链接文本框下，如图 6-56 所示。

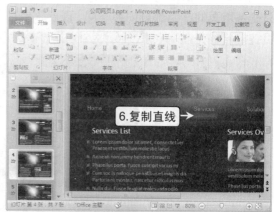

图6-55　复制红色发光直线到第3张幻灯片　　　图6-56　继续复制红色发光直线到其他文本框下

第4步 切换到主页幻灯片，选择第一项 "Home" 文本框，在其上单击鼠标右键，选择 "超链接" 命令，打开 "插入超链接" 对话框，单击左侧的 "本文档中的位置" 选项卡，然后在中间的列表框中选择 Home 分页幻灯片，然后单击 "确定" 按钮，如图 6-57 所示。

第5步 使用同样方法，设置导航条中其他 5 项导航文本的链接，如图 6-58 所示。完成设置后，单击主页幻灯片导航条中不同文本，将切换到相应文本内容的分页幻灯片，而且分页幻灯片导航条对应文本框下以红色发光直线突出显示此时单击的分页链接。

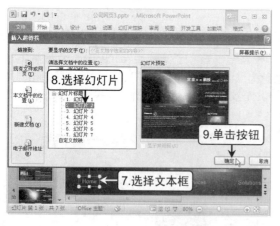
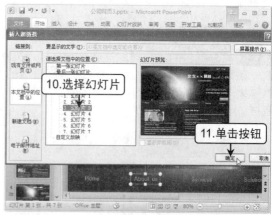

图6-57　设置导航超链接　　　　　　　　图6-58　设置其他导航文本的链接

NO.023　为科技公司网页设置链接动画

///// **职场情景** ///

　　在完成上例的突出网页中此时单击的链接后，负责人较为满意，如图6-59所示。现要求制作人制作单击导航条中的分页链接打开相应的页面后，红色发光直线从屏幕外侧移动指向导航文本，同时导航文本逐渐变红以突出显示。另外设置只能单击导航链接进行幻灯片的切换，而不能使用PowerPoint中默认的单击操作进行动画或幻灯片的切换（◎光盘\素材\第6章\科技公司网页.pptx）。

图6-59　科技公司网页

////// **解决思路** //

本例可通过设置导航条上文本框和红色发光直线的动画效果，达到单击导航条打开相应的页面后，红色发光直线从屏幕外侧移动指向导航文本，同时导航文本逐渐变红以突出显示的目的（◎光盘\效果\第6章\科技公司网页.pptx）。

////// **解决方法** //

第1步 打开提供的科技公司网页演示文稿，选择第 2 张幻灯片，即第 1 张"Home"分页幻灯片，先选择红色发光直线，单击"动画"选项卡"高级动画"组中"添加动画"按钮，在弹出的下拉菜单中选择具体的动画效果，此处选择"进入"栏下的"飞入"选项，如图 6-60 所示

第2步 单击"动画窗格"按钮，打开"动画窗格"窗格，为其设置其开始方式为"与上一动画同时"，方向为"自左侧"，速度为"非常快"，如图 6-61 所示。

图6-60　设置红色发光直线动画

图6-61　设置动画方向和速度

职场问题解决篇

第3步 下面再选择"Home"文本框，为其添加"强调"栏下"字体颜色"动画，并在"动画窗格"任务窗格中，设置其开始方式为"与上一动画同时"，字体颜色为"红色"，速度为"中速"，如图 6-62 所示。

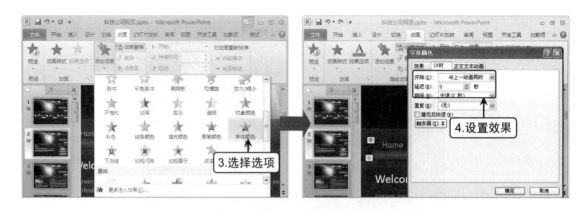

图6-62　设置导航文本动画

第4步 选择第3张幻灯片，即第2张"About us"分页幻灯片，使用同样方法为其中的红色发光直线设置飞入动画，为导航文本设置字体颜色改变动画，如图6-63所示。

图6-63　设置第2张分页幻灯片中导航文本和直线动画效果

第5步 使用相同的方法，分别为其他几张分页幻灯片设置相应的动画或链接。最后选中所有幻灯片，在"切换"选项卡中取消选中"单击鼠标时"复选框，这样在放映幻灯片时即不能通过在任意位置单击鼠标来切换幻灯片，如图6-64所示。

图6-64　取消单击鼠标换片设置

关于链接的检查

在放映演示文稿时，最不愿看到的就是单击超链接时出现意外情况，如链接的页面不正确、多个链接对象链接到同一页面等，所以，在向观众演示之前，应检查演示文稿中所有超链接的位置，以免到时出现尴尬。

完成演示文稿的制作后，按【F5】键从头开始放映，单击各导航链接，查看链接目标是否正确，如果有超链接未按照所期望的方式工作，则对其进行修改。

6.3 企业相册展示

企业在对外宣传公司的工作环境和氛围时，或者为了留下员工在公司工作时的回忆，可以将公司里的一些相关照片分类制作成相册，方便大家浏览。

借助PowerPoint的相册和动画功能，使得相册的制作更方便，整个相册也变得更为美观更具观赏性。下面就介绍如何利用PowerPoint制作企业相册并解决在制作相册过程中遇到的问题。

 NO.024　使用PowerPoint的相册功能快捷地制作员工相册

///// **职场情景** ///

某投资管理企业需要制作一个公司相册，以发送给客户浏览，从而起到宣传公司的作用，由于相册是要发送给客户浏览，所以相关负责人要求相册的外观要统一（●光盘\素材\第6章\公司工作类型相册\）。

///// **解决思路** ///

本例使用PowerPoint 2010中自带的相册功能，通过主题模板快速制作公司相册（●光盘\效果\第6章\公司工作类型相册.pptx）。

///// **解决方法** ///

第1步 新建一个空白演示文稿，将其另存为"公司工作类型相册"，然后单击"插入"选项卡下"图像"组中"相册"下拉按钮，在弹出的下拉菜单中选择"新建相册"命令，如图6-65所示。

第2步 打开"相册"对话框，在这里可设置将要制作相册的相关格式。但第一步是先选择制作相册需要的图片，单击其中的"[文件/磁盘]"按钮，如图6-66所示。

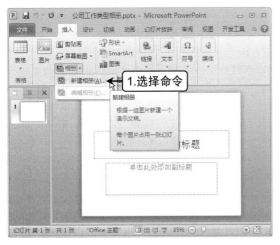

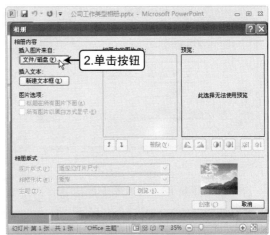

图6-65　选择命令　　　　　　　　　　图6-66　单击按钮

第3步 在打开的对话框中选择照片文件，这里选择光盘素材第6章文件夹中"团队 1~4.jpg"4张照片，然后单击"插入"按钮，如图6-67所示。

第4步 返回"相册"对话框，从"相册中的图片"列表框中可看到插入的照片选项，通过列表框下部的 ↕ 按钮或"删除"按钮，可调整插入照片的顺序或删除不需要的照片。而通过对话框右侧可查看预览图，使用其下的各按钮可对图片显示效果进行设置，如图 6-68 所示。

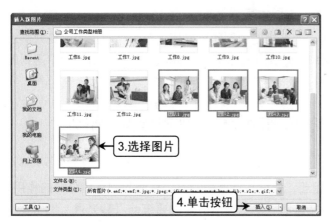

图6-67　选择图片　　　　　　　　　　图6-68　调整相册照片

第5步 在对话框的"相册版式"栏中还可设置相册中照片的布局和外观，以及整个相册演示文稿所使用的主题。这里在"图片版式"下拉列表框中选择"1 张图片"选项，即一张幻灯片中显示一张图片。然后在"相框形状"下拉列表框中设置照片的外观效果，这里选择"柔化边缘矩形"选项，如图 6-69 所示。

第6步 单击"主题"后的"浏览"按钮，在打开对话框中选择素材中提供的"公司相册.potx"主题文件，如图 6-70 所示，然后单击"选择"按钮。

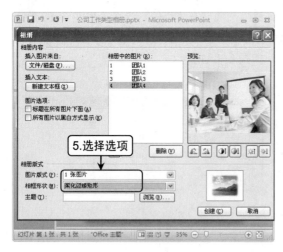

图6-69　设置相册版式　　　　　　　　图6-70　选择相册主题

第7步 回到"相册"对话框，单击"新建文本框"按钮可在幻灯片中插入文本框以输入图片的相关信息，或者在"图片选项"栏中设置图片是否显示标题以及是否以黑白方式显示，这里不作设置，直接单击"创建"按钮，如图 6-71 所示。

第8步 此时 PowerPoint 2010 将新建一个演示文稿，且其中自动以相册版式插入了选择的照片文件，照片应用了统一的外观，整个演示文稿也应用了选择的主题，首页以及正文幻灯片也都自动生成。下面对该演示文稿进行保存，完成相册演示文稿的初步创建，如图 6-72 所示。

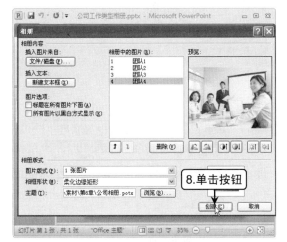

图6-71 单击按钮

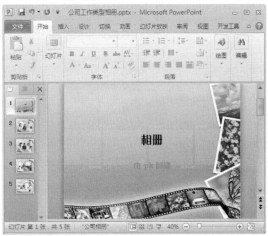

图6-72 创建的相册

第9步 选择刚才创建的相册演示文稿的第 1 张幻灯片，在其中输入相应的标题和副标题，完成相册封面的制作，如图 6-73 所示。

第10步 选择第 1 张展示照片的幻灯片，可看到其中的照片放置在幻灯片正中，如果照片的大小与背景版式不太相符，则选择照片对其大小进行调整，如图 6-74 所示。

图6-73 制作相册封面

图6-74 调整照片大小

第11步 使用同样方法切换到其他几张幻灯片中，调整其中照片的大小，当需要调整当前相册的版式或增减照片数量时，则单击"插入"选项卡下的"相册"按钮右侧的下拉按钮，在弹出菜单中选择"编辑相册"命令，如图 6-75 所示。

第12步 打开"编辑相册"对话框，在这里可增减照片的数量，或者重新选择相册的版式以及设置照片的外观等，完成所有设置后单击"更新"按钮，则原相册会根据新的设置进行统一调整，如图 6-76 所示。

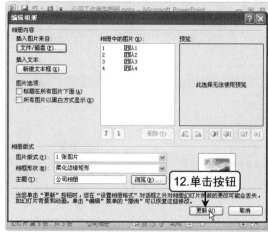

图6-75　选择命令　　　　　　　　　　　图6-76　编辑相册

NO.025　在相册中添加新一组照片并设置其版式和外观

 职场情景

负责人对幻灯片外观较为满意，现在要求在相册中添加新一组照片，但要求添加到相册中的新一组照片的版式和外观要与之前相册中的照片版式和外观有所区别，如图6-77所示为相册中之前照片的版式和外观效果（●光盘\素材\第6章\公司工作类型相册2.pptx）。

图6-77　公司工作类型相册

解决思路

当需要调整当前相册的版式或增减照片数量时，使用前面介绍的编辑相册的方法虽然可以增加新的照片，但相册中的所有照片都必须采用统一的版式或外观样式。

而本例希望添加到相册的新一组照片变换为其他版式或外观,这时就需要另外创建新的相册,然后将新相册中创建的幻灯片复制到前面创建的同一演示文稿中,再进行照片的外观设置(●光盘\效果\第6章\公司工作类型相册2.pptx)。

解决方法

第1步 使用前面介绍的相同方法,在 PowerPoint 中的"插入"选项卡下单击"相册"下拉按钮,选择"新建相册"命令,然后在打开的对话框中将光盘素材第6章文件夹中提供的"工作1~12.jpg"照片插入到其中,如图6-78所示

第2步 设置图片版式为"4张图片",相框形状为默认的"矩形",主题仍然使用与前一相册相同的"公司相册",然后单击"创建"按钮,如图6-79所示。

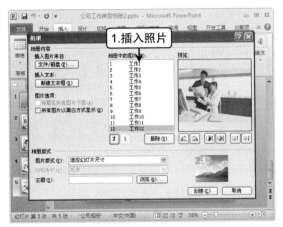
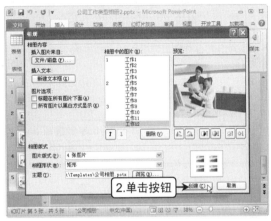

图6-78 创建新的相册　　　　图6-79 设置相册版式

第3步 此时将生成新的演示文稿,选择的照片也都按版式排列到了相应的幻灯片中,如图6-80所示。下面选择该演示文稿中除封面外的其他照片展示幻灯片,按【Ctrl+C】组合键执行复制操作。

第4步 然后回到前面创建的相册演示文稿,将刚才复制的幻灯片粘贴到原演示文稿的末尾,这样即为该相册补充了新的照片和新的版式,如图6-81所示。

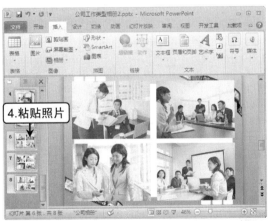

图6-80 复制创建的相册幻灯片　　　图6-81 粘贴到原相册中

第5步 选择新增的第 1 张幻灯片中的 4 张照片，在其上单击鼠标右键，选择"大小和位置"命令。在打开对话框的"大小"选项卡下的"缩放比例"栏中可设置图片的大小，于是，这里我们在"高度"数值框中设置为"200%"，单击"宽度"数值框，其中的数据也等比例变为了"200%"，这是因为下面默认选中了"锁定纵横比"复选框，这样图片会等比例缩放大小，完成后单击"关闭"按钮，如图 6-82 所示。

第6步 回到幻灯片编辑状态，此时可看到 4 张图片的大小发生了变化，然后对其位置进行调整，可使用"格式"选项卡下"排列"组中的"对齐"按钮下的各命令，对多对象进行对齐排列等操作，或者在直接拖动的过程中按住【Shift】键，将其水平或垂直移动，如图 6-83 所示。

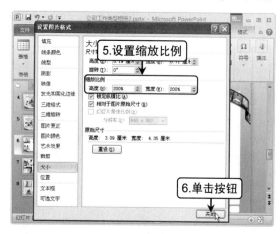

图6-82　设置缩放比例

图6-83　调整照片位置

第7步 选择 4 张图片，在"格式"选项卡下的"图片样式"组中单击"快速样式"按钮，在弹出的列表中选择"棱台形椭圆，黑色"选项，如图 6-84 所示。

第8步 单击"图片边框"按钮右侧的下拉按钮，在弹出菜单中设置图片边框的颜色为"水绿色"，粗细为"3 磅"，改变照片的边框样式，如图 6-85 所示。

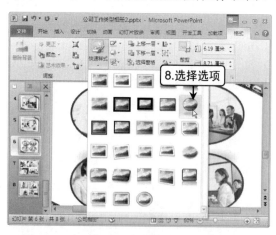

图6-84　设置图片外观样式

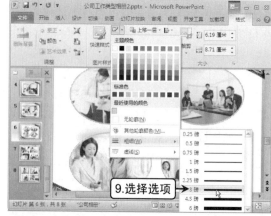

图6-85　设置图片边框效果

第9步 切换到下一张幻灯片，使用同样方法统一设置该组照片的大小、位置以及外观样式，其最终效果如图 6-86 所示。

第10步 前面都是为一组照片设置相同的外观，下面再切换到下一张幻灯片，在调整大小和位置后，依次选中其中的各张照片，通过"格式"选项卡下的"快速样式"图库为照片快速设置不同的外观样式，如图6-87所示，至此完成新一组相片幻灯片的制作。

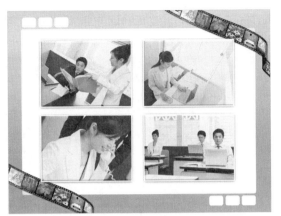

图6-86　设置图片样式

图6-87　设置不同的图片外观

NO.026　设计新产品展示相册的浏览方式

 职场情景

　　如图6-88所示为某办公家具公司的新产品展示相册幻灯片，该相册演示文稿的照片都是平铺在幻灯片中供观众浏览的，现负责人要求将相册制作成一张幻灯片中放置一张产品图片，并设置其浏览效果为多张照片自动交替（💿光盘\素材\第6章\公司产品相册\）。

图6-88　新产品展示相册

解决思路

　　本例可借助PowerPoint丰富的动画设置功能，将相册的浏览效果设计为多张照片自动交替的浏览效果（💿光盘\效果\第6章\公司产品相册.pptx）。

///// **解决方法** ///

第1步 打开提供的公司产品相册演示文稿，将幻灯片中产品图片删除，然后手动插入光盘素材第6章文件夹中提供的"产品1~4.jpg"照片到幻灯片中，如图6-89所示。

第2步 对于这4张图片，本例将设置其自动以大图方式顺序浏览，于是先将这4张大图放大到相同大小，重叠放置在一起并设置相应的外观格式，如图6-90所示。

图6-89　手动插入图片

图6-90　放大图片并重叠

第3步 4张图片之所以需要重叠放置在一起，这是因为它们将在同一位置交替显示，这就需要对每张图片设置动画效果。但由于重叠在一起会使下面图片的选择变得困难，于是先单击"开始"选项卡下"编辑"组中的"选择"按钮，在弹出菜单中选择"选择窗格"命令，如图6-91所示。

第4步 打开"选择和可见性"窗格，从其中的列表框中可看到当前幻灯片中的各个对象选项，即4张图片和1个文本框，其后的表示对应图片呈显示状态，如图6-92所示。

图6-91　选择"选择窗格"命令

图6-92　打开窗格

第5步 为了方便对各图片进行动画设置操作，于是先单击除产品1外其他3张图片后的图标，使其呈形状状态，表示该3张图片暂时不可见。下面选择产品1，为其先添加"进入/随机线条"动画，这样该照片将以"随即线条"动画方式进行显示，如图6-93所示。

第6步 照片显示后，需要其在下一张照片显示前自动消失，于是再为产品1添加"退出/淡出"动画，速度为"中速"，如图6-94所示。

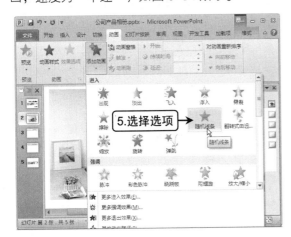

图6-93　设置第1张产品图片的进入动画

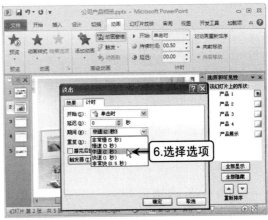

图6-94　设置产品1的退出动画

第7步 完成图片产品1的动画设置后，使用同样方法，先在"选择和可见性"窗格中显示出产品2，然后再为其添加"进入/随机线条"和"退出/淡出"两项动画，如图6-95所示。

第8步 在"选择和可见性"窗格中依次显示出其他两张要设置的图片，然后再为每张图片都添加"进入/随机线条"和"退出/淡出"两项动画。

第9步 完成所有图片的动画设置后，将其全部显示出来，这时在"动画窗格"窗格中可看到所有的各项动画。选择所有动画选项，将其开始方式统一设置为"上一动画之后"，即各图片先后显示并消失，如图6-96所示。

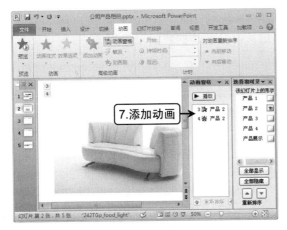

图6-95　为图片产品2添加动画

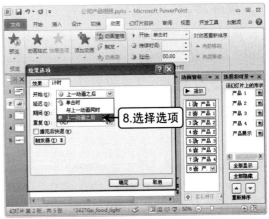

图6-96　设置所有动画的开始方式

第10步 为了让各图片在显示后稍作停留，以方便观众浏览，于是选择所有图片对应的"退出"动画项，然后在其上单击鼠标右键，选择"计时"命令，在打开对话框的"延迟"数值框中设置延迟3秒，然后单击"确定"按钮，如图6-97所示。

第11步 至此便完成该幻灯片中各图片的浏览动画设置，单击"动画窗格"窗格中"播放"按钮放映该幻灯片，查看其中各图片是否按要求交替浏览，如图6-98所示。

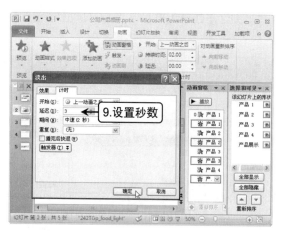

图6-97　设置所有图片延迟退出　　　　6-98　放映幻灯片查看图片是否按要求交替浏览

 依次设置其他幻灯片中图片的动画效果，完成设置后将其保存。

NO.027　将产品图片设计为选择浏览幻灯片

////// **职场情景** //

　　紧接上例，在完成设计图片自动浏览幻灯片后，现负责人要求将新一组产品图片添加到幻灯片中，并设置这几张图片的浏览方式为"当选择性单击某图片的缩略图时，自动显示相应大图"的效果（◎光盘\素材\第6章\公司产品相册2\）。

////// **解决思路** //

　　通过为图片设置触发动画可达到选择浏览幻灯片产品图片的目的（◎光盘\效果\第6章\公司产品相册2.pptx）。

////// **解决方法** //

第1步 打开提供的演示文稿"公司产品相册2.pptx"，在第4张幻灯片后新建一张空白版式幻灯片，将光盘素材第6章文件夹中"产品12~15"图片，将其依次放置在幻灯片右侧，并为其统一设置一定的外观格式，这些图片将作为单击时的缩略图，由于本例涉及的动画设置更复杂一些，图片选项更多一些，为方便后面的操作，在"选择和可见性"窗格中对各图片进行重命名，如图6-99所示。

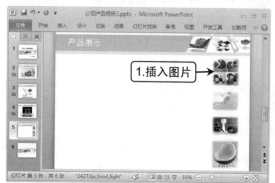

图6-99　插入并重命名4张图片

第2步 下面进行图片产品 12 小图的动画设置，在幻灯片中只显示出"产品 12 小图"，然后复制该图片生成一张新图片，将其放大放置在幻灯片左侧区域，并将其重命名为"产品 12 大图"，该图即为单击"产品 12 小图"后显示的大图，如图 6-100 所示。

第3步 为了得到单击"产品 12 小图"后自动显示"产品 12 大图"的动画，需要先为"产品 12 大图"添加一项"进入/飞入"动画，然后在其动画选项上单击鼠标右键，选择"计时"命令，在打开对话框中单击"触发器"按钮，在展开区域中选中"单击下列对象时启动效果"单选按钮，然后在其后的下拉列表框中选择"产品 12 小图"选项，单击"确定"按钮，如图 6-101 所示。

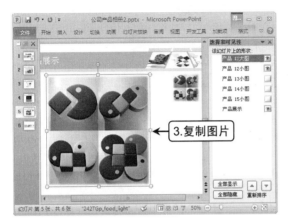

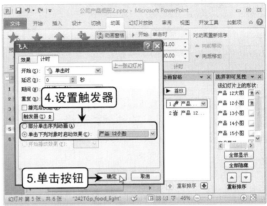

图6-100 复制生成产品12大图　　　　　图6-101 设置图片的触发显示器

第4步 另外需要设置当单击其他几个小图时，"产品 12 大图"自动消失以方便其他大图显示，因此再为"产品 12 大图"添加 3 项相同的"退出/消失"动画，并依次使用上述相同的方法，为 3 项消失动画分别设置其触发器为另外 3 张小图，即完成"产品 12 大图"的 4 项动画设置，如图 6-102 所示。

第5步 将"产品 12 小图"和"产品 12 大图"隐藏，再显示出"产品 13 小图"，使用上述相同方法，复制该图片生成"产品 13 大图"，并为其设置与前面相同的 4 项动画，如图 6-103 所示。注意设置各触发器选项时要格外小心，记住复制生成的图片要重命名，设置显示动画的触发器是其对应的小图，消失动画的触发器是其他 3 张小图。

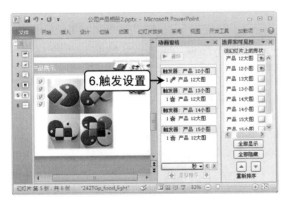

图6-102 完成产品12小图的触发设置　　　　图6-103 完成产品13小图的触发设置

第6步 另外两张图片的动画设置也是一样，如图 6-104 所示，这里不再重复介绍。

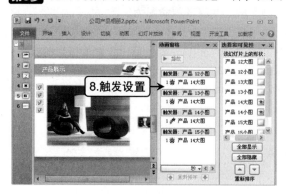

图6-104　完成产品14和产品15小图的触发设置

第7步 完成动画设置后将所有图片显示出来，总共是 16 项动画，选择所有 16 项动画，将其开始方式统一设置为"与上一动画同时"，如图6-105 所示，然后放映当前幻灯片，使用鼠标单击各缩略小图，查看是否正确显示对应的大图，如果不能正确显示，则表示设置触发器时发生了错误，应仔细再检查各动画项对应的触发器。

图6-105　完成所有图片的触发设置

 ## NO.028　为公司纪念相册设置幻灯片的放映

////// **职场情景** //

　　某金融公司为帮员工留下在公司工作时的回忆，制作了一个员工纪念相册，如图6-106所示。现要求对相册进行设置，以增强其在浏览过程中的观赏性（●光盘\素材\第6章\员工纪念相册.pptx）。

图6-106　员工纪念相册

//////// **解决思路** //

　　此例可通过对各幻灯片的切换设置动画，来增加相册在浏览过程中的观赏性（●光盘\效果\第6章\员工纪念相册.pptx）。

//////// **解决方法** //

第1步 打开提供的员工纪念相册演示文稿，单击"切换"选项卡下"切换到此幻灯片"组中的"切换方案"按钮，在弹出的下拉列表中选择一种切换效果，如图 6-107 所示。此例为演示文稿中的各幻灯片指定一种恰当的切换效果。

第2步 在"计时"组"持续时间"文本框后设置持续时间为 1 分钟，并在"换片方式"栏中选中"单击鼠标时"复选框，即用户单击鼠标后可切换到下一张相册幻灯片，如图 6-108 所示。

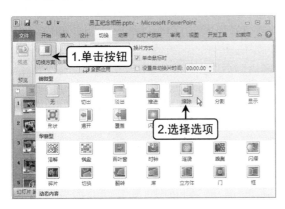

图6-107　设置幻灯片的切换动画　　　　图6-108　设置幻灯片持续时间

第3步 下面设置各幻灯片的排练计时，单击"幻灯片放映"选项卡下的"排练计时"按钮，幻灯片即进入到全屏放映状态，此时操作者模拟真实浏览相册的过程，在恰当的时间单击鼠标切换到下一张幻灯片。注意切换的时间不能太短，要考虑到其他观众的浏览速度，如图 6-109 所示。

图6-109　开始进行排练计时

第4步 完成所有幻灯片的排练计时后，将打开提示对话框询问是否保存排练计时，如图 6-110 所示，单击"是"按钮后，幻灯片进入到浏览视图下，从中可以看到各张幻灯片的排练时间，如图 6-111 所示。

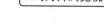

7.幻灯片浏览视图

6.单击按钮

图6-110 保留幻灯片排练时间   图6-111 完成所有幻灯片的排练计时

幻灯片的切换

当保存了排练计时后，演示文稿中各张幻灯片所对应的"设置自动换片时间"复选框都会呈选中状态，如果同时选中"单击鼠标时"复选框，则表示用户在观看照片时既可单击进行幻灯片的切换，也可在计时结束时自动切换。如果用户不希望使用此处的排练计时，则可在"幻灯片放映"选项卡的"设置"组中取消选中"使用计时"复选框。

 NO.029 压缩员工相册中的图片

////// **职场情景** //

　　设置了幻灯片的切换动画后，可看到演示文稿的大小超过了4MB，如图6-112所示。因为员工相册中的照片主要来自各种数码相机，其原始尺寸通常较大，现要求对相册中图片进行压缩以减小演示文稿的大小（⊙光盘\素材\第6章\员工纪念相册2.pptx）。

图6-112 员工纪念相册大小

////// **解决思路** //

　　可以使用PowerPoint的图片压缩功能，缩小文件的大小，且不会明显地影响图片的显示质量（⊙光盘\效果\第6章\员工纪念相册2.pptx）。

////// **解决方法** //

第1步 打开提供的演示文稿"员工纪念相册2"，选中幻灯片中的照片图片，切换到"图片工具 格式"选项卡，单击"调整"组中的"压缩图片"按钮，如图6-113所示。

第2步 打开"压缩图片"对话框，在对话框的"压缩选项"下"仅应用于此图片"和"删除图片的裁剪区域"复选框呈选中状态，单击"确定"按钮即可对当前选中图片进行压缩，如图6-114所示。

图6-113 单击"压缩图片"按钮

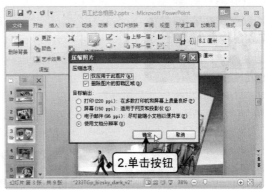

图6-114 单击"确定"按钮

第3步 若要对整个演示文稿中的图片一次性压缩，在"压缩图片"对话框中取消选中"仅应用于此图片"复选框，如图6-115所示。

第4步 完成操作后，用户看不出幻灯片中的图片有何变化，但查看演示文稿大小时，会发现其大小变为约2.6MB，大大减小了文件大小，如图6-116所示。

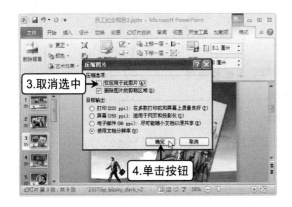

图6-115 设置压缩选项

图6-116 查看文件大小

 保存文件时压缩演示文稿

打开要压缩的相册演示文稿，单击"文件"选项卡"另存为"按钮，打开"另存为"对话框，单击"工具"按钮，在弹出的下拉菜单中选择"压缩图片"选项也可对其进行压缩。

第七章

解决企业会议问题

一个企业常会召开各种商务会议，为了让会议过程变得更加生动与轻松，可以将会议过程中主要内容制作成演示文稿并展示给与会人员。借助PowerPoint的多项展示技术，还能将一些不能在纸张上展示的内容放映在屏幕上，丰富了会议的内容。本章将通过对招投标公告、业务简报、营销策划等演示文稿制作的介绍，掌握解决各种企业会议问题的方法。

7.1 项目招投标公告

招标投标是指招标单位或招标人在进行科学研究、工程建设、服务项目、合作经营或大宗商品交易时，对外公布标准和条件，提出价格和要求等项目内容，吸引多个投标人提交投标文件参与竞争，并按招标文件规定选择交易对象的行为。下面就利用多个案例来介绍如何利用PowerPoint解决项目招投标公告中的问题。

NO.030 为旅游产业发展规划招标公告设置网址与邮箱链接

///// **职场情景** /////

某地方县针对当地旅游产业项目制作了招标公告，如图7-1所示为介绍招标报名方式的幻灯片，同时也提供了用于发送资料的电子邮箱地址和用于查看项目相关信息的网址，怎样让观众在自行浏览时快速进行邮件的发送或通过Internet了解更多信息呢（●光盘\素材\第7章\旅游招标公告.pptx）。

报名方式和截止时间

1. 采取网上报名，并将报名资料发至电子信箱wowyu@sina.com；
2. 投标人可登录石林旅游网www.shil.cc，免费下载本招标公告及其他的相关材料。
3. 报名截止时间：2009年12月8日下午17：00。
4. 联系方式
   招标工作组织机构：胜云县石林风景旅游局
   联系地址：胜云县石林镇三湾路2号
   邮政编码：524530
   联系人：王二　　周五
   联系电话：******
   传真：******

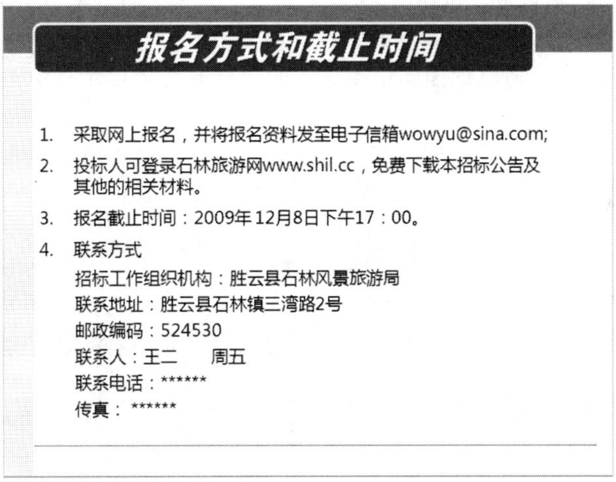

图7-1　招标报名方式和截止时间幻灯片

///// **解决思路** /////

当幻灯片中出现网址或电子邮箱地址时，可为其设置相应的链接，这样观众在自行浏览时通过单击链接，即可快速进行邮件的发送或连接Internet了解更多信息（●光盘\效果\第7章\旅游招标公告.pptx）。

///// **解决方法** /////

第1步 打开提供的旅游招标公告演示文稿，其中第9张幻灯片是介绍的投标报名方式，切换到第9张幻灯片，选择其中的邮箱地址文本，然后单击"插入"选项卡下的"超链接"按钮，如图 7-2 所示。

第2步 打开"插入超链接"对话框，在其左侧单击"电子邮件地址"选项卡，然后在右侧先单击"屏幕提示"按钮，如图 7-3 所示。

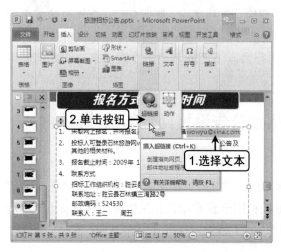

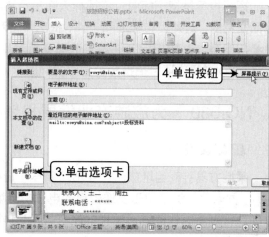

图7-2　单击"超链接"按钮　　　　　　　　图7-3　单击"屏幕提示"按钮

第3步 打开"设置超链接屏幕提示"对话框，在"屏幕提示文字"文本框中输入"发送报名资料"文本，这样在放映到该幻灯片将鼠标指向链接文本时，屏幕上将显示提示信息，然后单击"确定"按钮，如图7-4所示。

第4步 返回到"插入超链接"对话框中，在"电子邮件地址"文本框中输入发送目标的邮箱地址，然后在"主题"文本框中输入默认的邮件主题，完成后单击"确定"按钮，如图7-5所示。

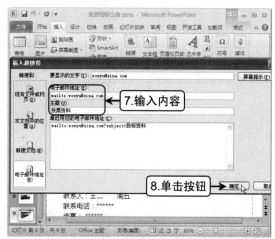

图7-4　输入屏幕提示文本　　　　　　　　图7-5　输入邮件地址和主题

第5步 所选文本即被设置了电子邮箱地址链接，文本的颜色将发生变化且其下自动出现下划线以示区别，如图7-6所示。

第6步 放映到该幻灯片时，单击该超链接，即会自动打开电脑中安装的Outlook邮件收发软件，并自动填写好收件人地址和主题，如图7-7所示。

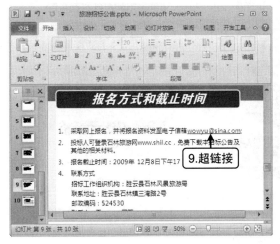

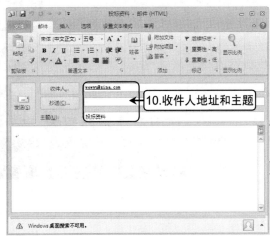

图7-6 输入屏幕提示文本　　　　　　　　图7-7 发送邮件界面

第7步 选择幻灯片中的网址文本，打开"插入超链接"对话框，在"现有文件或网页"选项卡右侧的"地址"文本框中输入单击该链接要打开的网址，然后单击"确定"按钮，如图7-8所示，这样在放映到该幻灯片并单击该链接时，将启动网页浏览器浏览指定的网站。

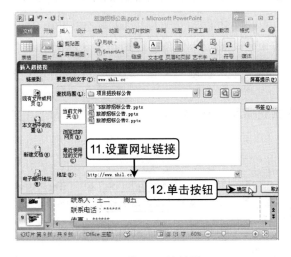

工程招标特点

在市场经济条件下，招标有利于促进竞争，加强横向经济联系，提高经济效益。对于招标方而言，通过招标公告择善而从，可以节约成本或投资，降低造价，缩短工期或交货期，确保工程或商品项目质量，促进经济效益的提高。

图7-8 输入网址链接

NO.031 将外部Word文档插入到招标公告幻灯片中

/////// **职场情景** ///

紧接上例，虽然提供的旅游招标公告演示文稿包含了规划目的、招标组织、招标单位条件等信息，如图7-9所示，但仍有招标公告相关文件没呈现在幻灯片中，若将所有相关文件都呈现在幻灯片中，演示文稿篇幅较多（●光盘\素材\第7章\旅游招标公告2.pptx）。

图7-9　旅游招标公告演示文稿

////// **解决思路** //

　　本例可采用将一些重要文件制作成Word文档，然后将其以对象的形式插入到幻灯片中，以达到观众在浏览时单击该对象图标即可自动启动Word程序，并打开相应的外部文档的目的（光盘\效果\第7章\旅游招标公告2.pptx）。

////// **解决方法** //

第1步 打开提供的"旅游招标公告2"演示文稿，新建一张"标题和内容"幻灯片，然后在幻灯片中输入相应文本，如图7-10所示。

第2步 幻灯片中每段文本对应一个外部文件，下面先插入第一个文档，单击"插入"选项卡下的"对象"按钮，如图7-11所示。

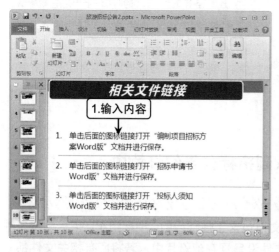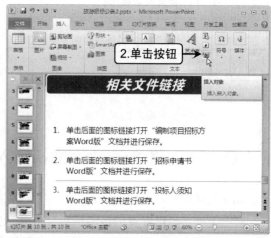

图7-10　在幻灯片中输入相应文本　　　　图7-11　单击"对象"按钮

第3步 在打开的对话框中选中"由文件创建"单选按钮，然后单击"浏览"按钮，如 7-12 左图所示。在打开的对话框中找到光盘素材第 7 章文件夹提供的"编制项目招标方案.doc"文件并单击"确定"按钮，回到"插入对象"对话框后选中"显示为图标"复选框，如 7-12 右图所示。

图7-12 选择插入的文档

第4步 单击其下的"更改图标"按钮，在打开对话框中的"标题"文本框中输入该文件的名称，然后单击"确定"按钮，如图 7-13 所示，回到"插入对象"对话框中再单击"确定"按钮。

第5步 回到幻灯片中，可看到选择的文件以图标的形式插入到了幻灯片中，用户可像对待图片一样调整其大小和位置，如图 7-14 所示。

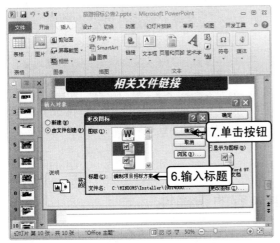

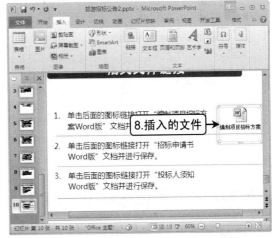

图7-13 设置图标标题 图7-14 所选文件以图标形式插入到幻灯片中

第6步 此时如果放映到该幻灯片，单击文档图标并不会打开原文档，还需要对其设置动作。选中该图标后，单击"插入"选项卡下的"动作"按钮，在打开的对话框中选中"对象动作"单选按钮，并在其后的下拉列表框中选择"打开"选项，如图 7-15 所示，然后单击"确定"按钮。

第7步 在放映到该幻灯片时，用户单击文件图标，即会启动 Word 程序打开对应的文件，如图 7-16 所示，用户只需要将打开文档另存为一个副本，即可将其保存在自己的电脑中。

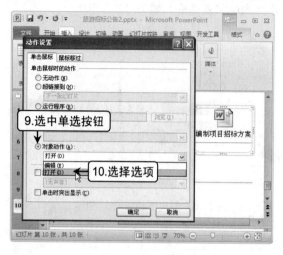

图7-15　设置打开动作

《胜云县旅游产业发展规划》编制项目招标方案		
序号	项目	内容与要求
1	项目名称	《胜云县旅游产业发展规划》编制。
2	招标单位	胜云县石林风景旅游局（受胜云县人民政府委托）
3	完成时间	2010年4月31日前。
4	投标保证金	人民币两万元整，2009年12月10日17：00前入投标保证金专户。
5	投标答疑时间	技术参数问题以书面形式于投标截止时间三个工作日前向胜云县石林风景旅游局提出。
6	投标答疑地点	标书问题以书面形式于投标截止时间三个工作日前向胜云县石林风景旅游局提出。胜云县石林风景旅游局根据需要举行答疑会，时间、地点以书面形式告之。
7	投标书份数	技术标、价格标正本 XX 份。

图7-16　打开的外部文档

第8步 最后再使用同样方法，将光盘素材第七章文件夹提供的其他两个文档文件插入到幻灯片中并添加动作。至此完成该幻灯片的制作，如图 7-17 所示。

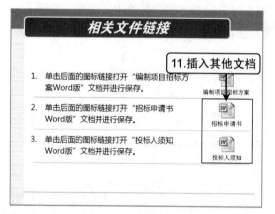

图7-17　插入的其他文档

发布招标公告的注意事项

在发布招标公告之前，一定要对公告的内容以及涉及到的相关文件内容进行详细检查，如招标要求、截止时间、联系方式以及投标书内容和投标要求等，确保所有内容正确无误才能发布，因为这些内容对于整个招标过程是非常重要的。

NO.032　保证招标公告幻灯片中内容的正确性

///// **职场情景** //

　　在完成招标公告的制作后，为确保幻灯片中内容的正确性，将演示文稿发送给审阅者，审阅者在打开演示文稿仔细查看各幻灯片中内容后，发现如图7-18所示招标工作程序及时间安排幻灯片中第5点时间应为7月1日至7月10日（●光盘\素材\第7章\招标公告.pptx）。

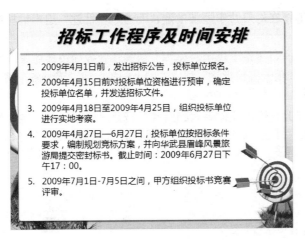

图7-18 招标工作程序及时间安排幻灯片

解决思路

审阅者发现问题后，便在其中直接修改或添加批注，然后将修改意见返回给原作者，原作者综合批注和修改对演示文稿进行修改（●光盘\效果\第7章\招标公告.pptx）。

解决方法

第1步 选中需要修改的文本，然后单击"审阅"选项卡下"批注"组中的"新建批注"按钮，如图 7-19 所示。

第2步 此时所选文本旁出现一个批注框，其标题栏中显示了当前审阅者的用户名以及审阅时间。审阅者可在批注框中输入修改意见，如图 7-20 所示。

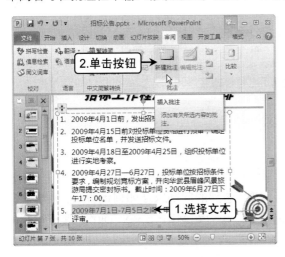

图7-19 单击"新建批注"按钮

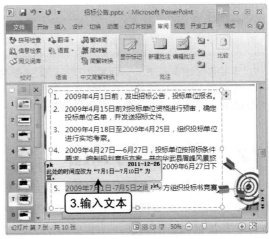

图7-20 输入批注内容

批注的相关知识

幻灯片中某处若添加了批注，则默认会在该位置上出现一个小的矩形方框标记，当指向、单击或双击该标记时，都将显示其中的内容，若在其上右击，可通过弹出的菜单命令对其进行相关操作。

第3步 使用同样方法继续在幻灯片中添加批注，而通过"批注"组中的按钮可进行批注的编辑与删除等操作。

第4步 完成所有审阅后，对演示文稿进行保存，然后将其返回给原作者。当原作者打开演示文稿后，通过单击"审阅"选项卡下"批注"组中的"上一条"或"下一条"按钮，可切换至幻灯片中的所有批注并进行查看，如图 7-21 所示。

第5步 根据审阅者的修改建议，原作者对幻灯片进行逐一修改，此为综合批注以及定稿的过程。完成所有修改后，单击"批注"组中"删除"按钮右侧的下拉按钮，在弹出列表中选择"删除此演示文稿中的所有标记"选项，去除所有批注内容，最后将演示文稿保存即可，如图 7-22 所示。

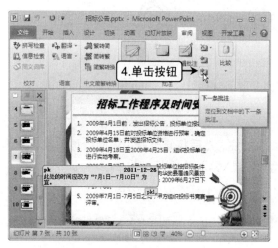

图7-21　查看批注内容

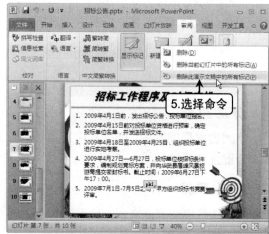

图7-22　删除演示文稿中的批注

发起审阅的步骤

对完成的演示文稿发起审阅操作主要包括以下 4 个步骤：
1. 原作者将演示文稿通过公司局域网、Internet 或 U 盘传送给其他审阅者。
2. 审阅者仔细查看演示文稿内容，发现问题便在其中直接修改或添加批注。
3. 审阅者将演示文稿返回给原作者。
4. 原作者综合批注和修改，将演示文稿定稿。

7.2　公司业务简报

　　业务简报是指简要地报告公司或企业的业务状况、遇到的问题以及如何调整等，通常是定期或不定期进行简报包括日简报、周简报、月简报。下面介绍利用PowerPoint处理一些有关企业业务简报方面的问题。

NO.033　在季度简报中输入特殊符号并将其设置为上标

////// **职场情景** /////////////////////////////////

　　某企业要求相关部门制作第三季度业务简报，以报告企业本季度的业务状况、遇到了哪些问题以及解决这些问题的方法等。如图7-23所示为季度简报幻灯片，相关负责人看后告诉制作者幻灯片中公司名称是企业的注册商标（💿光盘\素材\第7章\季度业务简报.pptx）。

图7-23　季度业务简报

///// **解决思路** //////////////////////

　　由于公司名称是企业的注册商标，因此需要在其右上角输入"®"字符（💿光盘\效果\第7章\季度业务简报.pptx）。

///// **解决方法** //////////////////////

第1步 打开提供的"季度业务简报"演示文稿，可看到每页幻灯片相同位置出现了公司名称，切换到幻灯片母版视图，选择主母版幻灯片，将鼠标光标定位到公司名称文本框中，然后单击"插入"选项卡一上"符号"按钮，如图7-24所示。

第2步 打开"符号"对话框，其中的列表框中提供了多种特殊字符。由于此处要插入商标符号，所以先在"字体"下拉列表框中选择"宋体"字体格式，然后在"子集"下拉列表框中选择"拉丁语-1 增补"选项，然后在列表框中找到需要的字符"®"，选择此字符，单击"插入"按钮，如图7-25所示。

图7-24　单击"符号"按钮

图7-25　选择特殊字符

第3步 所选字符即被插入到当前幻灯片中，再单击"关闭"按钮关闭"符号"对话框。下面要将插入的字符设置为上标，于是选中该字符后，在其上单击鼠标右键，在弹出的快捷菜单中选择"字体"命令，如图 7-26 所示。

第4步 在打开的"字体"对话框中选中"上标"复选框，设置其"偏移量"为"50%"，然后单击"确定"按钮，如图 7-27 所示。

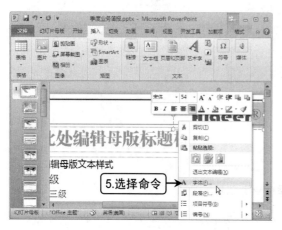

图7-26　选择"字体"命令

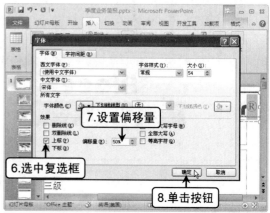

图7-27　设置上标格式

第5步 选择标题幻灯片，重复以上操作步骤，将特殊字符插入到公司名称后面并设置为上标，设置完成后，单击"关闭母版视图"按钮退出幻灯片母版，可看到演示文稿每页幻灯片上公司名称后都被添加上符号，如图 7-28 所示。

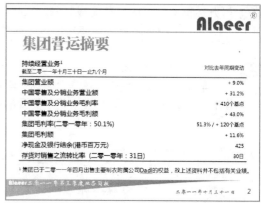

图7-28　完成设置

设置浮动工具栏不自动出现

在默认情况下选择文本后，界面中会自动出现浮动工具栏，如果用户并不经常使用它，可以设置其不自动出现。方法是单击"文件"选项卡，然后单击"选项"按钮，打开"PowerPoint 选项"对话框，在"常规"选项卡右侧的"用户界面选项"栏下取消选中"选择时显示浮动工具栏"复选框。

NO.034　使用表格定义季度业务简报的版式框架

职场情景

企业需要通过幻灯片来展示业务简报中某业务对比去年同期变动，如图7-29所示，要求相关人员将相关数据更明了地展示在幻灯片中（●光盘\素材\第7章\季度简报.pptx）。

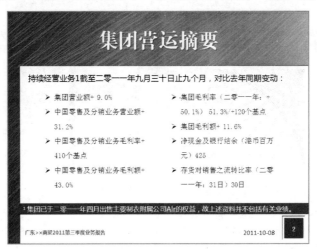

图7-29　业务简报

解决思路

本例可通过表格形成内容的框架，不但便于各项内容的对比，突出幻灯片中数据，还可单独设置边框样式，得到特殊的表格效果（●光盘\效果\第7章\季度简报.pptx）。

解决方法

第1步 打开提供的季度简报演示文稿，在第 2 张幻灯片后新建一张标题和内容幻灯片，输入标题内容后，单击占位符中"插入表格"按钮，在打开的对话框中设置需要的表格为 2 列 9 行，单击"确定"按钮，如 7-30 左图所示，插入的表格具备了默认的外观样式，包括填充和边框。先根据需要拖动各行列线，调整第 1 行的行高以及两列各占的列宽，如 7-30 右图所示。

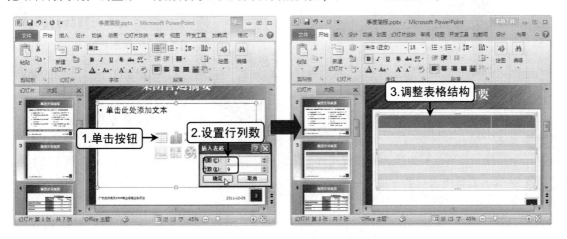

图7-30　插入表格并调整表格结构

第2步 选择表格后单击"开始"选项卡下"段落"组中的"对齐文本"按钮，在弹出菜单中选择"中部对齐"选项，如 7-31 左图所示，然后在表格中各单元格中依次输入内容，并设置格式，对部分单元格的对齐方式也可进行调整，得到如 7-31 右图所示的效果。

图7-31　设置表格对齐方式并输入表格内容

第3步 下面将改变表格的外观，选中整个表格，单击"表格工具 设计"选项卡中的"底纹"按钮右侧的下拉按钮，在弹出的列表中选择"无填充颜色"选项，此时可看到整个表格由于没有了填充和边框颜色（边框颜色在默认状态也已经设置为了无边框，就类似于在文本框中输入内容，而表格的框架是起到的确定版式的作用），如图 7-32 所示。

第4步 不过完全没有边框线也不是太美观，于是选中第 1 行表格，单击"设计"选项卡下的"绘图边框"组中的"笔颜色"按钮，在弹出的菜单中选择一种边框线的颜色，然后在该组下的"笔划粗细"下拉列表框中选择一种边框线，如图 7-33 所示。

图7-32　取消表格填充

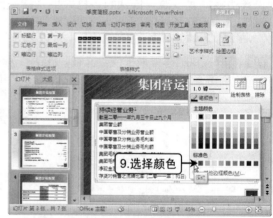

图7-33　设置边框线颜色

第5步 单击"设计"选项卡下"表格样式"组中的"边框"按钮右侧的下拉按钮，在弹出列表中选择"下框线"选项（要为所选表格设置什么位置的边框就选择对应的选项），如图 7-34 所示。

第6步 这时可看到所选行的下框线变为了设置的颜色和粗细，使用同样方法再设置最后一行的下框线效果，完成该表格版式的制作，如图 7-35 所示。

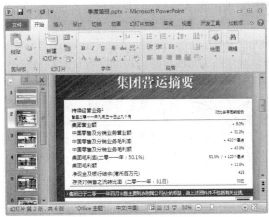

图7-34 添加下划线　　　　　　　图7-35 完成幻灯片制作

第7步 最后再将第 2 张幻灯片底部对表格数据的分析文本复制到幻灯片中，放置在表格下，然后将第 2 张幻灯片删除并进行保存，完成幻灯片的制作。

NO.035　利用图表展示产品营业额百分比并为图表添加标注

职场情景

紧接上例，在完成使用表格定义版式框架后，现在需要将产品营业额百分比以最直观的方式展现在幻灯片中（●光盘\素材\第7章\季度简报2.pptx）。

解决思路

利用图表来展示各产品营业额百分比，并对图表各组成部分进行详细的标注说明（●光盘\效果\第7章\季度简报2.pptx）。

解决方法

第1步 打开提供的"季度简报 2"演示文稿，在第 3 张幻灯片后新建一张幻灯片，输入标题后单击正文占位符中的"插入图表"按钮，如 7-36 左图所示，在打开的对话框的左侧单击"饼图"选项卡，在右侧选择"三维饼图"选项，然后单击"确定"按钮，如 7-36 右图所示。

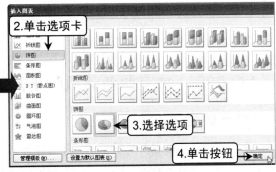

图7-36 选择插入图表

第2步 此时将通过Excel程序打开用于输入图表数据的数据表，在其中各单元格中输入如下数据，然后关闭数据表窗口，如图7-37所示。

第3步 回到幻灯片中可看到插入的图表，右侧为代表图表各部分的图例，选择该图例按【Delete】键将其删除，再选择图表标题同样将其删除，最后拖动图表的外围边框，调整图表大小，给标注预留足够的空间，如图7-38所示。

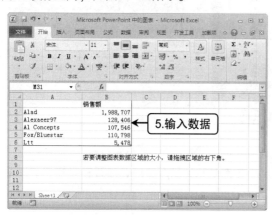

图7-37 输入图表数据

图7-38 调整图表布局

第4步 单击"插入"选项卡下的"形状"按钮，在弹出列表中选择"标注"分类下的"线形标注2"选项，然后在幻灯片中拖动绘制出相应大小的标注框，并调节其控制点，使其指向要代表的图表扇形部分，如图7-39所示。

第5步 在标注对象上单击鼠标右键，选择"编辑文字"命令，即可在对象内部输入标注说明内容，完成后为标注对象设置与所代表扇形颜色相符合的外观格式，其他3处标注也使用同样的方法，完成该幻灯片的制作，如图7-40所示。

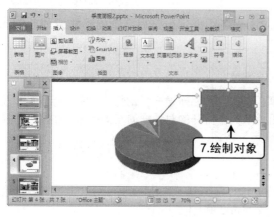

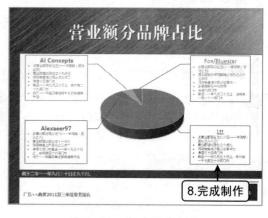

图7-39 绘制标注对象

图7-40 完成图表制作

NO.036 加密业务简报防止其他用户任意打开查看

职场情景

商场中的很多信息都是机密的，不希望未授权的用户查看、修改或复制，如图7-41所示为某企业制作的业务简报演示文稿，其中涉及的数据具有一定的机密性，现企业要求对演示文稿设置使用权限，即不允许任何人随意打开和编辑演示文稿（●光盘\素材\第7章\业务简报.pptx）。

按市场回顾业绩表现

营业额	对比去年同期变动		
	截至二零一一年九月三十日止三个月	截至二零一一年九月三十日止九个月	截至二零一一年六月三十日止六个月
中国	+ 25.3%	+ 31.2%	+ 34.1%
泰国	- 9.9%	- 3.3%	-
马来西亚	- 11.0%	- 0.5%	+ 4.7%
新加坡	- 3.7%	- 5.1%	- 5.5%
零售及分销业务合计	+ 3.9%	+ 9.4%	+ 12.1%
韩国	- 15.5%	- 3.5%	+ 2.5%
中东	+ 28.3%	+ 24.2%	+ 22.3%

图7-41 业绩回顾幻灯片

解决思路

通过为演示文稿设置密码便可保护演示文稿的安全,只有掌握了密码信息的用户才能正常打开或编辑文稿内容（❂光盘\效果\第7章\业务简报（加密）.pptx）。

解决方法

第1步 打开提供的业务简报演示文稿,然后单击"文件"选项卡,选择"另存为"按钮,在打开对话框中将演示文稿重新命名为"业务简报（加密）.pptx",然后单击"工具"按钮,在弹出的下拉菜单中选择"常规选项"命令,如图7-42所示。

第2步 在打开的"常规选项"对话框中分别设置打开与修改演示文稿的密码（本例都设置为123）,然后单击"确定"按钮,如图7-43所示。

图7-42 选择"常规选项"命令　　　　图7-43 设置密码

第3步 此时将再打开"确认密码"对话框，在其中分别输入刚才设置的打开与修改演示文稿相同的密码。完成后回到"另存为"对话框，对其进行保存即可，如图7-44所示。

第4步 当下次再打开设置了密码的该演示文稿时，将先打开一个对话框，要求在其中输入正确的密码，如7-45左图所示。输入了正确的打开密码后，还将打开一个用于输入修改密码的对话框，否则用户将无法对演示文稿进行修改，如7-45右图所示。

图7-44　确认密码

图7-45　输入打开和修改文稿的密码

 通过 PowerPoint 自带的加密功能加密演示文稿

在"常规选项"对话框中提供了设置打开权限密码和修改权限密码。此功能是由 Windows 系统提供的加密方案，PowerPoint 2010 也提供了为演示文稿设置打开密码的功能。在"文件"选项卡的"信息"选项卡中单击"保护演示文稿"按钮，在弹出的下拉菜单中选择"用密码进行加密"命令，打开"加密文档"对话框，在"密码"文本框中输入密码，单击"确定"按钮，在打开的"确认密码"对话框中再次输入密码后单击"确定"按钮即可，如下图7-46所示。

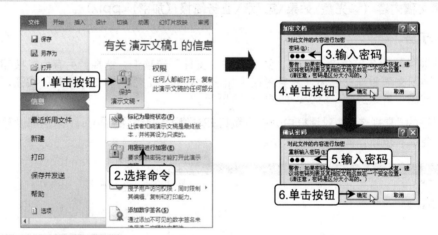

图7-46　通过PowerPoint自带加密功能加密演示文稿

7.3　项目营销策划

　　在进行某一经济项目之前，通常都需要对该项目涉及到的政策或规模、技术力量和水平、实施方案或措施及其投入与产出等内容，进行全面仔细的论证分析和策划，从而确定该项目实施的可行性和有效性，并指导后面项目的具体实施。下面将介绍如何利用PowerPoint来帮助企业解决相关项目的营销策划或推广问题。

NO.037 使用填充的方法为项目策划方案制作相同大小图片

///// **职场情景** ///

　　某水果连锁超市制作的项目策划方案，如图7-47所示，现在要求相关人员使用多张水果图片作为装饰放置在演示文稿中，且每张水果图片都要求裁剪为相同大小（●光盘\素材\第7章\项目策划方案\）。

发现一 市水果零售市场基本状况

- 目标市场容量估算
  - 目标人群规模

市区人口总数为150万左右，其中家庭平均月收入2000元以上的中高收入家庭人群占25%－30%，按照保守的25%计算，此人群总数有37.5万。市平均户型在3.4人/户，即此人群的总户数为11万余户，按照保守计算也有10万户。

图7-41　水果零售市场基本状况幻灯片

///// **解决思路** ///

　　使用常规的设置图片大小以及裁剪图片的方法很难保证各图片形状完全相同，这时可使用填充方法，其原理是将各张图片分别填充到多个相同形状相同大小的矩形中，再进行相应的设置（●光盘\效果\第7章\项目策划方案.pptx）。

///// **解决方法** ///

第1步 打开提供的"项目策划方案"演示文稿，进入到幻灯片母版视图中，在主母版中先绘制一个需要大小的矩形，边框设置为白色、0.75磅，然后再复制3个放置在如图7-42所示的位置。

第2步 确定了图形大小后下面将为其设置图片填充，选择第一个矩形，在其上单击鼠标右键，选择"设置形状格式"命令，在打开对话框中单击"填充"选项卡，然后在右侧选中"图片或纹理填充"单选按钮，再单击其下的"文件"按钮，如图7-43所示。

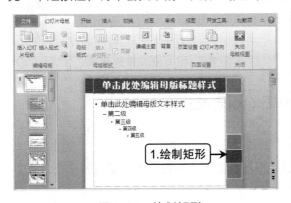

图7-42　绘制矩形

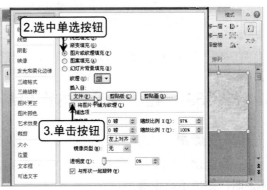

图7-43　设置图片填充

第3步 在打开对话框中选择光盘素材第 7 章文件夹中提供的 "水果 1.png" 图片，回到对话框中后可看到由于图片比例跟图形比例不相符，图片出现了拉伸变形的情况，如图 7-44 所示。

第4步 选中 "将图片平铺为纹理" 复选框，此时图片恢复为了原始大小和比例，如图 7-45 所示。

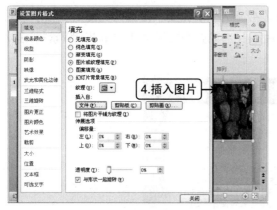 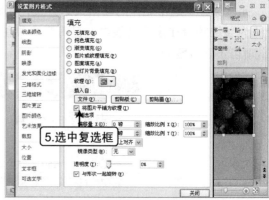

图7-44　图片出现拉伸变形　　　　　　　图7-45　恢复图片原始大小和比例

第5步 通过在 "缩放比例 X" 和 "缩放比例 Y" 两个数值框中输入相应的数据，调整图片的大小比例，如果希望只显示图片中的某部分，则可通过 "偏移量 X" 和 "偏移量 Y" 两个数值框来调整图片的显示位置。

第6步 完成主母版的设置后关闭对话框，切换到版式母版幻灯片，选中 "幻灯片母版" 选项卡下 "背景" 组中的 "隐藏背景图形" 复选框，如图 7-46 所示，这样不显示刚才在主母版中制作的背景图形。

第7步 使用同样方法设置其他两个矩形的图片填充效果，设置完成后得到的最终效果为几张大小完全相同的图片，如图 7-47 所示。

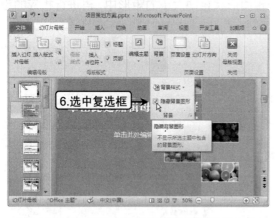 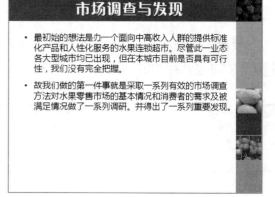

图7-46　隐藏版式母版幻灯片中的背景图片　　　图7-47　完成图片制作

 NO.038　在项目策划方案中制作Excel表格

////// **职场情景** //

紧接上例，负责人对制作出来的策划方案进行审核，发现其中对于市场定位的依据没有具体说明，因此不具说服力。

////// **解决思路** //

　　将消费者的调查情况信息通过Excel电子表格展示在幻灯片中，用有力的数据证明此市场定位的正确性和权威性（●光盘\效果\第7章\项目策划方案2.pptx）。

////// **解决方法** //

第1步 打开提供的"项目策划方案2"演示文稿，在第8张幻灯片后新建一张空白幻灯片，如7-48左图所示，在幻灯片中先输入标题和副标题，然后单击"插入"选项卡下的"表格"按钮，在弹出菜单中选择"Excel电子表格"选项，如7-48右图所示。

图7-48　选择插入电子表格

第2步 此时在幻灯片中出现了一个Excel表格编辑区域，PowerPoint的功能区也变为了Excel的功能区。先拖动Excel表格编辑区右下角的控制点，将编辑区增大以便于编辑，如图7-49所示。

第3步 然后依次在各单元格中输入相应的数据，需要时还可使用Excel的数据计算功能，如图7-50所示。

图7-49　调整Excel编辑区大小

图7-50　在各单元格中输入数据

效办公 职场通

167

职场问题解决篇

第4步 选中输入了数据的区域，在"开始"选项卡下的"样式"组中单击"套用表格格式"按钮，在弹出的下拉菜单中选择一种样式，并在打开的"套用表格式"对话框中确认数据来源后单击"确定"按钮，在随之激活的"表格工具 设计"选项卡的"表格样式选项"组中保持默认的复选框选中之外再选中"第一列"复选框，这样，所选单元格即应用了合适的外观效果，如图 7-51 所示。

第5步 默认情况下选择了外观样式后，在标题行会出现筛选按钮，这时可在"开始"选项卡的"编辑"组中单击"排序和筛选"按钮，在弹出菜单中选择"筛选"选项，取消按钮的显示，如图 7-52 所示。

图7-51　选择表格外观　　　　　　　　图7-52　取消筛选按钮

第6步 最后再设置表格中内容的字体格式，即可完成 Excel 表格的制作，单击表格编辑区外的其他位置，即可退出 Excel 编辑状态，功能区恢复为 PowerPoint，如图 7-53 所示。

第7步 重复以上步骤，将消费者深层需求满足调查情况对比数据展示在幻灯片中，最终效果如图 7-54 所示。

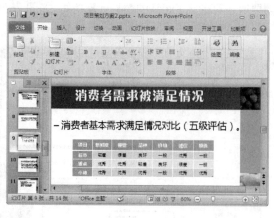
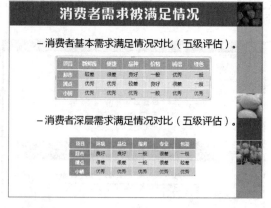

图7-53　退出Excel编辑状态　　　　　　图7-54　最终效果

💬 NO.039　在新上市药品推广策划中插入Excel表格和图表

//////// **职场情景** //

为了让一项新产品在上市之后能有很好的销量，就需要在其上市之前制订相应的推广与营销策划方案。如图7-55所示为某新上市药品在媒体广告方面的推广策划幻灯片，现在企业负责人让制作人员将事先在Excel中制作好的，关于新产品广告投入费用的分配情况图表和表格插入到幻灯片，使演示更具说服力和直观性（💿光盘\素材\第7章\新品上市媒体策划.pptx、广告费用分配.xlsx）。

图7-55　新品上市媒体策划

///// **解决思路** ///

　　由于PowerPoint有很好的数据兼容性，因此可将在Excel中制作的图表和表格直接插入到幻灯片中（💿光盘\效果\第7章\新品上市媒体策划.pptx）。

///// **解决方法** ///

第1步 打开提供的"新品上市媒体策划"演示文稿，由于演示文稿中第 3 张幻灯片是讲广告费用分配原则，所以将关于新产品广告投入费用的分配情况图表和表格放在第 3 张幻灯片后面。

第2步 在第3张幻灯片后面插入一张新幻灯片，在其中输入标题后，准备先插入 Excel 表格，于是单击"插入"选项卡下"文本"组中的"对象"按钮，在打开对话框中选中"由文件创建"单选按钮，然后单击"浏览"按钮，如 7-56 左图所示，在打开的对话框中选择光盘素材第 7 章文件夹中提供的 Excel 表格文件"广告费用分配.xlsx"，回到"插入对象"对话框后单击"确定"按钮，如 7-56 右图所示。

图7-56　选择插入外部表格

第3步 此时将自动插入所选 Excel 文件中的表格（注意本例 Excel 文件既包括表格又包括图片，但使用此方法将只插入表格内容），且保持其在 Excel 中的格式，用户可以如同操作图片对象一样，调整插入表格的大小和位置，如图 7-57 所示。

第4步 用户不能像对 PowerPoint 中的表格一样进行数据的编辑，需要编辑时可双击插入的表格，此时 PowerPoint 的功能区将变为 Excel 的功能区，用户可像在 Excel 中一样对表格进行各项编辑操作，编辑完成后单击非表格区域即可切换到 PowerPoint 的编辑状态，如图 7-58 所示。

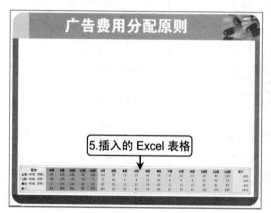

图7-57　插入Excel表格到幻灯片中

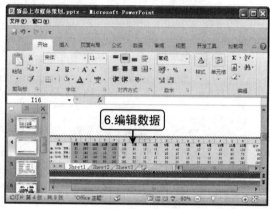

图7-58　编辑表格数据

第5步 下面准备插入该 Excel 文件中的图表，这需要先使用 Excel 将"广告费用分配.xlsx"打开，然后选中其中的图表执行复制操作，再回到幻灯片中进行粘贴操作即可。粘贴进来的图表与在 PowerPoint 中自制的图表一样，可对其进行各种格式设置，完成后得到如图 7-59 所示的效果。

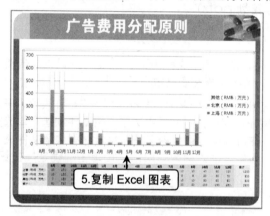

图 7-59　完成 Excel 表格和图表的插入

链接外部表格自动更新数据

在前面第 2 步打开的"插入对象"对话框中，若选中"链接"复选框，则可使插入到幻灯片中的对象与其所来源的外部文件进行数据链接，即外部文件的数据发生变化后，幻灯片中对应的对象数据会自动变化。

NO.040　自定义图形对象阴影使图形效果更突出

////// **职场情景** //

如图7-60所示是某药业企业的新品上市媒体策划案中的媒体组合幻灯片，该幻灯片使用不同图形来对媒体类型进行分类，但图形效果并不突出（●光盘\素材\第7章\新品上市媒体策划2.pptx）。

图7-60 媒体组合幻灯片

解决思路

为了使图形效果更突出、更美观，可以为图形设置不同方向的阴影效果（◎光盘\效果\第7章\新品上市媒体策划2.pptx）。

解决方法

第1步 打开提供的"新品上市媒体策划2"演示文稿，首先选择左上角第一个图形对象，准备为其设置偏向于左上角的阴影效果，在图形对象上单击鼠标右键，在弹出的快捷菜单中选择"设置形状格式"命令。

第2步 在打开对话框中单击左侧的"阴影"选项卡，然后先单击右侧的"预设"按钮，在弹出列表中选择一种与自己需要类型的阴影效果选项，如图7-61所示。

第3步 此时右侧区域中的其他设置项被激活，下面依次设置阴影的"透明度"为"60%"，"大小"为"100%"，"虚化"为"0磅"，"角度"保持不变，"距离"为"10磅"，完成后单击"关闭"按钮，完成该对象的阴影设置，如图7-62所示。

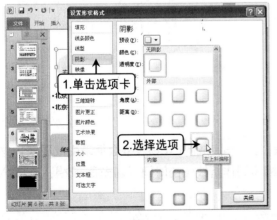

图7-61 选择预设阴影　　　　图7-62 设置阴影参数

第4步 使用同样方法设置其他几个图形对象的阴影，除阴影的预设方向不同外，其他各参数可自行调整，其最终效果如图7-63所示。

图7-63　完成阴影效果设置

NO.041　利用外部数据为媒体策划案制作收视率折线图

////// **职场情景** //////

　　如图7-64所示是工作人员根据北京地区各时段收视率调查情况制作的Excel表格，现相关负责人要求在公司策划案中展示调查相关数据，由于时间有限，要求相关人员在短时间内完成此工作（●光盘\素材\第7章\各时段收视率——北京.xlsx、媒体策划案.pptx）。

北京	BJCable1	BJCable2	BJCable3	BJCable4	BJ Sate	BJ TV2	BJ TV3	CCTV-1	CCTV-2	CCTV-3	CCTV-4	CCTV-5	CCTV-6	CCTV-7	CCTV-8
18:00-18:15	1.4	0.5	0.1	0.1	1.4	1.0	1.6	2.8	0.2	0.4	0.1	0.9	1.7	0.0	0.2
18:15-18:30	1.6	0.3	0.1	0.1	2.2	1.6	2.1	2.8	0.3	0.5	0.1	0.7	1.4	0.1	0.2
18:30-18:45	2.1	0.3	0.1	0.1	8.8	1.1	1.1	3.1	0.5	0.7	0.1	0.4	2.1	0.1	0.2
18:45-19:00	2.2	0.4	0.1	0.1	13	0.6	1.0	2.9	0.7	0.7	0.1	0.2	1.5	0.1	0.2
19:00-19:15	1.2	0.4	0.1	0.2	14.9	0.7	1.5	14.2	0.9	0.2	0.0	0.3	0.4	0.1	0.1
19:15-19:30	0.9	0.5	0.1	0.2	14.8	0.8	1.5	15.0	0.8	0.2	0.0	0.3	0.0	0.1	0.1
19:30-19:45	5.7	0.2	0.2	0.4	11.1	2.5	1.1	14.8	0.9	0.3	0.0	0.4	0.4	0.1	0.2
19:45-20:00	10.1	0.1	0.1	0.4	6.9	8.5	0.4	8.8	1.0	0.3	0.1	0.5	0.8	0.1	0.3
20:00-20:15	12.6	0.1	0.2	0.3	6.2	9.6	0.4	5.9	1.2	0.2	0.1	0.7	1.4	0.2	0.4
20:15-20:30	12.2	0.1	0.2	0.3	7.2	9.5	0.5	6.1	1.1	0.2	0.1	0.7	1.6	0.2	0.4
20:30-20:45	11.7	0.1	0.2	0.5	7.8	9.0	0.6	6.1	0.9	0.2	0.1	0.7	1.9	0.2	0.4
20:45-21:00	12.4	0.2	0.2	0.5	6.9	9.2	0.4	5.8	0.9	0.2	0.1	0.7	1.8	0.2	0.5
21:00-21:15	13.3	0.3	0.2	0.6	4.5	9.2	0.4	3.5	1.4	0.3	0.1	0.7	2.0	0.1	0.6
21:15-21:30	11.6	0.4	0.2	0.6	3.3	7.7	0.5	2.7	2.0	0.4	0.1	0.8	2.2	0.1	0.7
21:30-21:45	8.5	0.6	0.3	0.8	3.0	4.5	1.1	2.5	2.2	0.5	0.1	0.7	2.4	0.1	0.9
21:45-22:00	6.7	0.5	0.3	0.5	2.5	2.2	1.8	2.1	2.1	0.5	0.1	0.7	2.4	0.1	1.0
22:00-22:15	6.0	0.4	0.3	0.3	2.6	1.5	2.0	2.1	1.4	0.5	0.0	0.7	2.2	0.0	0.9
22:15-22:30	5.5	0.3	0.2	0.2	2.4	1.4	1.7	1.8	0.9	0.3	0.0	0.6	1.8	0.1	0.7
22:30-22:45	4.8	0.3	0.1	0.2	1.9	1.3	1.5	1.3	0.7	0.2	0.1	0.5	1.7	0.0	0.7
22:45-23:00	4.1	0.2	0.1	0.2	1.5	1.1	1.3	0.8	0.7	0.2	0.0	0.4	1.5	0.0	0.6
23:00-23:15	3.4	0.2	0.1	0.1	1.2	0.9	1.1	0.7	0.6	0.1	0.0	0.3	1.2	0.0	0.3
23:15-23:30	2.5	0.2	0.0	0.1	0.9	0.7	0.8	0.6	0.3	0.1	0.0	0.2	1.0	0.0	0.3
23:30-23:45	1.6	0.1	0.0	0.1	0.4	0.6	0.4	0.5	0.2	0.1	0.0	0.2	0.6	0.0	0.3
23:45-24:00	0.9	0.1	0.0	0.1	0.3	0.3	0.3	0.5	0.1	0.0	0.0	0.2	0.6	0.0	0.2

图7-64　北京各时段收视率

////// **解决思路** //////

　　由于时间有限，因此，完全可以利用这个已经制作完成的Excel表格数据来生成图表，这样在制作该图表时并不用输入图表数据，从而缩短制作折线图的时间（●光盘\效果\第7章\媒体策划案.pptx）。

////// **解决方法** //////

第1步　在提供的素材演示文稿中新建第 7 张幻灯片，在其中输入标题后单击"插入"选项卡下的"图表"按钮，在打开的对话框中选择一种折线图选项，再单击"确定"按钮，如图 7-65 所示。

第2步 此时将自动打开一个用于输入数据的 Excel 表格。这里我们不在其中输入数据，而是单击 Excel2010 的 "文件" 选项卡，选择 "打开" 命令，然后选择光盘素材第 7 章文件夹中提供的 "各时段收视率－北京.xlsx" 文件将其打开，如图 7-66 所示。

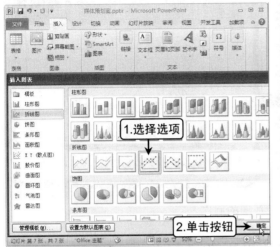

图7-65 创建折线图　　　　　　　　　　　　图7-66　打开Excel表格

第3步 切换回到 PowerPoint 中，单击 "图表工具 设计" 选项卡下 "数据" 组中的 "选择数据" 按钮，打开 "选择数据源" 对话框，然后单击 "图表数据区域" 栏右侧的▦按钮，如图 7-67 所示。

第4步 再切换到刚才打开的数据工作表，在其中拖动选择图表所需的数据，再单击▦按钮回到 "选择数据源" 对话框，从下面的两个列表框中可以看到已经选择好了用于生成图表的数据，然后单击 "确定" 按钮，如图 7-68 所示。

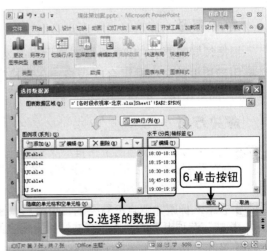

图7-67 打开 "选择数据源" 对话框　　　　　图7-68　图表数据选择完成

第5步 关闭系统自动打开的以及用户自行打开的两个 Excel 文件,回到幻灯片中可看到已经生成的折线图,如 7-69 左图所示,对其进行相应的调整和格式设置即可,完成图表的制作,如 7-69 右图所示。

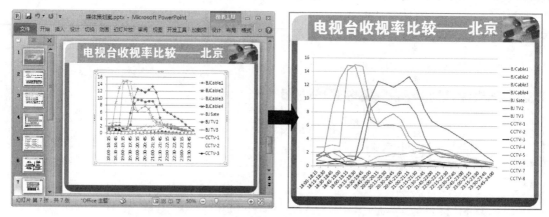

图7-69 完成折线图的制作

NO.042 用文本框表格展示产品归纳策划

////// **职场情景** //

　　某汽车企业准备推出一新款轿车,公司领导让相关部门在该款轿车上市之前,制作一套关于该产品的上市推广策划案,特别要求在制作产品推广策略幻灯片时,以表格的形式展示产品采取的推广策略,但制作的表格形式要突显自由的效果 (●光盘\素材\第7章\新产品上市推广策划案.pptx)。

////// **解决思路** //

　　根据领导的要求,以表格形式展示产品采取的推广策略,同时表格要有自由的效果,可以选择用带边框的文本框组合成表格,在表格中展示同类产品的推广策略 (●光盘\效果\第7章\新产品上市推广策划案.pptx)。

////// **解决方法** //

第1步 打开提供的"新产品上市推广策划案"演示文稿,其中产品策划案封面和目录制作已经完成,然后在现有幻灯片后根据"标题和内容"版式新建一张幻灯片,用于展示其他同类产品的推广策略,进而得出对于自身的推广建议。

第2步 在输入标题并删除不需要的占位符后,在幻灯片中手动添加一个圆角矩形,然后在"绘图工具 格式"选项卡下的"形状样式"列表框中为其应用一种外观样式,如图 7-70 所示。

第3步 单击"插入"选项卡下的"文本框"按钮,在椭圆上添加一个横排文本框,在其中输入内容并设置格式,如图 7-71 所示。

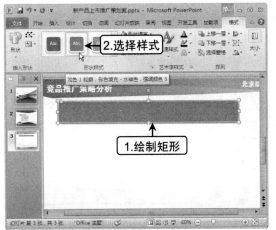

图7-70　为矩形应用样式

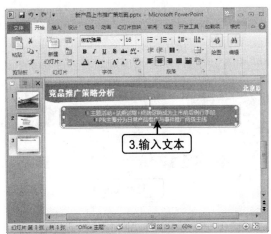

图7-71　在文本框中输入内容并设置格式

第4步 在矩形下面绘制一个三角形，并为其设置格式，然后在其上面添加文本框输入文本内容，并设置文本格式，如图 7-72 所示。

第5步 在幻灯片中拖动鼠标绘制出一个单元格大小的文本框，并通过"格式"选项卡为其设置填充色为"橙色"，边框色为"黑色"，边框线粗细为"0.75磅"，生成第一个表头单元格，如图 7-73 所示。

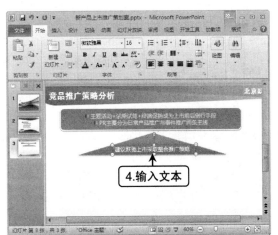

图7-72　绘制三角形并输入文本

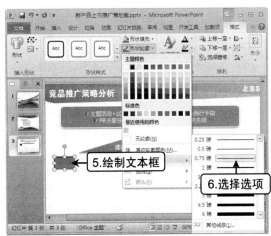

图7-73　设置文本框格式

第6步 按住【Shift+Ctrl】组合键向右拖动，依次水平复制出其他多个表头单元格，并根据其中内容的多少增减单元格的宽度。然后单击"格式"选项卡下的"对齐"按钮，使得多个单元格依次相连，完成表头的制作，如图 7-74 所示。

第7步 通常情况下表头单元格可设置填充颜色，而内容单元格则无需设置填充效果。于是再绘制多个文本框，将其按表格结构并排并列放置，如图 7-75 所示。

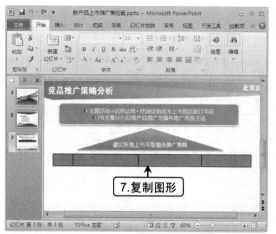

图7-74 水平复制出其他多个表头单元格

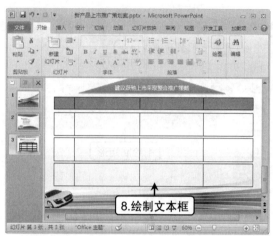

图7-75 绘制文本框并按表格结构并排并列放置

第8步 为各行单元格分别设置不同的边框颜色，完成表格内容单元格的制作，如图 7-76 所示。

第9步 在各文本框单元格中输入相应的内容，并分别设置其格式，完成本幻灯片的制作，如图 7-77 所示。

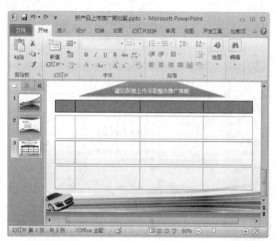

图7-76 为各行单元格分别设置不同的边框颜色

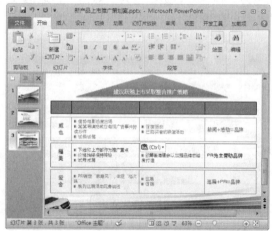

图7-77 在文本框单元格中输入内容并设置格式

Chapter 8
第八章

解决人力资源管理问题

对于企业而言，人力资源是最基本的资源，它是企业生存和发展的必要条件，而在一个大型企业中，人力资源管理工作最为复杂。借助PowerPoint不仅可以帮助企业人力资源管理工作人员更准确地处理各项事务，还能较大幅度提高工作效率。本章将通过企业人力资源管理幻灯片的展示，帮助企业人力资源管理人员解决人力资源管理问题。

8.1 人事行政管理

人事行政管理事务贯穿于企业的各个领域,对企业管理、企业形象等起着十分重要的作用,同时对整个企业的正常运作也是至关重要的。下面将通过案例介绍如何利用PowerPoint解决人事行政管理工作中的问题,以提高工作效率。

 NO.043　添加更多形状到SmartArt图形中

///// **职场情景** //

通过SmartArt图形可以展示公司内部的组织结构,默认插入到幻灯片中的组织结构图的形状不可能符合所有公司的结构,因此在幻灯片中使用组织结构图时,通常都需要根据自己公司的实际情况进行更改。

如在制作企业组织结构图时,为了清晰展示企业组织结构,可以在幻灯片中插入SmartArt图形,但由于企业部门较多,插入的SmartArt图形自带的形状并不足以展示企业组织结构(❂光盘\素材\第8章\bj.jpg)。

///// **解决思路** //

这种情况制作者可以根据公司实际情况,向SmartArt图形中添加更多的形状(❂光盘\效果\第8章\企业组织结构.pptx)。

///// **解决方法** //

第1步 新建一个空白演示文稿,对其进行保存后切换到幻灯片母版视图中,单击"背景"组中"背景样式"按钮,在下拉列表中选择"设置背景格式"命令,然后将光盘素材第8章文件夹中提供的"bj.jpg"图片设置为演示文稿背景,如图8-1所示。

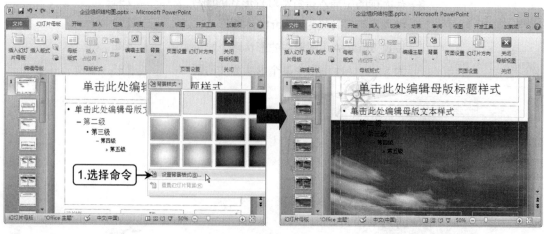

图8-1　设置演示文稿背景

第2步 退出幻灯片母版视图，在标题幻灯片中输入相应的标题，然后单击"插入"选项卡下的"SmartArt"按钮，如 8-2 左图所示，在打开的对话框中选择"层次结构"分类下的"组织结构图"选项，然后单击"确定"按钮，如 8-2 右图所示。

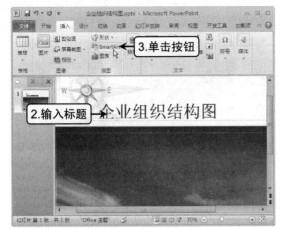
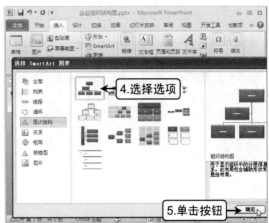

图8-2　在幻灯片中插入SmartArt图形

第3步 幻灯片中插入了选择的结构图示，然后在各形状中输入相应文本，如图 8-3 所示。

第4步 单击"SmartArt 工具 格式"选项卡"SmartArt 样式"组中"快速样式"按钮，然后在弹出的下拉菜单中选择一种样式，如图 8-4 所示。

图8-3　在各形状中输入相应文本　　　　图8-4　快速为SmartArt图形应用样式

第5步 由于其默认仅有 5 个文本图框，但公司共有 6 个部门，而现在只有 3 个供输入部门的文本图框，于是选择要在其附近的形状，然后单击"SmartArt 工具 设计"选项卡下的"添加形状"右侧的下拉按钮，在弹出的下拉列表中选择形状的插入方式，此处选择"在后面添加形状"选项，如图 8-5 所示。

第6步 依次为 SmartArt 图形添加 3 个形状后，SmartArt 图形效果如图 8-6 所示。由于向 SmartArt 图形添加了形状，所以导致 SmartArt 图形中其余形状缩小，以便 SmartArt 图形的外观保持一致且具专业性。

图8-5 选择"在后面添加形状"选项

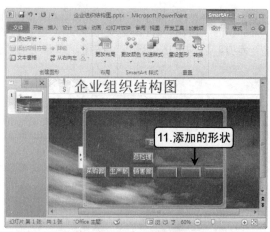

图8-6 添加形状到SmartArt图形

"添加形状"列表中各选项说明

在"添加形状"列表中有5个选项,其中前4个选项分别表示在当前所选形状的右侧、左侧、上方和下方添加新形状,左侧和右侧的形状与当前所选形状处于同一级别,上方添加的形状为当前形状的上级,下方添加的形状为当前形状的下级。而"添加助理"选项可添加一个位置介于当前形状级别和其下级之间的一个形状。

第7步 在添加的3个形状中输入其他部门名称,其最后效果如图8-7所示。由于输入到形状图框中的文本太大,与SmartArt图形不协调,所以对形状图框中文本格式进行设置,设置文本格式时,可以先设置SmartArt图形中某一个形状中文本的格式,然后通过"开始"选项卡"剪贴板"组中"格式刷"按钮,对其他形状中文本格式进行设置,完成设置后,其最终效果如图8-8所示。

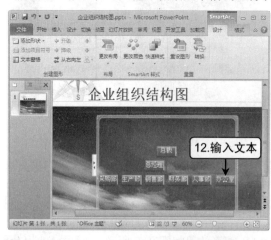

图8-7 在添加的形状中输入文本

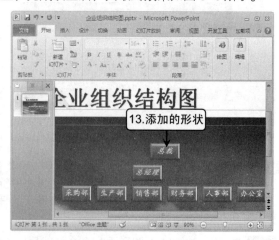

图8-8 设置文本格式

第8步 选择"生产部"形状,单击"添加形状"下拉按钮,在其下拉列表中选择"在下方添加形状"选项,生产部形状下就添加了一个形状,如8-9左图所示。然后再单击"添加形状"下拉按钮,在下拉列表中选择"在后面添加形状"选项,完成形状的添加后,其效果如8-9右图所示。

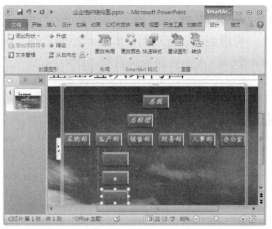

图8-9 继续添加更多形状

第9步 添加的 3 个形状会自动应用 SmartArt 图形外观样式，然后在形状中输入文本，为统一 SmartArt 图形中文本格式，通过格式刷复制前面文本格式到 3 个形状图框中文本上，如图 8-10 所示。

第10步 由于部门主任形状中文本比其他形状中文本多一个字，设置文本格式后，文本没有完全放置在形状中，选择生产部下添加的 3 个形状，然后拖动形状宽度，让所有文本放置在形状图框中，如图 8-11 所示。

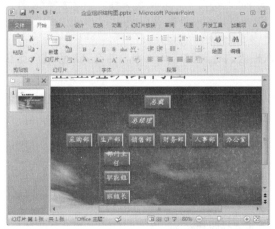

图8-10 通过格式刷设置文本格式

图8-11 设置形状大小

NO.044 结合SmartArt和手绘图形制作招聘流程

////// **职场情景** //

人力资源流程包括人力资源总的工作流程、员工招聘的流程、薪酬工作的流程、员工离职流程等。为让企业人力资源部新进职员快速了解部门负责的事务，现该部门领导让部门老员工制作人力资源招聘流程，并以最直观的形式进行展示（●光盘\素材\第8章\bj1.png、bj2.png）。

///// **解决思路** //

　　考虑到要以直观的形式展示招聘流程，所以选择用流程图示的形式展示内容（●光盘\效果\第8章\人力资源招聘流程.pptx）。

///// **解决方法** //

第1步 新建一个空白演示文稿，对其进行保存后切换到幻灯片母版视图中，将光盘素材第 8 章文件夹中提供的"bj1.png"和"bj2.png"图片设置为演示文稿背景，然后分别设置两个母版中标题、副标题和正文占位符的格式和位置，如 8-12 左图所示为主母版版式，如 8-12 右图所示为标题幻灯片版式。

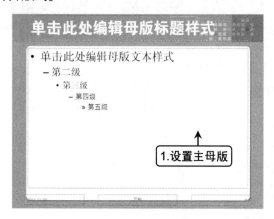 

图8-12　在母版视图中设置版式

第2步 退出幻灯片母版视图，在标题幻灯片中输入相应的标题完成其制作，并在其后新建一张仅标题版式的幻灯片，如图 8-13 所示。

第3步 在其中输入标题后单击"插入"选项卡下的"SmartArt"按钮，在打开的对话框中选择"流程"分类下的"连续块状流程"选项，如图 8-14 所示，然后单击"确定"按钮。

 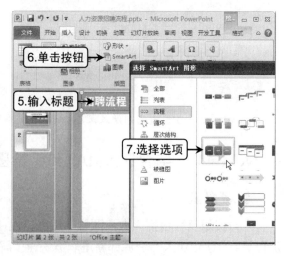

图8-13　新建一张仅标题版式的幻灯片　　　图8-14　选择SmartArt图形

第4步 幻灯片中插入了选择的流程图示，由于其默认仅有 3 个文本图框，单击 "SmartArt 工具 设计" 选项卡下的 "添加形状" 右侧的下拉按钮，在弹出列表中选择 "在后面添加形状" 选项，如图 8-15 所示。

第5步 为流程图示添加 3 个流程形状后，选择整个流程图，单击 "设计" 选项卡下的 "更改颜色" 按钮，在弹出的下拉列表中为流程图设置颜色，如图 8-16 所示。

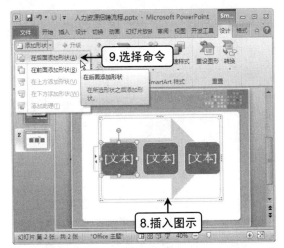

图8-15　选择 "在后面添加形状" 命令

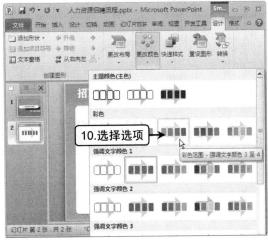

图8-16　为流程图设置颜色

第6步 单击 "快速样式" 按钮，在弹出的下拉列表中为流程图设置外观样式，如图 8-17 所示。

第7步 下面需要将整个流程图旋转一下方向，使其箭头垂直朝下。在整个流程图边框上单击鼠标右键，在弹出的快捷菜单中选择 "设置对象格式" 命令，打开 "设置形状格式" 对话框，单击左侧的 "三维旋转" 选项卡，在 "旋转" 栏的 "Z" 数值框中输入 "270°"，使整个图形沿 Z 轴旋转 270°，完成后单击 "关闭" 按钮，如图 8-18 所示。

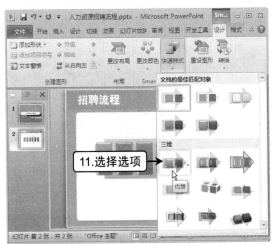

图8-17　设置图示外观样式

图8-18　设置流程图三维旋转

第8步 此时可看到整个流程图的方向发生了改变，其中的文本方向也因为旋转发生了变化，这时需要将文本方向设置为横向排列，按住【Shift】键选中所有存放文本的形状，然后在其上单击鼠标右键，在弹出的快捷菜单中选择 "设置形状格式" 命令，在打开对话框左侧单击 "文本框" 选项卡，在右侧 "文字方向" 下拉列表框中选择 "所有文字旋转 270°" 选项，完成后单击 "关闭" 按钮，如图 8-19 所示。

第9步 这时形状中的文本方向变回了正常情况。下面拖动流程图的边框，调整其高度与宽度，并移动其到合适位置。对于所有形状或底部的箭头，用户都可单独将其选中后，通过"格式"选项卡对其外观进行自定义，如本例将箭头形状设置为蓝色渐变填充效果，如图 8-20 所示。

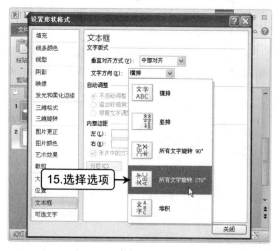

图8-19　调整文字方向

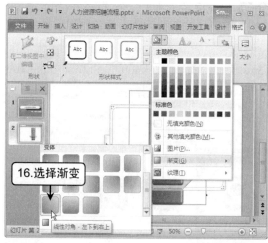

图8-20　设置形状渐变

第10步 在各形状中输入相应流程文本，然后选中整个流程图，将其中文本的格式统一设置为"方正大黑简体"，大小为"14"，如图 8-21 所示。

第11步 由于此处想要表达招聘流程分为 3 个阶段，因此准备用 3 个矩形色块作背景，对流程箭头进行划分。在幻灯片中先后绘制 3 个圆角矩形，如图 8-22 所示。

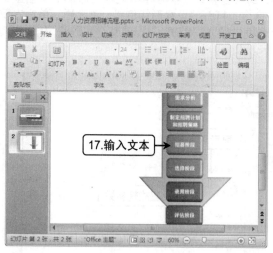

图8-21　在各形状中输入相应文本

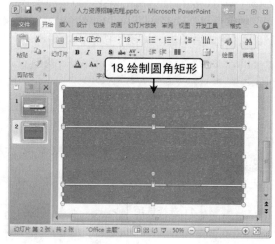

图8-22　绘制圆角矩形

第12步 为圆角矩形设置不同颜色的渐变效果以示区分，其效果如 8-23 左图所示。然后将其 3 个长条都置于底层，并分别在各矩形上单击鼠标右键，在弹出的快捷菜单中选择"编辑文字"命令，在其中输入相应的文本并设置格式，完成流程图的制作，如 8-23 右图所示。

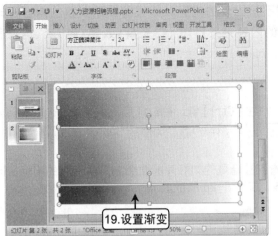

图8-23 制作背景色块

NO.045 输出演示文稿为放映格式并打印指定幻灯片

///// **职场情景** ///

　　不少大企业在招聘员工时，会提供一些能力测试题让应聘者完成，从中可以对其性格、心理或相关能力进行一些了解，以作为录用时的参考。

　　如图8-24所示为某科技企业制作的招聘测试题演示文稿，在招聘时由公司方放映该演示文稿，应聘者统一作答，并要求在放映演示文稿时部分幻灯片不能被应聘者看到，也可以将整个演示文稿的内容打印到纸张上供测试者或公司人员查看（●光盘\素材\第8章\招聘员工能力测试.pptx）。

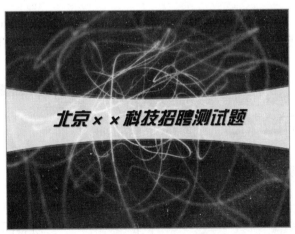

图8-24 招聘员工能力测试幻灯片

///// **解决思路** ///

　　对于演示文稿中不希望在放映时被应聘者看到的部分幻灯片需对其进行设置，如隐藏部分幻灯片，并将整个演示文稿保存为放映格式。这样无论是公司人员进行放映，还是应聘者自己在计算机上操作放映，都不会出现不该出现的内容。如果将演示文稿的内容打印到纸张上，需要将供测试者和公司人员查看的内容分开打印（●光盘\效果\第8章\招聘员工能力测试.ppsx）。

////// **解决方法** //

第1步 打开提供的招聘员工能力测试演示文稿，按住【Ctrl】键，在幻灯片窗格中依次选中不需要放映的幻灯片，然后单击"幻灯片放映"选项卡下的"隐藏幻灯片"按钮，完成幻灯片的隐藏操作，如图8-25所示。

第2步 设置幻灯片隐藏后，可在幻灯片窗格中看到被隐藏的幻灯片前面会显示类似的图标，但在幻灯片编辑状态下这些幻灯片仍然呈可视状态，如图 8-26 所示。

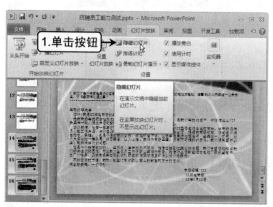

图8-25 隐藏指定幻灯片

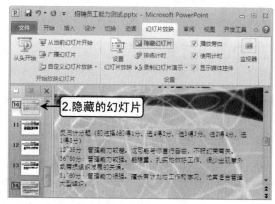

图8-26 幻灯片被隐藏

第3步 将演示文稿另存为一份放映文件，这样直接双击文件便会开始放映，就不会出现隐藏了的幻灯片，确保演示文稿进行了最终的保存后，单击"文件"选项卡，单击"另存为"按钮，如图 8-27 所示。

第4步 打开"另存为"对话框，此时"保存类型"下拉列表框中选择了"PowerPoint 放映"类型，如图 8-28 所示，对文件进行命名后单击"保存"按钮，即可将原演示文稿另存为一份可直接放映的文件。

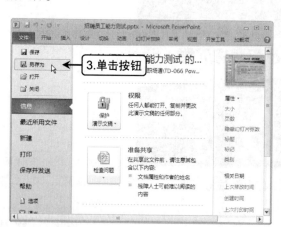

图8-27 单击"另存为"按钮

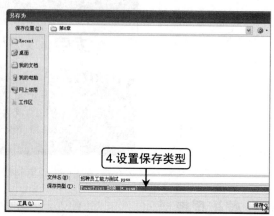

图8-28 设置保存类型

第5步 在"文件"选项卡中单击"打印"选项卡，然后在"设置"栏"幻灯片"文本框后按格式要求输入要打印的幻灯片编号，此处输入"7-8,10,14-16"，如图 8-29 所示。

第6步 如要将幻灯片打印成讲义，且每页打印两张幻灯片，则单击"整页幻灯片"按钮，在弹出的下拉列表中选择"讲义"栏下"2 张幻灯片"选项，如图 8-30 所示。这样可以节约一些纸张，在所有设置完成后，单击"打印"按钮，即可开始打印。

图8-29 设置打印范围

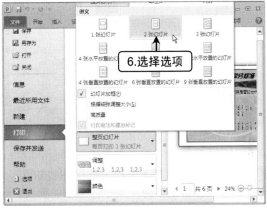

图8-30 设置打印的讲义版式

 NO.046 调整SmartArt图示位置自由展示薪酬程序

///// **职场情景** /////

接044例，在制作好招聘流程后，接下来领导让制作人员完全使用SmartArt图形展示公司关于薪酬工作的基本程序，同时希望制作的流程图效果要呈现自由的感觉（◉光盘\素材\第8章\人力资源招聘流程.pptx）。

///// **解决思路** /////

在幻灯片中完全使用SmartArt图形展示流程，显得比较"规矩"，想让完全使用SmartArt图形制作的流程图呈现自由的感觉，可在插入SmartArt图形完成制作后，选中箭头图形对其大小和长度进行调整，这样制作的流程图显得更为自由（◉光盘\效果\第8章\人力资源薪酬流程.pptx）。

///// **解决方法** /////

第1步 打开提供的"人力资源招聘流程"演示文稿，在最后新建一张"仅标题"版式幻灯片，在其中输入标题文本，然后插入一个"垂直流程"类流程图，并根据需要添加形状，如图 8-31 所示。

第2步 使用上一节介绍的方法，为流程图设置颜色和外观样式，以及文本的格式。然后依次在各流程图形中输入文本，如图 8-32 所示。此时，图形的宽度会随文本的多少而自动调整，当然用户也可手动拖动调整图形的宽度。

图8-31　插入垂直流程图

图8-32　完成基本制作

第3步　此时，已经基本完成了流程图的制作。用户也可自由拖动各形状在幻灯片中的位置，其间连接的箭头会自动移动，用户也可选中箭头图形对其大小和长度进行调整，如图 8-33 所示。

第4步　有时不方便拖动调整各形状的大小，这时可在选择形状后，单击"SmartArt 工具 格式"选项卡下"形状"组中的"增大"或"减小"按钮，即可调整对象的大小，如图 8-34 所示，最后将文件另存为"人力资源薪酬流程"，完成整个操作。

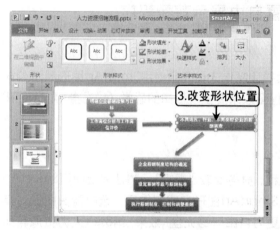

图8-33　改变形状位置

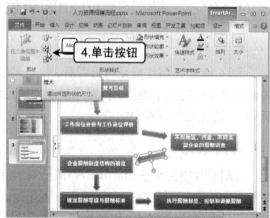

图8-34　单击按钮调整大小

创建 SmartArt 图形要考虑的内容有哪些

在创建 SmartArt 图形之前，对那些最适合显示数据的类型和布局进行可视化。希望通过 SmartArt 图形表达哪些内容？是否要求特定的外观？由于可以快速轻松地切换布局，因此可以尝试不同类型的不同布局，直至找到一个最适合对信息进行图解的布局为止。

高效办公 职场

NO.047　调整文本字符间距并设置文本框渐变效果

职场情景

　　如图8-35所示为某企业制作的企业工作流程演示文稿,但幻灯片中的一些文本格式和图形外观不够美观,如标题文本间距过于宽松,标题文本框中颜色的填充没有把握好,所以现在让制作人员进行适当更改（●光盘\素材\第8章\企业工作流程.pptx）。

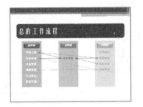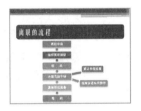

图8-35　企业工作流程演示文稿

解决思路

　　制作人员分析后,发现由于标题文本字体"方正姚体"自身的特点,各文字间距显得较宽,不是太美观,需对其进行调整。同时标题文本框的填色给人很生硬的感觉,因此制作人员决定基于以上两点对幻灯片格式进行适当更改,以美化幻灯片（●光盘\效果\第8章\企业工作流程.pptx）。

解决方法

第1步　打开提供"企业的工作流程"演示文稿,进入幻灯片母版视图,选择主母版中标题占位符中的文本,在所选文本上单击鼠标右键,在弹出的快捷菜单中选择"字体"命令。

第2步　打开"字体"对话框,切换到"字符间距"选项卡,单击"间距"文本框右侧的下拉列表框中选择"紧缩"选项,然后在后面的数值框中设置紧缩值为"3"磅,完成后单击"确定"按钮,如图8-36所示。

第3步　在幻灯片中看到标题文本的间距变小了,下面还需要设置标题文本框的格式,让其变为从左至右颜色渐变的圆角矩形。

第4步　选择标题文本占位符,单击"绘图工具 格式"选项卡中"形状填充"按钮右侧的下拉按钮,选择"渐变"子菜单下的"其他渐变"命令,准备自定义渐变效果,如图8-37所示。

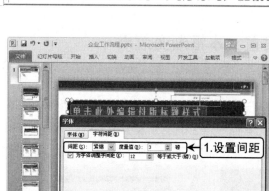

图8-36 设置紧缩值

图8-37 选择"其他渐变"命令

第5步 打开"设置形状格式"对话框,在左侧单击"填充"选项卡,在右侧选中"渐变填充"单选按钮,展开其下详细的设置项,如图 8-38 所示。

第6步 单击"预设颜色"后的按钮,在弹出的列表框中选择系统提供的多种渐变颜色效果,如图 8-39 所示,由于这里所设置标题文本框的渐变色要与整个背景色调搭配,因此不能选择过于花哨的效果。

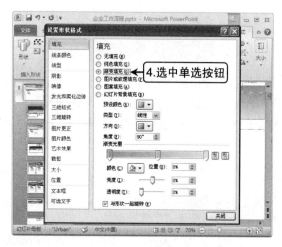

图8-38 选中单选按钮

图8-39 可选择的预设颜色

第7步 在"类型"下拉列表框中选择"线性"选项,在"方向"下拉列表框中设置渐变的方向为"线性向右",如图 8-40 所示。

第8步 选择了渐变方向后,其下的"角度"数值框中自动设置了相应的方向角度,当然也可进行手动设置。另外可以看到在"渐变光圈"栏中可设置 3 个光圈值的参数,选择"停止点 1",位置默认为"0%",即最开始之处,然后单击"颜色"按钮,从弹出的颜色列表框中选择光圈 1 的颜色,这里选择"青色,强调文字颜色 2,深色 50%",如图 8-41 所示。

图8-40　设置渐变类型和方向

图8-41　设置光圈1颜色

第9步 再选择"停止点 2"，结束位置设置为"50%"，即中间位置，然后设置其颜色为"青色，强调文字颜色 2，淡色 40%"，该颜色比停止点 1 处的颜色浅一些，这样即可形成颜色从左至右变淡的渐变效果，如图 8-42 所示。

第10步 使用同样方法，设置"停止点 3"的结束位置为"100%"，即最末处，设置其颜色为"白色"，这样渐变到最末处即为无色，如图 8-43 所示。用户还可在下面的"透明度"数值框中设置颜色的透明值。

图8-42　设置停止点2颜色

图8-43　设置停止点3颜色

第11步 完成 3 个渐变光圈的位置和颜色设置后，单击"关闭"按钮，可以看到主母版中的标题占位符变成了设置的渐变效果。

NO.048　在流程图中插入符合幻灯片形式的图片

///// **职场情景** ///

　　某企业制作的人力资源工作流程演示文稿效果如图8-44所示，企业负责人对演示文稿进行审核，觉得虽然内容和版式都不错，但感觉版面有点空洞，建议在幻灯片中插入符合幻灯片内容的图片（◎光盘\素材\第8章\人力资源工作流程.pptx）。

图8-44　人力资源工作流程演示文稿

////// **解决思路** //

　　考虑到幻灯片的内容为流程图示，所以准备选择两张箭头剪贴画作为背景的装饰图，这样插入图片到幻灯片后不但起到了美化幻灯片的作用，而且也不会喧宾夺主（◎光盘\效果\第8章\人力资源工作流程.pptx）。

////// **解决方法** //

第1步　打开提供的"人力资源工作流程"演示文稿，切换到幻灯片母版视图中，先选择版式母版幻灯片，单击"插入"选项卡下的"剪贴画"按钮，如 8-45 左图所示，在打开的窗格中输入搜索文字为"箭头"，然后单击"搜索"按钮得到多个箭头类型的剪贴画，如 8-45 右图所示。

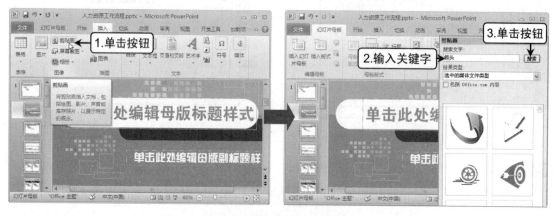

图8-45　搜索剪贴画

第2步 由于本例幻灯片的背景为蓝色调，于是这里选择一个蓝色的箭头，将其插入到幻灯片中，然后调整大小将其放置在标题占位符的左侧，如图 8-46 所示。

第3步 切换到主母版中，在"剪贴画"任务窗格中单击另外一个箭头，将其插入到幻灯片中再调整大小，并放置在幻灯片右下角作为装饰，如图 8-47 所示。

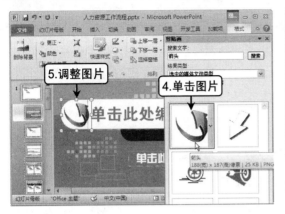

图8-46　在标题幻灯片中插入箭头图片

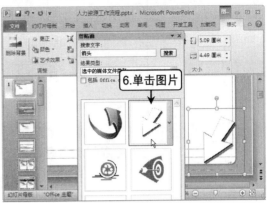

图8-47　在主母版中插入箭头图片

第4步 单击"图片工具 格式"选项卡下"排列"组中的"旋转"按钮，在弹出菜单中选择"垂直翻转"选项，如图 8-48 所示，改变箭头的垂直方向。至此完成演示文稿母版的装饰，其最后效果如图 8-49 所示。

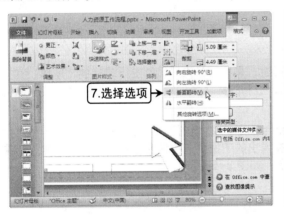

图8-48　翻转图片方向

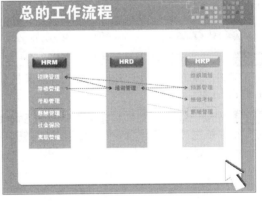

图8-49　完成幻灯片背景的装饰

 NO.049　将项目符号转换为SmartArt图形

////// **职场情景** ///

　　某策划公司的员工离职流程幻灯片效果如图8-50所示，在幻灯片文本占位符中使用了项目符号来标识要点，但以项目符号展示流程没有以SmartArt图形展示流程直观，所以可考虑通过SmartArt图形展示流程信息（●光盘\素材\第8章\策划公司员工离职流程.pptx）。

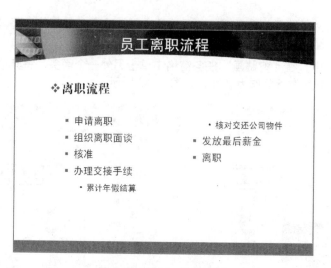

图8-50　员工离职流程

///// **解决思路** ///

　　若此时创建展示离职流程的SmartArt图形，则比较麻烦，由于幻灯片中已经以项目符号的形式展示了离职流程内容，所以可以使用软件中的转换为SmartArt图形功能快速将幻灯片中带项目符号的文本转换为SmartArt图形（●光盘\效果\第8章\策划公司员工离职流程.pptx）。

///// **解决方法** ///

第1步　将带项目符号的文本转换为 SmartArt 图形时，是按项目符号级别进行转换的，所以，在打开提供的"策划公司员工离职流程"演示文稿后，应删除第 3 张幻灯片的占位符中一级项目内容。如图 8-51 所示。

第2步　删除一级项目文本后选中要转换为 SmartArt 图形的文本占位符，在"开始"选项卡的"段落"组中单击"转换为 SmartArt 图形"按钮，在弹出的下拉菜单中包含较适合的图形选项，如果觉得都不合适，选择"其他 SmartArt 图形"命令，如图 8-52 所示。

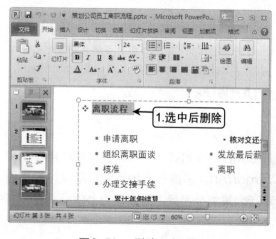

图8-51　删除一级项目

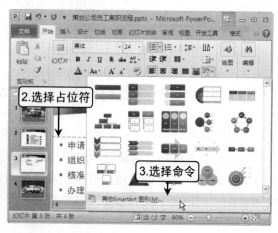

图8-52　选择"其他SmartArt图形"命令

第3步 在"选择 SmartArt 图形"对话框中选择"垂直流程"选项，单击"确定"按钮后，返回幻灯片可看到幻灯片中的文本将自动放入形状中，并且基于所选的布局进行排列，如图 8-53 所示。

第4步 由于办理交接手续下面有两个流程，而插入的"垂直流程"类流程图并没有提供分支形状供用户添加（即无法通过单击"添加形状"按钮进行选择性添加），只能用户手动制作分支形状。于是单击"插入"选项卡下的"形状"按钮，在幻灯片中插入两个圆角矩形和两个箭头图形，如图 8-54 所示。

图8-53　选择符号幻灯片内容的SmartArt图形

图8-54　手动绘制图形

第5步 将办理交接手续流程下面两个流程内容分别放置到两个圆角矩形内部，如图 8-55 所示。

第6步 SmartArt 样式是可以应用于 SmartArt 图形的独特、专业设计的效果（如线型、棱台或三维）组合，在"SmartArt 工具 设计"选项卡下"SmartArt 样式"组中，选择所需的 SmartArt 样式，如图 8-56 所示。

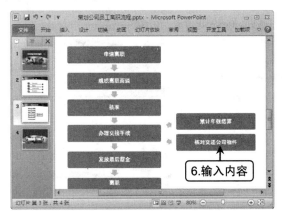

图8-55　在绘制的形状中输入文本

图8-56　为SmartArt图形应用样式

第7步 如果没有看到"SmartArt 工具 设计"选项卡，要确保选择了 SmartArt 图形，所需选项卡就会随之激活。

第8步 选择绘制的分支形状，单击"开始"选项卡"快速样式"按钮，在打开的下拉列表中选择一种外观样式，完成设置后幻灯片效果如图 8-57 所示。

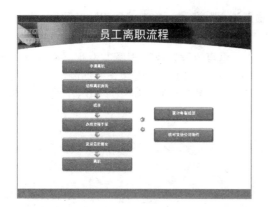

复制 SmartArt 形状

用户也可直接复制 SmartArt 图示中的圆角矩形或箭头,粘贴生成需要的分支形状,然后再对其形状位置进行调整即可,这样比自己手动绘制要更节约时间。

图8-57 完成SmartArt图形和形状格式的设置

NO.050 设置SmartArt图形中的形状逐个显示

///// **职场情景** //

某企业制作的人事招聘管理幻灯片如图8-58所示,负责人希望以动态SmartArt图形来进一步强调或分阶段显示信息,所以让制作者进行修改(●光盘\素材\第8章\企业人事招聘管理.pptx)。

图8-58 企业人事招聘管理

///// **解决思路** //

可以将SmartArt图形中的形状制成动画,而且运动的SmartArt图形体现一种生动、活泼的气氛(●光盘\效果\第8章\企业人事招聘管理.pptx)。

///// **解决方法** //

第1步 打开提供的"企业人事招聘管理"演示文稿,单击要将其制成动画的 SmartArt 图形,此处单击"招聘成功的关键所在"幻灯片中的基本流程 SmartArt 图形,然后在"动画"选项卡下的"动画"组中单击"动画样式"按钮，然后在弹出的下拉菜单的"进入"栏中选择"飞入"选项即可，如图 8-59 所示。

第2步 在"动画"选项卡下的"动画"组中，单击"效果选项"按钮，然后选择"逐个"选项，如图 8-60 所示，让每个形状逐个飞入。

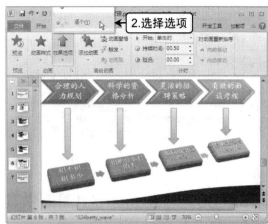

图8-59　为SmartArt图形设置动画效果　　　　图8-60　设置SmartArt图形逐个显示

第3步 在"动画"选项卡下的"高级动画"组中，单击"动画窗格"按钮，在"动画窗格"窗格的动画列表中，单击展开 V 形图标 ✕，如 8-61 左图所示，显示 SmartArt 图形中的所有形状的动画效果，如 8-61 右图所示。

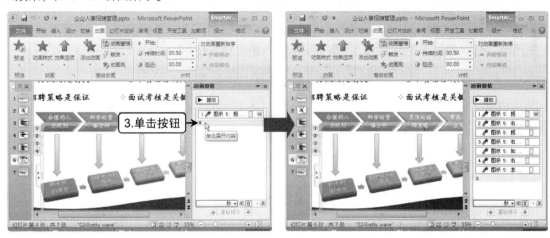

图8-61　显示SmartArt图形中所有形状的动画效果

第4步 单击动画效果右侧的下拉按钮 ✕，在弹出的下拉菜单中选择"效果选项"命令，在打开的对话框的"计时"选项卡中对默认的效果进行自定义，如图 8-62 所示，完成设置后，关闭"动画窗格"。

第5步 此处要设置 SmartArt 图形中右箭头出现时，箭头后面的内容也同时出现，于是按住【Ctrl】键并依次单击每个箭头后面的形状，然后设置其开始方式为"上一动画之后"，如图 8-63 所示。

图8-62　自定义动画的效果

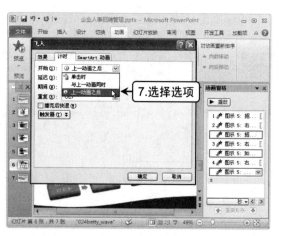

图8-63　设置箭头后的形状的开始方式

NO.051　为SmartArt图形中某个形状添加动画

////// **职场情景** //

在使用SmartArt图形展示幻灯片内容时，有时候在演讲过程中会特别强调整个图示中的某个图形。

如图8-64所示为使用SmartArt图形制作的某企业组织结构幻灯片，其中生产部是演讲者在演讲时要重点强调的部门，但是在放映幻灯片时怎样才能达到强调该组织结构幻灯片中的"生产部"形状的效果呢（⊙光盘\素材\第8章\企业组织结构.pptx）。

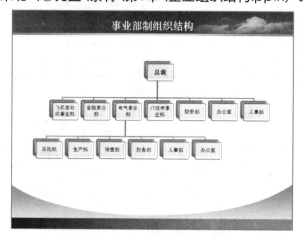

图8-64　组织结构幻灯片

////// **解决思路** //

除了可以对SmartArt图形中所有形状设置动画效果外，还可以单独选择SmartArt图形中的某个形状，然后对该形状设置动画效果，此例就可以单独选择"生产部"形状，然后对其设置动画效果，以实现在放映该幻灯片时重点强调该部门的效果（⊙光盘\效果\第8章\企业组织结构.pptx）。

解决方法

第1步 打开"企业组织结构"演示文稿，切换到"事业部制组织结构"幻灯片，在幻灯片中选择 SmartArt 图形，根据上一节的方法为 SmartArt 图形设置动画效果，然后设置动画效果序列为"一次级别"。

第2步 在"动画窗格"窗格的列表中单击 ⌄ 按钮，显示 SmartArt 图形中的所有形状的动画。

第3步 按住【Ctrl】键，并依次选择需要取消动画的动画选项（动画的顺序是 SmartArt 图形中各个形状加载的顺序），在"动画"选项卡下的"动画"组的列表框中选择"无"选项，如图 8-65 所示。

第4步 对于其余每个形状，通过选择"动画窗格"窗格列表中的形状，然后单击右侧的下拉按钮，选择"效果选项"选项，如图 8-66 所示，设置所需的具体动画选项。完成选择所需的动画选项设置后，关闭"动画窗格"窗格即可。

图8-65 取消动画的动画选项

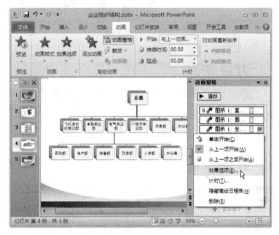
图8-66 设置形状所需的具体动画选项

使用无法用于 SmartArt 图形的动画效果

在 PowerPoint 中，某些动画效果是不能应用于 SmartArt 图形的，如果要在当前的 SmartArt 图形中使用该动画效果，需要在 SmartArt 图形上单击鼠标右键，在弹出的快捷菜单中选择"转换为形状"命令将其转化为普通形状，此时才能应用形状制成动画。

NO.052　在两个SmartArt图形间复制动画

职场情景

在为幻灯片中多个SmartArt图形设置动画效果时，若为SmartArt图形设置的动画效果一样，多次重复动画效果的设置操作不仅增加工作量、工作效率低，而且特别麻烦。

如图8-67所示为某企业制作的流程演示文稿，现在制作者要为幻灯片中SmartArt图形设置相同的动画效果，怎样才能轻松、快速地完成所有SmartArt图形的动画设置呢（光盘\素材\第8章\金融企业人事招聘.pptx）？

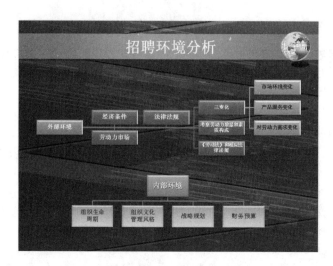

图8-67　招聘环境分析

///// **解决思路** ///

　　动画刷是PowerPoint 2010的新增功能之一，利用动画刷，可以轻松、快速地将一个或多个动画从一个SmartArt图形复制到另一个SmartArt图形（●光盘\效果\第8章\金融企业人事招聘.pptx）。

///// **解决方法** ///

第1步 打开提供的"金融企业人事招聘"演示文稿，切换到"招聘环境分析"幻灯片，接下来为外部环境内容 SmartArt 图形设置动画效果。

第2步 首先选择幻灯片中"水平组织结构图"SmartArt 图形，然后单击"动画"选项卡"动画"组中"动画样式"按钮，在弹出的下拉菜单的"进入"栏中选择"浮入"选项，如图 8-68 所示。

第3步 在"动画"选项卡下的"动画"组中，单击"效果选项"按钮，然后选择"下浮"选项，如图 8-69 所示，让 SmartArt 图形从顶部往下移动浮现。

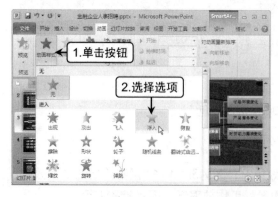

图8-68　为SmartArt图形设置动画　　　　图8-69　设置SmartArt图形效果的方向

第4步 若要为"组织结构图"SmartArt 图形设置与"水平组织结构图"SmartArt 图形相同的动画效果，则首先选择"水平组织结构图"SmartArt 图形，然后在"动画"选项卡"高级动画"组中，单击"动画刷"按钮，如图 8-70 所示。

第5步 再单击要向其中复制动画的 SmartArt 图形，此处单击"组织结构图"SmartArt 图形，如图 8-71 所示。

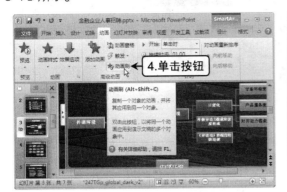

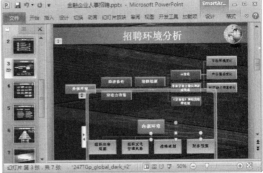

图8-70 单击"动画刷"按钮　　　　图8-71 完成通过动画刷复制动画效果

在动画窗格中设置 SmartArt 动画的组合图形

在"动画窗格"任务窗格中，单击动画效果右侧的下拉按钮，在弹出的下拉菜单中选择"效果选项"命令，在"SmartArt 动画"选项卡的"组合图形"列表中选择选项。
选择"作为一个对象"选项，表示将整个 SmartArt 图形当作一个大图片或对象来应用动画；选择"整批发送"选项，表示同时将 SmartArt 图形中的全部形状制成动画；选择"逐个按分支"选项，表示同时将相同分支中的全部形状制成动画；选择"一次按级别"选项，表示同时将相同级别的全部形状制成动画；选择"逐个按级别"选项，表示首先按照级别将 SmartArt 图形中的形状制成动画，然后再在级别内单个地进行动画制作。

8.2 工作流程管理

　　工作流程是为达到特定的价值目标而由不同的人分别共同完成的一系列活动，工作流程对于企业的意义不仅仅在于对企业关键业务的一种描述，更在于对企业的业务运营有着指导意义，这种意义体现在对资源的优化、对企业组织机构的优化以及对管理制度的一系列改变。下面将通过案例的介绍，帮助解决制作工作流程时可能遇到的一些问题。

NO.053 通过文本窗格编辑SmartArt图形中文本

///// **职场情景** //

　　某企业制作了采购工作流程幻灯片，其最终效果如图8-72所示，但审核人员在审核时，发现其中内容不够准确，需作一定修改。那么，怎样才能快速、方便地修改SmartArt图形形状中的文本呢（●光盘\素材\第8章\采购工作流程.pptx）。

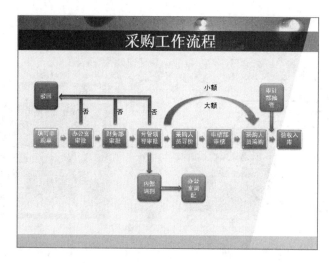

图8-72　采购工作流程

////// **解决思路** //

在SmartArt图形形状中输入、编辑文本，通常是选择SmartArt图形中的形状，将文本插入点定位到其内部，即可直接输入、编辑文本。

但是想要快速、方便地修改SmartArt图形形状中文本可以在文本窗格中，选择任意项目符号来输入文本（●光盘\效果\第8章\采购工作流程.pptx）。

////// **解决方法** //

第1步 打开提供的"采购工作流程"演示文稿，选择 SmartArt 图形的任意组成部分，在"SmartArt 工具 设计"选项卡的"创建图形"组中单击"文本窗格"按钮，显示出 SmartArt 图形的文本窗格，"文本窗格"显示在 SmartArt 图形的左侧，如图 8-73 所示。

第2步 单击"文本窗格"中选择任意项目符号即可修改文本，或者从其他位置或程序复制文本，然后再将文本粘贴到项目符号中，在"文本窗格"中编辑内容时，SmartArt 图形会自动更新，即根据需要添加或删除形状，如图 8-74 所示。

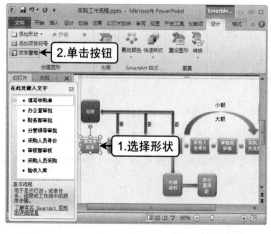

图8-73　显示出SmartArt图形的文本窗格

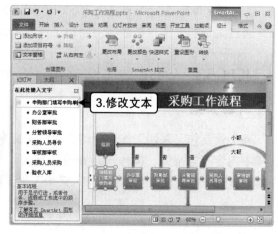

图8-74　单击项目符号修改文本内容

第3步 重复第2步，完成其他形状中文本内容的修改，修改后其效果如图8-75所示。在"文本窗格"顶部，可以编辑将在SmartArt图形中显示的文本，在"文本窗格"底部，可以查看有关该SmartArt图形的其他信息。

第4步 除单击"文本窗格"按钮打开"文本窗格"外，还可单击SmartArt图形左侧的控件来打开"文本窗格"，如图8-76所示。

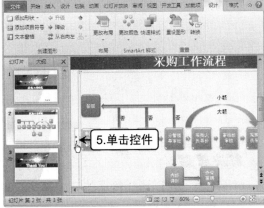

图8-75 修改其他形状中文本内容　　　　图8-76 单击控件打开"文本窗格"

"文本窗格"的其他知识

要在"文本窗格"中新建一行带有项目符号的文本，按【Enter】键即可。

要在"文本窗格"中缩进一行，首先选择要缩进的行，然后在"SmartArt工具 设计"选项卡下的"创建图形"组中单击"降级"。

要逆向缩进一行，单击"升级"按钮，也可以在"文本窗格"中按【Tab】键进行缩进，按【Shift+Tab】组合键进行逆向缩进。

以上任何一项操作都会更新"文本窗格"中的项目符号与SmartArt图形布局中的形状之间的映射。不能将上一行的文字降下多级，也不能对顶层形状进行降级。

NO.054　设置金字塔SmartArt图形动画倒序播放

//////// **职场情景** //

默认情况下，为SmartArt图形应用动画效果逐个显示后，程序自动顺序播放。但对于某些SmartArt图形，需要从下往上播放图形内容。

在制作培训演示文稿，如马斯洛需求层次理论幻灯片，想要以三角形的金字塔SmartArt图形讲解马斯洛需求层次理论，如图8-77所示为马斯洛需求层次理论幻灯片（◎光盘\素材\第8章\需求层次理论.pptx）。

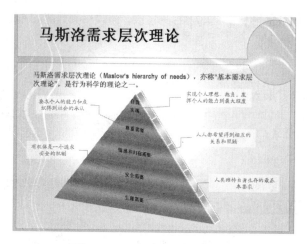

图8-77　马斯洛需求层次理论

///// **解决思路** /////

对于此例，可以通过倒序的方式来更改SmartArt图形中各个形状动画的播放顺序（💿光盘\效果\第8章\需求层次理论.pptx）。

///// **解决方法** /////

第1步 打开提供的"需求层次理论"演示文稿，选择包含要颠倒动画的 SmartArt 图形，单击"动画"选项卡下"高级动画"组中的"动画窗格"按钮，如图 8-78 所示。

第2步 打开"动画窗格"窗格，在其中单击该动画选项右侧的下拉按钮，在弹出的下拉菜单中选择"效果选项"命令，如图 8-79 所示。

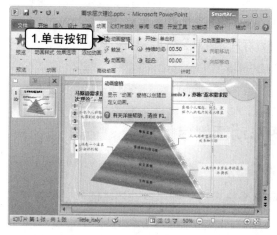

图8-78　打开"动画窗格"窗格

图8-79　选择"效果选项"命令

第3步 在打开的动画选项对话框中，单击"SmartArt 动画"选项卡，选中"倒序"复选框，然后单击"确定"按钮，如图 8-80 所示。

第4步 由于改变了形状的动画顺序，所以重新设置形状的运动方向，此处单击"效果选项"按钮，然后选择"自顶部"选项即可，如图 8-81 所示。

图8-80　选中"倒序"复选框　　　图8-81　设置SmartArt图形中形状的运动方向

设置倒序播放 SmartArt 图形动画的注意事项

在设置 SmartArt 图形动画倒序播放时应注意，只能将顺序整个颠倒，因此，不能重新排列单个 SmartArt 图形的动画顺序。

NO.055　单个设置形状的填充色、边框及连接线样式

职场情景

在使用SmartArt图形时，不仅要让SmartArt图形能正确地展示内容，还要让制作出来的幻灯片美观大方。如图8-82所示为物流成本管理幻灯片，通常会使用系统内置的样式整体改变组织结构图的外观，但是如果只对SmartArt图形中某一个形状填充色、边框及连接线样式进行更改应该怎样操作呢（●光盘\素材\第8章\物流成本管理.pptx）。

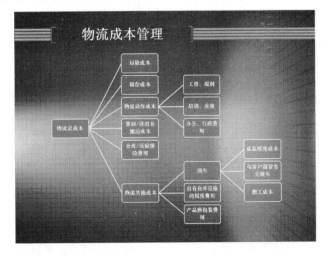

图8-82　物流成本管理

//////**解决思路**//

　　对SmartArt图形进行美化时，可以通过选择SmartArt图形中要更改边框样式的形状、连接线，然后在"SmartArt工具 格式"选项卡中进行形状和连接线样式的设置（◎光盘\效果\第8章\物流成本管理.pptx）。

//////**解决方法**//

第1步 打开提供的"物流成本管理"演示文稿，选择 SmartArt 图形中要更改填充颜色的形状，在"SmartArt 工具 格式"选项卡"形状样式"组中单击"形状填充"按钮右侧的下拉按钮，然后在"渐变"子菜单中选择"其他渐变"命令，如图 8-83 所示。

第2步 在打开"设置形状格式"对话框中选中"渐变填充"单选按钮，为形状设置渐变效果，如图 8-84 所示。完成渐变设置后单击"关闭"按钮，关闭该对话框。

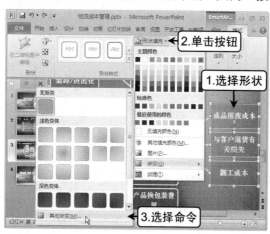

图8-83　选择"其他渐变"选项

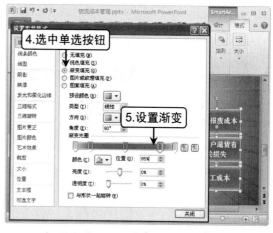

图8-84　设置渐变效果

第3步 单击"形状轮廓"按钮右侧的下拉按钮，在弹出的下拉菜单中即可设置形状的边框线样式，如从"主题颜色"栏中选择"浅绿"为形状的边框颜色，如图 8-85 所示。

第4步 在"粗细"子菜单中选择形状边框线的粗细，此处选择"0.75 磅"选项，如图 8-86 所示。

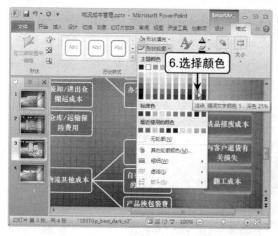

图8-85　设置形状的边框颜色

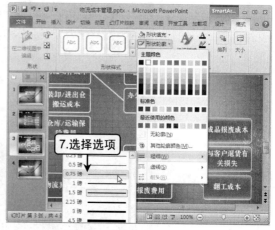

图8-86　设置形状边框线的粗细

第5步 选择 SmartArt 图形中连接第四级别的连接线，单击"形状轮廓"右侧的下拉按钮，在"粗细"菜单中选择选项，此处选择"1.5 磅"，如图 8-87 所示。

第6步 在"虚线"子菜单中选择连接线的样式，此处选择"方点"选项，如图 8-88 所示。

图8-87 设置连接线边框粗细

图8-88 设置连接线样式

第7步 在"箭头"子菜单中选择连接线的箭头样式，此处选择"箭头样式 5"选项，如图 8-89 所示。

第8步 完成设置后，可看到幻灯片效果如图 8-90 所示。

图8-89 设置连接线的箭头样式

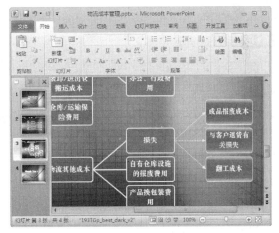

图8-90 完成设置

NO.056 设置艺术字效果生动展现幻灯片内容

公司决定周二召开关于年终晚会、聚餐等问题的会议，要求全公司职工都要参加。如图8-91所示为组织本次会议的工作人员制作的关于本次会议的安排流程幻灯片，为了使幻灯片更加生动，现负责人决定对幻灯片进行适当的美化（◎光盘\素材\第8章\行政管理流程.pptx）。

图8-91 会议安排流程幻灯片

///// **职场情景** //

通常提及到将幻灯片制作得生动、对幻灯片进行美化,都会想到设置动画效果、插入图片等。但由于此例是利用SmartArt图形来展示的会议安排流程,所以可以通过对SmartArt图形中的文本设置艺术字效果,以此对SmartArt图形进行适当美化(●光盘\效果\第8章\行政管理流程.pptx)。

///// **解决思路** //

第1步 打开提供的"行政管理流程"演示文稿,在 SmartArt 图形中选择需要设置格式的文本,激活"SmartArt 工具 格式"选项卡,在"艺术字样式"组中单击"快速样式"按钮,在打开的下拉列表框中选择所需要的艺术字样式选项,可为文本应用艺术字效果,如图 8-92 所示。

第2步 由于系统提供的艺术字预设样式有限,因此用户可以自行设置文本的艺术字效果,单击"艺术字样式"组中"文本填充"按钮右侧的下拉按钮,在弹出的下拉菜单中设置文本的填充色,如设置文本颜色为渐变颜色、纹理填充等。此处从"标准色"栏中选择"浅绿"为文本的填充颜色,如图 8-93 所示。

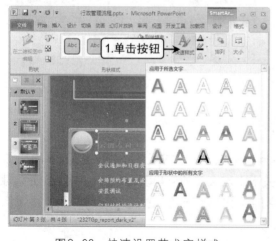

图8-92 快速设置艺术字样式

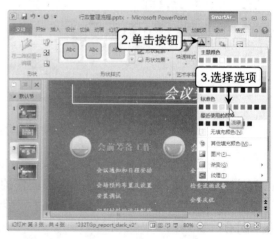

图8-93 自定义文本填充色

第3步 单击"文本轮廓"按钮右侧的下拉按钮，在弹出的下拉菜单中设置文本的边框线颜色、边框线粗细、边框线样式等，如图 8-94 所示。此处不对文本边框效果进行设置。

第4步 单击"文本效果"按钮右侧的下拉按钮，在弹出的下拉菜单中设置文本的效果样式，此处选择"转换"子菜单中"左牛角形"选项，如图 8-95 所示。

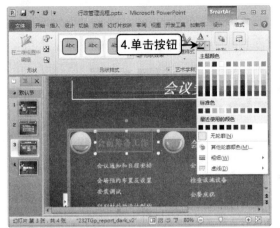

图8-94 自定义文本边框样式

图8-95 自定义文本效果

第5步 重复以上操作步骤，完成其他同级文本的艺术字效果设置，设置完成后最终效果如图 8-96 所示。

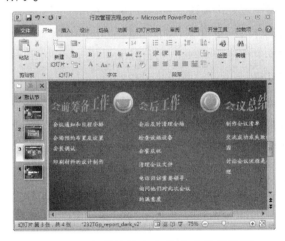

图8-96 完成其他文本艺术字效果设置

以文本框的形式添加文本

如果选择的 SmartArt 图形不支持用以上方式添加、编辑文本或设置文本格式，也能以文本框的形式添加文本。要添加文本框，可在"插入"选项卡"文本"组中单击"文本框"按钮，在要插入文本框的位置拖动绘制文本框，然后在其中输入文本。

解决客户维护问题

客户是企业生存之本，发展之根，良好的客户关系可以使企业获得强大的竞争优势。借助PowerPoint能帮助企业维护与客户间的良好关系，如每逢佳节时期，企业向客户发送贺卡，送上美好的祝愿等，本章将介绍制作不同节日的贺卡的方法，帮助企业解决客户维护问题。

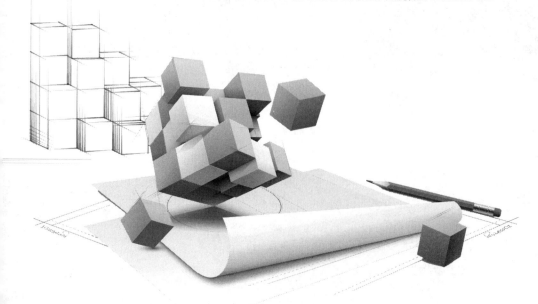

9.1 制作节日贺卡

为了保持与客户之间的良好关系，也为了不时地宣传自己的企业。每逢佳节时期，公司可以向客户发送贺卡的方式为客户送上祝福。利用PowerPoint可以制作不同的贺卡，然后以邮件的形式将贺卡发送给客户。本章将帮助企业解决在制作不同节日的贺卡时可能遇到的问题。

 NO.057 为中秋贺卡中对象设置动画效果

/////// **职场情景** //

某销售企业每年在中秋之际都会向客户发送中秋贺卡。同往年一样，今年也让相关部门负责人制作中秋贺卡，如图9-1所示为该企业制作的中秋贺卡，相关负责人在审核后建议将贺卡制作得更生动，体现节日气氛（💿光盘\素材\第9章\中秋贺卡\）。

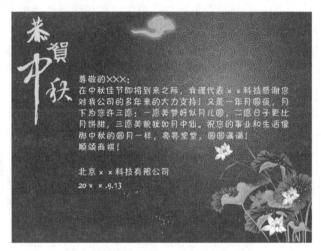

图9-1 中秋贺卡

/////// **解决思路** //

本例的解决思路可考虑添加明月和蝴蝶等对象到幻灯片贺卡中，体现中秋节日气氛，再为明月和蝴蝶设置动画效果，使整个贺卡更加生动（💿光盘\效果\第9章\中秋贺卡.pptx）。

/////// **解决方法** //

第1步 打开提供的"中秋贺卡"演示文稿，先在幻灯片中插入提供的素材文件"蝴蝶.png"图片，再将该图片复制多份，并分别调整各图片的大小和形状，放置在不同位置，表现不同时间蝴蝶从右侧向左飞舞到某处时的状态，调整完成后如图9-2所示。

第2步 选择右侧第一张蝴蝶图片，单击"动画"选项卡下"动画样式"按钮，在弹出的下拉菜单的"进入"栏中选择"淡出"动画效果，让蝴蝶缓慢出现在该位置，如图9-3所示。

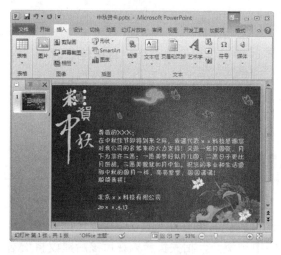

图9-2　制作蝴蝶图片

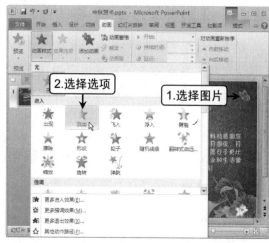

图9-3　为右侧第一张蝴蝶图片设置动画效果

第3步 打开"动画窗格"窗格，在该动画效果对话框中设置该图片动画的开始方式是"与上一动画同时"（即自动出现），速度为"中速"，如图9-4所示。

第4步 下面还要设置蝴蝶在该处消失，以便其在下一处位置再次出现。于是再次选择该图片，选择"退出"栏中"淡出"动画效果，并设置其开始方式是"上一动画之后"（即蝴蝶缓慢出现后再缓慢消失），速度为"中速"，如图9-5所示。

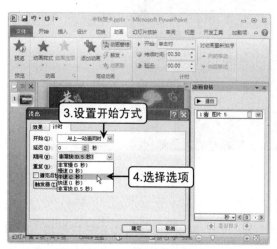

图9-4　设置动画效果的开始方式和速度

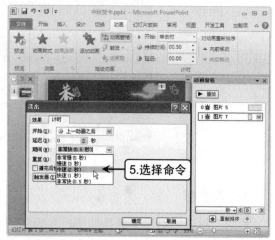

图9-5　添加退出动画并设置动画开始方式和速度

第5步 单击窗格中的"播放"按钮，查看该动画效果是否恰当，然后再分别为其他几处的蝴蝶也都设置缓慢出现后缓慢消失的动画，各动画的开始方式均为"上一动画之后"，速度都为"中速"，如图9-6所示。

第6步 蝴蝶动画设置完成后，下面要设置一轮明月从幻灯片左侧缓慢上升并移至右侧的动画。在幻灯片中插入光盘素材第9章文件夹中"月亮.png"图片，调整其大小后将其放置在幻灯片编辑区的左外侧，这是月亮出现的起始位置，如图9-7所示。

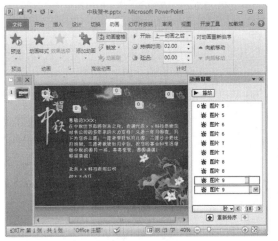

图9-6　设置其他蝴蝶动画

图9-7　插入月亮图片

第7步 选择月亮图片，单击"添加动画"按钮，选择"动作路径"栏下"自定义路径"选项，此时鼠标变为十字形状，然后在月亮图片的中心单击鼠标，确定动画的起始位置，如图9-8所示。

第8步 移动鼠标，在幻灯片顶部中间再单击一次鼠标，确定月亮曲线运动轨迹的第一处拐点，如图9-9所示。

图9-8　绘制动画路径起点

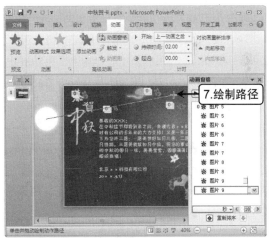

图9-9　绘制动画路径拐点

第9步 再移动鼠标，在幻灯片右上角位置再单击一次鼠标，确定月亮运动轨迹的终点（本例只需要一段圆弧轨迹，因此在起点与终点之间只单击了一次。如果需要多处弯曲的路径，则可多次单击鼠标，产生多处拐点），此时可看到出现的曲线路径，它相当于是一种图形对象，可拖动其控制点调整其形状，即改变动画的路径，如图9-10所示。

第10步 在窗格中设置月亮移动动画的开始方式是"从上一项之后开始"，然后在该动画选项上单击鼠标右键，选择"计时"命令，在打开对话框的"期间"下拉列表框中直接输入"10"，表示整个动画过程在10秒间完成，这是一种自定义动画速度的方法。单击"确定"按钮完成月亮动画的设置，如图9-11所示。

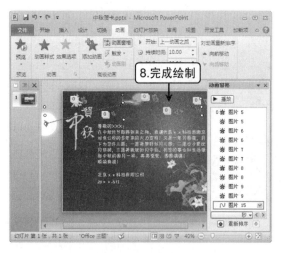 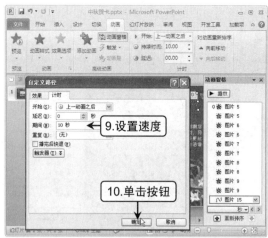

图9-10　完成动画路径绘制　　　　　　图9-11　自定义动画速度

第11步 单击窗格中的"播放"按钮，可放映当前幻灯片，查看该中秋贺卡的全部动画和内容。

动画效果开始的几种方式

动画效果的开始有多种方式，其中，"单击开始"表示动画效果在单击鼠标时开始；"从上一项开始"表示动画效果开始播放的时间与列表上一个效果的时间相同；"从上一项之后开始"表示动画效果在列表中上一个效果完成播放后立即开始。

 NO.058　　设置在圣诞背景音乐的伴随下出现祝福语

////// **职场情景** //

如图9-12所示为某企业制作的圣诞贺卡，准备在圣诞节发送给公司客户，以表祝福。虽然贺卡中的图片对象设置了动画效果，但如果将圣诞背景音乐插入到贺卡中，并设置中英文祝福语在圣诞背景音乐的伴随下先后出现，效果会更好（❂光盘\素材\第9章\圣诞贺卡.pptx、圣诞节.mp3）。

图9-12　圣诞贺卡

////// **解决思路** ///

　　本例的解决思路是首先插入圣诞背景音乐到贺卡中,然后设置贺卡中英文与中文祝福文本先后出现（●光盘\效果\第9章\圣诞贺卡.pptx）。

////// **解决方法** ///

第1步 打开提供的"圣诞贺卡"演示文稿,首先要设置祝福文本的出现动画,于是选择该文本框,在单击"动画样式"按钮后,弹出的下拉菜单中的"进入"栏下选择"淡出"选项,如9-13左图所示,然后设置其开始方式为"上一动画之后",速度为"非常慢",如9-13右图所示。

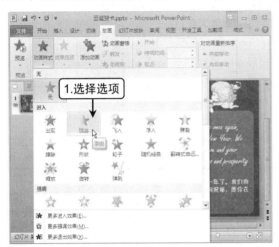
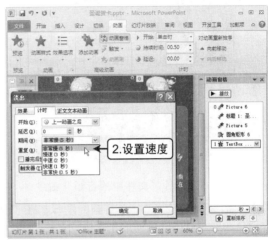

图9-13　设置文本动画

第2步 由于本例希望英文与中文祝福文本先后出现,在该动画效果对话框中,切换到"正文文本动画"选项卡,在"组合文本"下拉列表框中选择"按第一级段落"选项,然后单击"确定"按钮,如图9-14所示。

第3步 回到动画窗格,可看到文本框中两段文本各自对应了一项动画,选择第二段文本对应的动画选项,设置其开始方式为"从上一项之后开始"如图9-15所示。

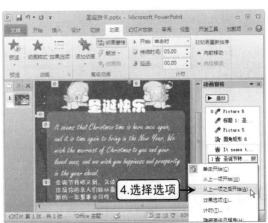

图9-14　选择"按第一级段落"选项　　　　图9-15　设置文本动画属性

第4步 完成文本对象的动画设置后，下面将为幻灯片添加背景音乐。单击"插入"选项卡下"媒体"组中"音频"按钮下方的下拉按钮，在弹出的下拉菜单中选择"文件中的音频"命令，如图 9-16 所示。

第5步 在打开的"插入音频"对话框中的"查找范围"下拉列表中选择音乐保存的位置，此处选择光盘素材第 9 章文件夹中提供的音频文件"圣诞节.mp3"，然后单击"插入"按钮将其插入到幻灯片中，如图 9-17 所示。

图9-16　选择"文件中的音频"命令

图9-17　插入圣诞节音乐

第6步 幻灯片中出现了插入音频的图标，在"自定义动画"任务窗格下的列表框中也出现了对应的动画选项，可见音频播放也是由动画控制的，如图 9-18 所示。

第7步 单击音频动画选项右侧的下拉按钮，选择"效果选项"命令，在打开对话框的"效果"选项卡下的"停止播放"栏中选中"在当前幻灯片之后"单选按钮，表示该声音将一直播放到当前幻灯片结束之后才停止，如图 9-19 所示。

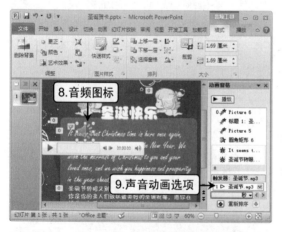

图9-18　音频对应的动画选项

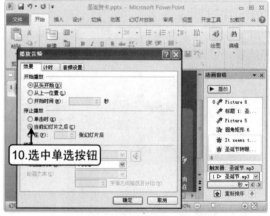

图9-19　设置音频停止方式

第8步 切换到"计时"选项卡，在"开始"下拉列表框中选择"上一动画之后"选项，在"重复"下拉列表框中选择"直到幻灯片末尾"选项，如图 9-20 所示，单击"确定"按钮。

第9步 选择声音图标，切换到"音频工具 播放"选项卡，在"音频选项"组中单击"音量"下拉按钮，在打开的下拉列表框中设置音量大小，然后选中"放映时隐藏"复选框，如图9-21所示。

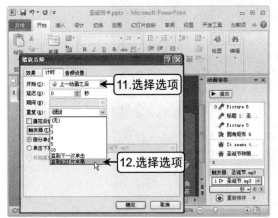

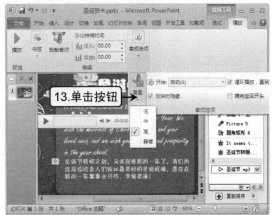

图9-20 设置音频重复方式　　　　图9-21 设置音量大小并在放映时隐藏音频图标

第10步 由于此处是最后才插入背景音乐，因此其动画选项位于所有选项之后，如9-22左图所示，即音频文件将在其他对象动画完成后才会播放。而我们需要背景音乐从一开始便播放，所以要调整该动画选项在列表中的顺序。于是在选择声音动画选项后，在窗格中单击"重新排序"按钮⭡，将该动画选项移至第一项，如9-22右图所示。最后单击"播放"按钮，预览圣诞贺卡幻灯片的效果。

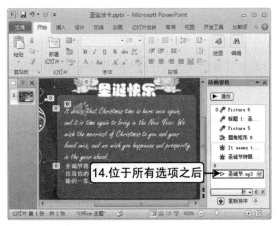

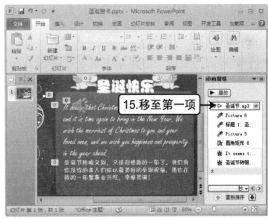

图9-22 调整声音播放顺序

🗨 NO.059　结合元旦贺卡中背景图片制作闪烁星星

////// **职场情景** ///

　　某企业制作的元旦贺卡幻灯片如图9-23所示，虽然贺卡背景是喜庆的大红色，但贺卡上的文本都是白色，贺卡背景上的星星图案也是白色的，整体就红、白两种颜色，以至于贺卡显得太单调（💿光盘\素材\第9章\元旦贺卡.pptx）。

职场问题解决篇

图9-23　元旦贺卡

////// **解决思路** ///

　　观察该贺卡幻灯片，其背景上的星星图案是白色，于是可以设计在一些星星图案的位置上再重叠一些与之相同的星星图形，然后设置这些星星图形呈不同的颜色，并设置不停闪烁的动画效果（◎光盘\效果\第9章\元旦贺卡.pptx）。

////// **解决方法** ///

第1步 打开提供的"元旦贺卡"演示文稿，单击"插入"选项卡下的"形状"按钮，在弹出列表中选择"六角星"选项，然后在幻灯片中拖动绘制出一个星星图形，并调整其大小和位置与幻灯片上的某个星星图案相符，如图9-24所示。

第2步 设置星星的填充颜色为黄色，无轮廓。然后再将该星星复制多个，并分别设置不同的颜色，调整各自的大小，分别放置在背景上不同的星星位置上，如图9-25所示。

图9-24　绘制六角星

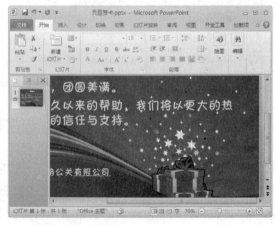

图9-25　复制多个不同颜色大小的星星

第3步 下面设置星星的闪烁动画，先框选住幻灯片中的所有星星图案，统一为其设置动画效果，单击"动画样式"按钮，在打开的下拉菜单中选择"更多强调效果"命令，如图9-26所示。

第4步 打开"更改强调效果"对话框，选择"华丽型"栏下的"闪烁"效果选项，然后单击"确定"按钮，如图9-27所示。

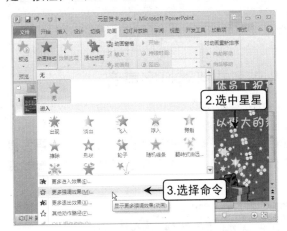

图9-26 选择"更多强调效果"命令　　　　图9-27 设置星星闪烁动画效果

第5步 为星星统一设置了闪烁动画后，它们将同时闪烁一次。因此还需要设置其以不同的时间开始，且都要重复闪烁。

第6步 打开"动画窗格"窗格，于是单击第一项动画选项右侧的下拉按钮，在弹出的下拉菜单中选择"计时"命令，在打开对话框的"计时"选项卡下设置其延迟为"0"秒，速度为"快速（1秒）"，重复方式为"直到幻灯片末尾"，然后单击"确定"按钮，如图9-28所示。

第7步 再选择第二项动画选项，同样打开"计时"选项卡，设置其延迟为"0.5"秒，速度为"1.2秒"，重复方式为"直到幻灯片末尾"，如图9-29所示。

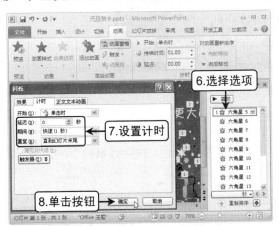

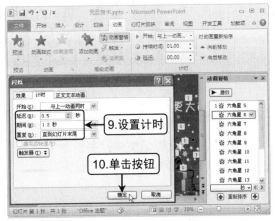

图9-28 设置闪烁属性　　　　图9-29 设置不同的闪烁属性

第8步 再使用同样方法，依次选择其他各个星星图形对应的动画，分别设置不同的延迟时间，不同的速度，相同的重复方式"直到幻灯片末尾"。这样所有星星就不会同时闪烁，而是呈现出一闪一闪的效果，直到幻灯片放映结束。

职场问题解决篇

如何使星星的绘制更为精确

为了使星星的绘制更为精确，可以放大幻灯片编辑区的显示比例。最简单的方法是按住【Ctrl】键的同时向上滚动鼠标中间的滚轮，这样即可随意放大。而单击状态栏中的"使幻灯片适合当前窗口"按钮，可使幻灯片编辑区的显示比例恢复到与当前窗口大小相符的状态。

NO.060　设置用打字机逐个打出文字并伴随打字声音

///// **职场情景** /////

如图9-30所示为某企业制作的春节贺卡，贺卡中只为"福"字设置了动画效果，若再为贺卡中祝福文字设置动画效果，播放贺卡时整个效果会更加好（●光盘\素材\第9章\春节贺卡.pptx）。

图9-30　春节贺卡

///// **解决思路** /////

本例可以设置类似使用打字机逐个打出贺卡中祝福文字的动画，并伴随着打字的声音（●光盘\效果\第9章\春节贺卡.pptx）。

///// **解决方法** /////

第1步 打开提供的"春节贺卡"幻灯片，首先选中整个祝福内容文本框，然后设置文本逐个打出，于是选择"进入"栏下"出现"动画效果，如图9-31所示。

第2步 打开"动画窗格"窗格，单击该动画选项右侧的下拉按钮，在弹出的下拉菜单中选择"效果选项"命令，如图9-32所示。

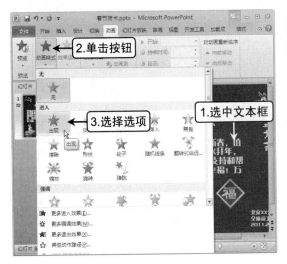

图9-31 选择"出现"动画效果

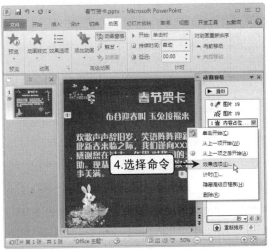

图9-32 选择"效果选项"命令

第3步 在打开对话框的"效果"选项卡中，设置其声音为"打字机"，在"动画文本"文本框选择"按字母"选项，设置字母之间的延迟秒数为"0.3"，如图9-33所示，设置贺卡中祝福文本逐个打出来。

第4步 然后切换到对话框中的"计时"选项卡，设置其开始方式为"上一动画之后"，如图9-34所示。

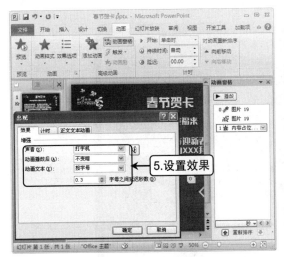

图9-33 设置动画效果

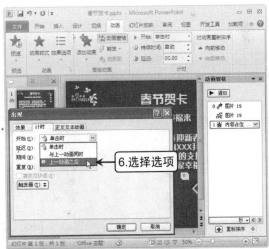

图9-34 设置动画计时属性

第5步 再切换到"正文文本动画"选项卡，在"组合文本"下拉列表框中选择"作为一个对象"选项，完成后单击"确定"按钮，完成祝福内容的动画效果设置，如图9-35所示。

第6步 完成所有设置后，放映预览效果，查看是否有需要修改之处。此类幻灯片在最后定稿之前都需要经过多次放映预览进而修改，确保无误之后才能使用。

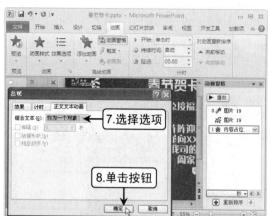

7.选择选项

8.单击按钮

图9-35　设置正文文本动画属性

在"效果"选项卡中调节音量

在动画效果对话框中的"效果"选项卡中，单击"增强"栏下"声音"文本框后的"声音音量"按钮，在打开的下拉列表中即可调节音量大小。

NO.061　设置商务贺卡背景图片偏移量

////// **职场情景** //////////////////////////////////////

某科技企业要求相关负责人员制作一张商务贺卡，如图9-36所示为制作人员准备制作贺卡的背景图片，但制作者将该背景图片插入到幻灯片中后，整个图片没有完全显示出来，出现了偏移的情况（●光盘\素材\第9章\商务贺卡背景.png）。

图9-36　商务贺卡背景

///// **解决思路** /////////

　　由于插入到幻灯片中的图片大小并不一定能适合幻灯片页面大小，所以图片出现偏移是不可避免的，此时通过"设置背景格式"对话框对背景图片进行设置（◎光盘\效果\第9章\商务贺卡.pptx）。

///// **解决方法** /////////

第1步 打开提供的插入了商务背景图片的幻灯片，可看到图片出现了偏移情况，在幻灯片中并没有居中显示，其效果如图9-37所示。

第2步 在幻灯片中单击鼠标右键，选择"设置背景格式"命令，如图9-38所示。

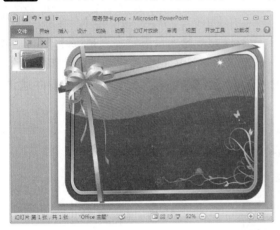

图9-37　图片未居中显示

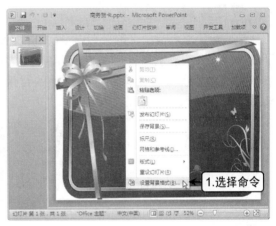

图9-38　选择"设置背景格式"命令

第3步 在打开的"设置背景格式"对话框中"伸展选项"栏下调整其偏移量，单击"关闭"按钮，如图9-39所示。

第4步 完成幻灯片背景图片偏移量的设置，然后在其中输入相应的标题和副标题，并设置文本格式，完成封面幻灯片的制作，如图9-40所示。

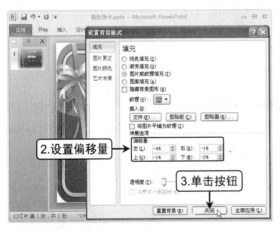

图9-39　调整图片偏移量

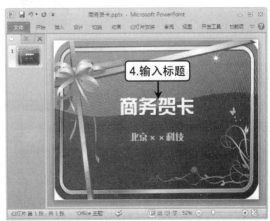

图9-40　输入文本并设置文本格式完成贺卡制作

第5步 在制作幻灯片时，若对插入的背景不满意，可单击"设置背景格式"对话框中的"重置背景"按钮，背景将被清空。

9.2　制作客户邀请函

邀请函是邀请知名人士、客户等参加某项活动时所发的请约性书信，它是现实生活中常用的一种日常应用写作文种。在商务活动中，邀请函是一个重要分支，商务礼仪活动邀请函的主体内容符合邀请函的一般结构，由标题、称谓、正文、落款组成。

下面将通过案例的讲解，帮助企业解决制作邀请函时可能遇到的问题。

NO.062　制作纵向汽车用品配件邀请函

////// **职场情景** //

某汽配企业筹备已久的第4届汽车用品配件及美容检测维修设备展览会即将拉开序幕，为了确保展览会的顺利进行、参会人员准时到场，现要求为本次展览会制作邀请函，如图9-41所示为制作人员准备用来制作邀请函的背景图（◎光盘\素材\第9章\汽车用品配件邀请函.png）。

图9-41　汽车用品配件邀请函背景图

////// **解决思路** //

通过观察发现，使用该背景图片作邀请函背景，则在PowerPoint制作本次展览会邀请函之前首先要在PowerPoint中设置其页面方向，然后再在邀请函中输入相应的文本信息（◎光盘\效果\第9章\汽车用品配件邀请函.pptx）。

////// **解决方法** //

第1步 新建一个空白演示文稿，对其进行保存后切换到"设计"选项卡，单击"页面设置"组中"幻灯片方向"按钮，在弹出的下拉列表中选择"纵向"选项，如9-42左图所示。设置后可看到幻灯片页面方向发生变化，如9-42右图所示。

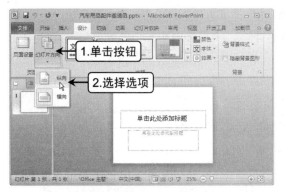

图9-42　设置幻灯片方向

第2步 打开"设置背景格式"对话框，选中"图片或纹理填充"单选按钮，单击"文件"按钮，如9-43左图所示，在打开的"插入图片"对话框中选择素材文件中的"汽车用品配件邀请函.png"文件，如9-43右图所示，然后单击"插入"按钮。

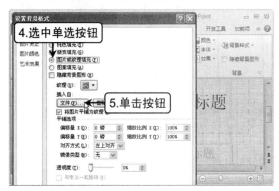

图9-43　插入光盘中提供的图片

第3步 单击"设置背景格式"对话框中"关闭"按钮关闭对话框，返回幻灯片可看到图片被插入到幻灯片中，然后在"标题"文本框中输入邀请函标题，并设置文本的字体格式，完成后如图9-44所示。

第4步 在文本框上右击，在弹出的快捷菜单中选择"设置形状格式"命令，打开"设置形状格式"对话框，单击对话框左边"文本框"选项卡，然后单击右边"文本版式"栏下"文字方向"文本框后的下拉按钮，在打开的下拉列表框中选择"竖排"选项，如图9-45所示。

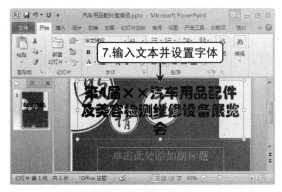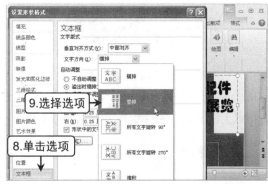

图9-44　输入邀请函标题并设置其字体　　　图9-45　设置文本方向为竖排显示

第5步 关闭"设置形状格式"对话框，调整文本框大小并放置到如图 9-46 所示的位置。

第6步 此时文本框中数字文本的方向与正常的显示不同，于是选中文本框中数字文本"4"，按【Shift+空格】组合键，切换输入法为全角状态，再重新输入数字文本"4"，可看到其最终效果如图 9-47 所示。

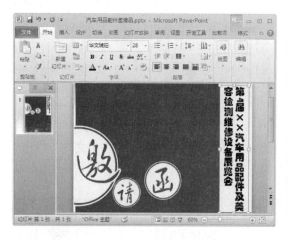

图9-46 调整文本框大小及位置

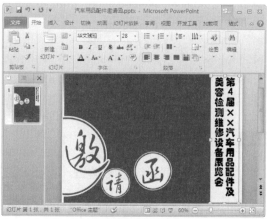

图9-47 设置数字文本的方向

第7步 设置文本颜色为"白色"，然后切换到"绘图工具 格式"选项卡，在"艺术字样式"组中单击"文本轮廓"按钮右侧的下拉按钮，在弹出的下拉菜单中选择"其他轮廓颜色"命令，如图 9-48 所示。然后在打开的"颜色"对话框"自定义"选项卡中设置文本轮廓颜色。

第8步 单击"文本轮廓"按钮右侧的下拉按钮，选择"粗细"命令，在其子菜单下选择"2.25 磅"选项，如图 9-49 所示，完成邀请函的制作。

图9-48 设置文本轮廓颜色

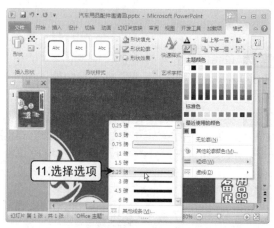

图9-49 设置文本轮廓粗细

NO.063 完善邀请函并对其进行适当美化

////// **职场情景** //////////////////////////////////////

　　紧接上例，在完成纵向制作邀请函，并交由审核人员检查后，审核人发现邀请函版面中只展示了展览会主题，具体举办此次展览会的单位、举办展览会的时间、具体地点都没有在邀请函中写明，而且整个版面也太空时，如图9-50所示为制作的纵向邀请函（💿光盘\素材\第9章\汽车用品配件邀请函2.pptx）。

图9-50　汽车用品配件邀请函

////// **解决思路** //

　　此例可将举办此次展览会的单位、展览会的举办时间以及地点等在邀请函中写明，这样才能起到发放邀请函的目的，并将展览会主题英译放置在邀请函中，这样整个版面看着会比较饱满，同时也显得国际化（💿光盘\效果\第9章\汽车用品配件邀请函2.pptx）。

////// **解决方法** //

第1步　打开提供的"汽车用品配件邀请函 2"演示文稿，单击"文本"组中"文本框"按钮下拉按钮，在弹出的下拉列表中选择"横排文本框"选项，如图 9-51 所示，鼠标光标变为 形状，然后拖动鼠标绘制文本框。

第2步　将此次展览会具体时间、地点等文本输入到所绘制的文本框中，然后对其进行格式的设置，设置完成后，其效果如图 9-52 所示。

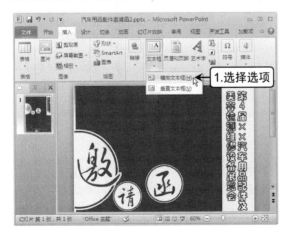

图9-51　绘制横排文本框

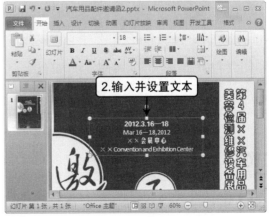

图9-52　输入并设置展览会时间、地址

第3步 再添加一个垂直文本框，将展览会主题英译后输入到该竖排文本框中，并对其文本格式进行设置，再将之前展览会主题文本框向左微调，如图 9-53 所示。

第4步 可看到插入的垂直文本框中文本覆盖了之前插入的横排文本框中文本，于是选中横排文本框中展览会地点的英文文本，然后打开"字体"对话框，在"字符间距"选项卡"间距"文本框中设置文本紧缩 1 磅，再对文本框位置进行细微的调整后，可看到其效果如图 9-54 所示。

图9-53　绘制垂直文本框并输入文本　　　　　图9-54　设置文本间距

第5步 再插入一个横排文本框，在文本框中输入举办此次展览会的主办单位、承办单位、协办单位，并设置其文本字体、颜色等格式，如图 9-55 所示。

第6步 选中该文本框，单击"开始"选项卡"段落"组中"分栏"按钮，在弹出的下拉菜单中选择"两列"选项，如图 9-56 所示。

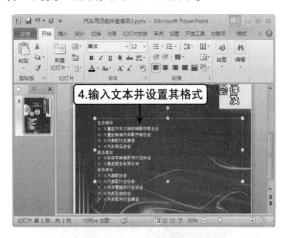

图9-55　输入文本并设置文本格式　　　　　图9-56　设置文本分栏

第7步 设置分栏后发现两栏文字之间的间距太近，于是选择"更多栏"命令，在打开的"分栏"对话框"间距"文本框中输入其间距为"1.7 厘米"，然后单击"确定"按钮，如图 9-57 所示。

第8步 选中第一栏文本，单击"段落"组中的"右对齐"按钮；再选中第二栏文本，单击"段落"组中的"左对齐"按钮，其最后效果如图 9-58 所示，这样整个邀请函内容就比较完善了。

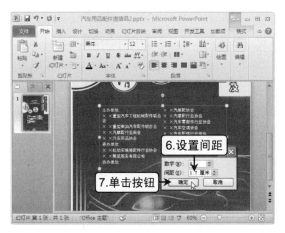

图9-57 设置分栏间距

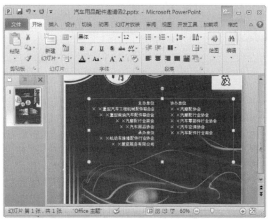

图9-58 设置文本对齐方式

NO.064 处理药物新品说明会邀请函中图片的颜色

///// **职场情景** ///

　　某制药集团股份有限公司针对公司新产品要举办一个产品说明会,如图9-59所示为相关制作人员在PowerPoint中制作的本次产品说明会邀请函,虽然邀请函的整体配色采用的是符合产品行业的冷色调,另外幻灯片背景中也通过图片体现了产品的特点,但该图片色调与演示文稿的整体色调不相符合(●光盘\素材\第9章\药物新品说明会邀请函.pptx)。

图9-59 药物新品说明会邀请函幻灯片

///// **解决思路** ///

　　本例可使用PowerPoint中的图片处理功能对图片色调进行调整,让其与背景融为一体(●光盘\效果\第9章\药物新品说明会邀请函.pptx)。

///// **解决方法** ///

第1步 打开提供的"药物新品说明会邀请函"演示文稿,可知道该邀请函中的图片是通过幻灯片母版插入的,于是切换到幻灯片母片视图中,选择插入到版式母版幻灯片中的图片,"图片工具 格

职场问题解决篇

式"选项卡被激活，如图 9-60 所示。

第2步 单击"图片工具 格式"选项卡下"调整"组中"颜色"按钮，在弹出的下拉菜单中选择"颜色饱和度"栏下"饱和度 100"选项，如图 9-61 所示。

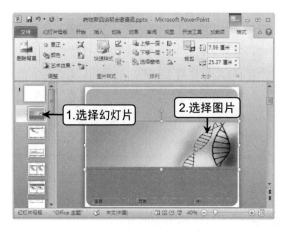

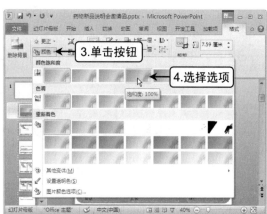

图9-60　选择图片　　　　　　　　　　　　图9-61　设置图片颜色饱和度

第3步 继续在该组中单击"颜色"按钮，在弹出的下拉菜单中选择"色调"栏中如图 8-62 所示的选项。

第4步 同样在该组中单击"颜色"按钮，在弹出的下拉菜单中选择"重新着色"栏下的"青绿，强调文字颜色 1 浅色"选项，如图 8-63 所示。

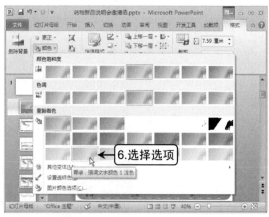

图8-62　设置图片色调　　　　　　　　　　图8-63　为图片重新着色

第5步 此时即可看到所选图片变为了蓝色调，与背景图完美地融合在一起，至此也就完成了图片颜色的调整，退出母版视图。

第十章

解决产品推广问题

企业在市场经济激烈竞争的环境下，需要不断总结经验、调查现状并对未来进行预测。为谋求生存和发展而做出的全局性的推广方案，是企业实施产品战略计划的一项重要工作。本章将通过对产品推广宣传以及产品网络推广方案的介绍，帮助策划人员快速解决各种推广问题。

10.1　　新产品推广宣传

一项新产品在上市之前往往要先制订相应的推广方案,以确定企业针对该产品将进行何种宣传活动以及采取何种销售手段,并通过推广方案来保证各项举措得以顺利地实施。这是企业实施产品战略计划的一项重要工作。本章将帮助企业解决在为新产品制订推广宣传方案时可能遇到的问题。

 NO.065　　自定义产品各阶段传播思路坐标图示

///// **职场情景** //////

某汽车制造企业针对一款即将上市的家用轿车,在PowerPoint中制作了一套推广方案,其效果如图10-1所示,整个推广方案在背景和版式上都体现出了产品本身的特点。

审核人员在审核该推广方案幻灯片时,发现幻灯片中并未制作产品的传播思路与策划,既然是产品推广方案,其中就应当包括产品的传播思路与策划等方面的安排(💿光盘\素材\第10章\新产品上市推广策划案.pptx)。

图10-1　　新产品上市推广策划案

///// **解决思路** //////

本例的解决思路可考虑通过图示的效果来展示产品的传播思路与策划,为了让图示更具有个性化,可自行绘制多个自选图形,发挥自己的想象力。

另外,策划案的观众是公司管理人员,因此也不用设置过多动画,将策划内容展示清楚即可(💿光盘\效果\第10章\新产品上市推广策划案.pptx)。

///// **解决方法** //////

第1步 打开提供的"新产品上市推广策划案"演示文稿,首先选中前面的目录幻灯片,在其上右击并在弹出的快捷菜单中选择"复制幻灯片"命令,复制前面的目录幻灯片,如图10-1所示。

第2步 生成一张新的目录幻灯片，然后选择新的目录幻灯片，并拖动其到演示文稿中合适的位置，如图 10-2 所示。

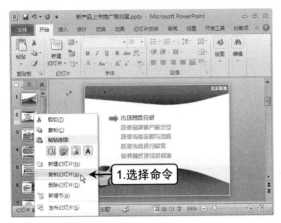

图 10-1 复制目录幻灯片

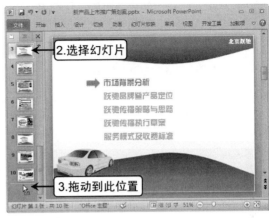

图 10-2 拖动调整幻灯片在演示文稿中的位置

第3步 设置目录项中第三项突出显示，完成设置后其效果如图10-3所示。

第4步 在其后新建一张幻灯片，在该幻灯片中将使用一个类似坐标的图示来分析产品在各阶段的传播思路，这里在幻灯片中输入标题后，先绘制多个箭头形状，构成图示的框架，如图10-4所示。

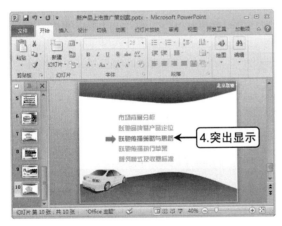

图 10-3 设置目录项中第三项突出显示

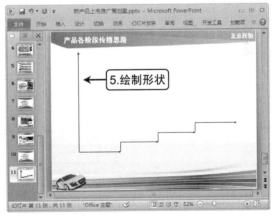

图 10-4 绘制箭头形状

绘制折线箭头的技巧

在绘制折线箭头时，可先使用自选图形中的"任意多边形"工具绘制出折线，然后在其上单击鼠标右键，选择"设置形状格式"命令，在打开对话框的"线型"选项卡右侧的"箭头设置"栏中单击"后端类型"按钮，在弹出列表中选择一种箭头样式，即可将折线的结束端设置为箭头，通过其他按钮还可设置箭头的大小。

第5步 水平方向上的箭头即表示不同的时间阶段，在其下绘制多个文本框，对各阶段进行说明，如图 10-5 所示。

第6步 再在各箭头上侧分别绘制一段弧形曲线，并设置弧形曲线的颜色为"橙色"，"粗细"为"4.5磅"，如图 10-6 所示。

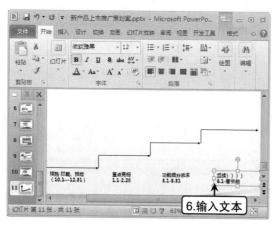

图10-5　绘制多个文本框对各阶段进行说明

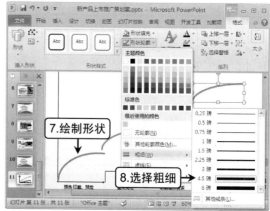

图10-6　设置弧形曲线粗细

第7步 在其附近再添加文本框，输入每个阶段将进行的传播思路，如图 10-7 所示。

第8步 再添加一个矩形条，并为该矩形快速应用样式，然后再在该矩形条中输入总结性文本，并设置文本格式，完成本幻灯片的制作，如图 10-8 所示。

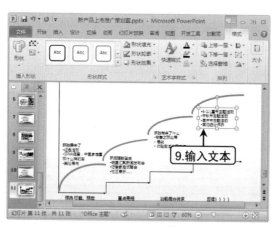

图10-7　输入每个阶段将进行的传播思路

图10-8　完成个性化图示的制作

NO.066　直观展示折线图表中某项数据的趋势情况

////// **职场情景** //////

紧接上例，在完成了产品各阶段传播思路坐标图示后，如图10-9所示为制作人员制作的关于传播策略、传播量与时间组合的幻灯片。

虽然对图表的各组成部分进行格式设置和布局调整，但是通过目前图表中的信息只能了解到不同时间段传播量的安排，并没有将时间分为不同的阶段，现让制作人员对图表进行完善

（●光盘\素材\第10章\新产品上市推广策划案2.pptx）。

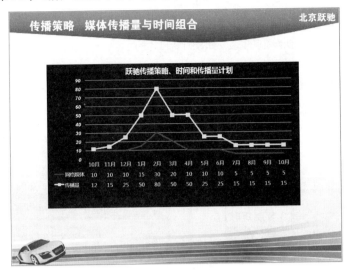

图10-9　传播策略、传播量与时间组合幻灯片

//////**解决思路**//

　　本例可在图表的水平坐标轴（时间坐标轴）下侧添加多个不同颜色的矩形条，将时间分为不同的阶段，再添加多个标注对象，说明各个阶段的传播内容的安排，并在图表中标注出重点时间的注意事项（●光盘\效果\第10章\新产品上市推广策划案2.pptx）。

//////**解决方法**//

第1步 打开提供的"新产品上市推广策划案2"演示文稿，切换到传播策略、媒体传播量与时间组合幻灯片，首先在图表的水平坐标轴（时间坐标轴）下侧绘制一个矩形条，如图10-10所示。

第2步 切换到"绘图工具 格式"选项卡"形状样式"组，设置矩形条填充颜色为"浅蓝"，形状轮廓为"无轮廓"，效果如图10-11所示。

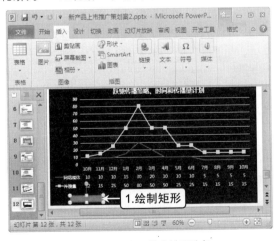

图10-10　绘制矩形条

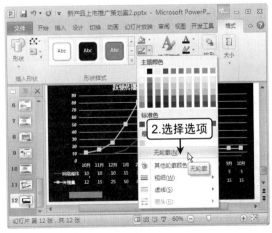

图10-11　设置矩形条样式

第3步 按住【Ctrl】键复制多个矩形条，然后为复制的其他矩形条设置其他颜色，将时间分为不同的阶段，其效果如图10-12所示。

第4步 单击"形状"按钮，选择"标注"栏下"线形标注2（带边框和强调线）"选项，然后在幻灯片中进行拖动绘制，可看到绘制的标注如图10-13所示。

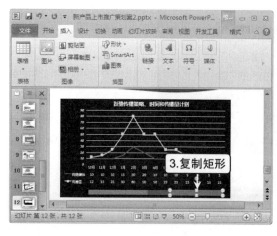

图10-12　复制多个矩形条并设置其颜色

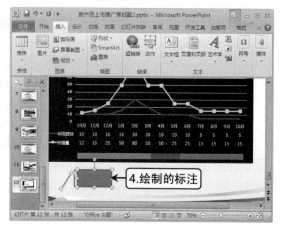

图10-13　绘制的标注

第5步 此时标注的强调线并没有指向之前绘制的矩形条，为了让绘制的标注的强调线指向之前绘制的矩形条，于是选中标注，单击"开始"选项卡"绘图"组中"排列"按钮，在弹出的下拉菜单中选择"旋转"选项，再在其子菜单中选择"垂直翻转"选项，如图10-14所示。

第6步 再在"旋转"选项的子菜单中选择"水平翻转"选项，如图10-15所示，标注的强调线将指向矩形条。

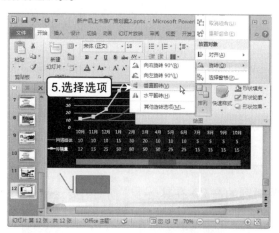

图10-14　垂直翻转标注

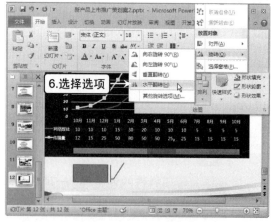

图10-15　水平翻转标注

第7步 调整标注的位置，为其设置与矩形条一样的样式，使其统一，再在标注框中输入各个阶段传播内容的安排说明，并对文本格式进行设置，完成后其效果如图10-16所示。

第8步 复制多个标注，分别将其放置在对应的矩形条下，并设置与矩形条相对应的效果样式，再在各标注框中输入相应的文字说明，输入之后对文本格式进行设置，完成设置后其效果如图10-17所示。

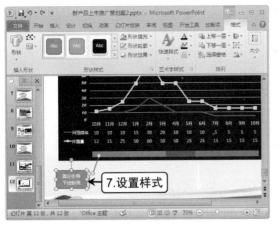
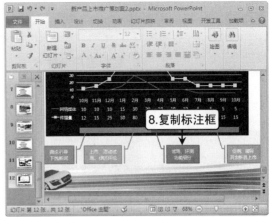

图10-16　设置标注框样式并设置文本格式　　　图10-17　复制标注框并设置文本格式

第9步 在图表上框出重点时间，并对其添加标注，再在标注框中输入重点时间的注意事项，完成后效果如图10-18所示。

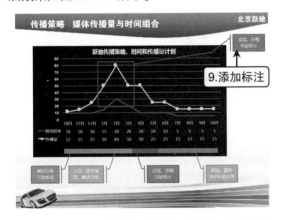

图10-16　添加标注标出重点时间的注意事项

制作折线图时的注意事项

对于本例折线图中的数据系列折线是通过颜色来进行区分的，因此在制作此类图表时，各折线的颜色应选择相差较大的对比色。另外还可在折线上单击鼠标右键，选择"设置数据系列格式"命令，在打开对话框的"线型"选项卡下，通过设置不同的宽度，来生成不同粗细的折线，也可达到相互区分的目的。

 ## NO.067　用户自行确定柱形图形长短并组合成条形图表

////// **职场情景** ///

楼盘作为一项特殊的消费品，一项竞争非常激烈的产品，在其上市之前更需要定制详细的推广宣传思路，从而得出正确的推广宣传方案。

某房地产开发公司针对即将上市的新楼盘对消费者群体进行调查，并通过表格对目标客户进行分析，如图10-17所示。

若根据这些对目标客户的调查分析结果，分析目标客户购买的原因，并根据这些原因将各自所占百分比展示在幻灯片中，整个推广宣传思路演示文稿也就更加完善（●光盘\素材\第10章\新上市楼盘推广宣传思路.pptx）。

职场问题解决篇

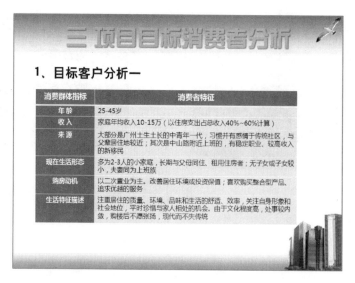

图10-17　项目目标消费者分析幻灯片

////// **解决思路** //////

　　在本例中，根据目标客户购买原因得到各自所占百分比，由于这个百分比数据并不要求特别精确，因此可以通过手动绘制柱形图形长短，并将其组合成条形图表来分类展示目标客户确定购买的原因，而且该类图表的灵活可变性强（●光盘\效果\第10章\新上市楼盘推广宣传思路.pptx）。

////// **解决方法** //////

第1步 打开提供的"新上市楼盘推广宣传思路"演示文稿，新建第7张幻灯片，在其中输入标题与副标题，然后准备先制作图表的坐标轴，于是绘制一个平行四边形，将其放置在幻灯片左侧，再在其上绘制直线，制作成刻度，如图10-18所示。

第2步 下面将制作代表数据系列的条形对象，于是在幻灯片中先插入一个"立方体"对象，将其放置在坐标轴上，拖动其长度，代表第一个数据"6%"，如图 10-19 所示。

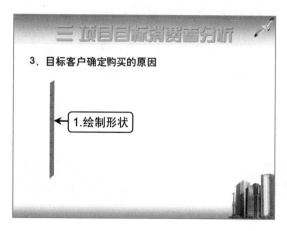

图10-18　绘制坐标轴

图10-19　制作数据系列

第3步 为立方体对象设置轮廓和一种填充颜色，并在其左侧添加一个文本框，输入其代表的数据系列名称，再在其右侧添加一个文本框，输入其代表的具体数据（类似于数据标签），如图10-20所示。

第4步 按住【Shift+Ctrl】组合键向下拖动复制第一个柱形条，生成第二个数据系列条，然后根据其代表的数据大小调整其长度，同样在其前后输入文本内容，为了形成区别，再为该柱形条设置另外一种填充颜色，如图10-21所示。

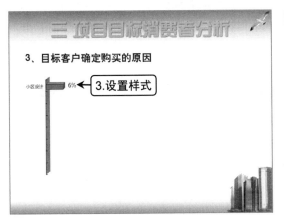

图10-20 设置立方体对象样式

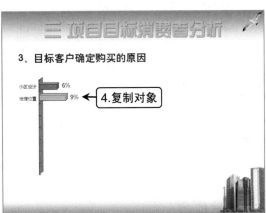

图10-21 制作数据系列

第5步 使用同样方法再分别复制其他数据系列柱形条，并根据其代表的数据大小适当估计柱形条的长度，完成后其效果如图10-22所示。

第6步 下面要对图表进行分析，在各数据系列条旁都添加一个文本框，在其中输入内容并设置格式，如图10-23所示。

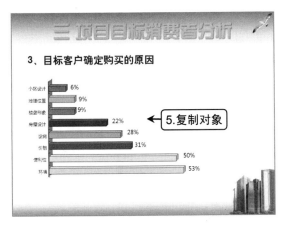

图10-22 完成其他数据系列条的制作

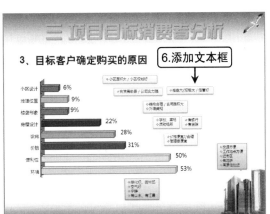

图10-23 添加文本框并设置文本内容格式

第7步 绘制一个箭头指向各自的数据系列，如图10-24所示。最后还可在要突出说明的区域绘制红色框线进行标注，完成后其效果如图10-25所示。

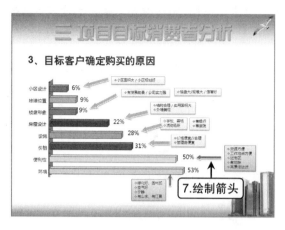

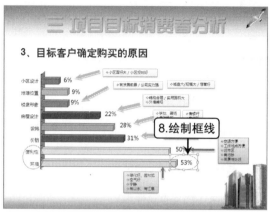

图10-24　绘制箭头并指向各自的数据行列　　　图10-25　制作图表标注

 NO.068　以个性化流程图展示项目推广策划思路

//// **职场情景** ///

　　紧接上例，如图10-26所示为某房地产开发公司针对新楼盘制作的推广策划幻灯片，现负责人要求制作人员将项目推广思路流程以个性化流程图示展示出来（●光盘\素材\第10章\楼盘推广策划.pptx）。

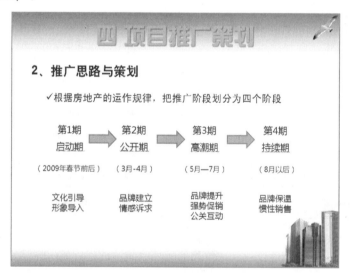

图10-26　新楼盘上市推广策划

//// **解决思路** ///

　　使用SmartArt能快速制作流程图示，但负责人要求将项目推广思路流程以个性化流程图示展示，所以选择自行绘制各种图形组合成个性化的流程图（●光盘\效果\第10章\楼盘推广策划.pptx）。

////// **解决方法** ///

第1步 打开"楼盘推广策划"演示文稿后，新建一张幻灯片，在其中输入标题与副标题，然后绘制一个矩形与一个小三角形，组合成一个类似箭头的对象，为图形填充上颜色后再在其上输入文本，代表第一个阶段，如图 10-27 所示。

第2步 将绘制的矩形与小三角形组合，然后选择它并按住【Shift+Ctrl】组合键向右拖动，绘制出第二阶段的图形，同样设置其效果并输入文本内容。因为推广阶段划分为四个阶段，所以使用同样方法完成四个阶段图形的制作，并填充不同颜色，如图 10-28 所示。

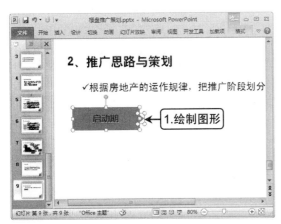
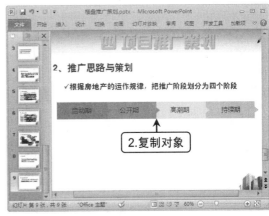

图10-27 绘制代表第一阶段的图形　　　　图10-28 绘制四个阶段的代表图形

第3步 四个阶段的图形分别代表四个流程，并将各阶段动作的时间放置在各流程图形下，如图 10-29 所示。

第4步 绘制菱形并为其填充对应阶段图形的颜色，设置其棱台效果为"角度"，并在其上输入代表先后顺序的编号，然后进行复制操作，完成 4 个阶段的编号，如图 10-30 所示。

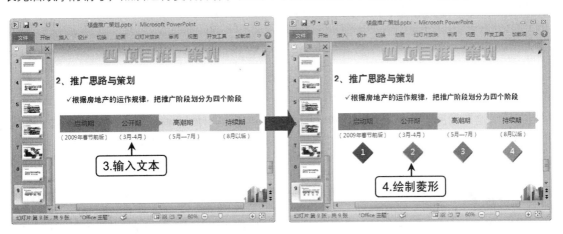

图10-29 输入各阶段运作的时间段　　　　图10-30 绘制菱形并完成阶段的编号

第5步 编号后在各编辑图形间添加直线将其串联起来，选择各条直线，在其上单击鼠标右键，在弹出的快捷菜单中选择选择"设置形状格式"命令，在打开对话框的"线型"选项卡右侧"箭头设置"栏下单击"前端类型"按钮，在弹出列表中选择直线前端为圆型箭头的效果，如 10-31 左图所示。

第6步 使用同样方法再设置后端类型同样为圆型箭头，完成后关闭对话框，并将阶段性目标放置在对应阶段下，完成该幻灯片图示的制作，如 10-31 右图所示。

 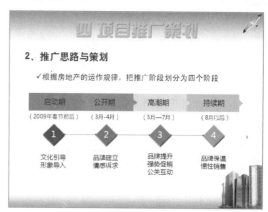

图10-31 选择线型样式

10.2 产品网络营销价值

一项产品在市场中有何价值或优势，如何让客户了解购买该项产品会对自己有很大帮助，这就需要真实数据来说明。真实可靠的数据来自于实际的市场调查，然后通过分析得到相应的结论，并通过报告让客户或商家了解产品的价值。

NO.069 为网络推广方案制作曲线版式

////// **职场情景** //

某汽车制造企业想要通过网络媒体来为企业产品制订网络推广方案，要制订此推广方案，首先就要对网络媒体在该行业中的营销价值进行调查和分析。

于是网络市场部工作人员就网络媒体在汽车领域中具有的营销价值进行了调查和分析，现准备针对调查和分析的结果制作汽车网络媒体营销价值分析演示文稿（●光盘\素材\第10章\装饰.png）。

////// **解决思路** //

由于该企业是汽车制造企业，且该企业产品外形都是流线型，因此在制作演示文稿时使用流线型对象和汽车图片和剪贴画，来体现产品的特点。

在制作此类演示文稿时应注意网络的统一，所以在制作时进入到幻灯片母版视图设置演示文稿背景（●光盘\效果\第10章\网络媒体营销价值分析.pptx）。

解决方法

第1步 新建一个空白演示文稿，对其进行保存后进入到幻灯片母版视图，先选择主母版幻灯片，然后单击"编辑主题"组中的"颜色"按钮，在弹出菜单中选择"流畅"选项，这样可先确定整个演示文稿对象的配色方案，如图10-32所示。

第2步 先在顶部绘制两个长条矩形，再在其左侧绘制一个小矩形和一个小平行四边形，设置在如图10-33所示的位置。

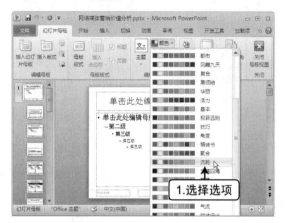

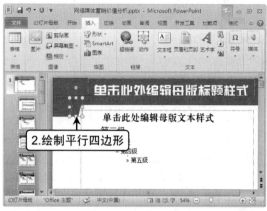

图10-32 选择主题颜色　　　　　　　　图10-33 绘制形状

第3步 为绘制的形状设置不同深浅的蓝色，并取消其轮廓，然后调整各占位符的位置和格式，注意新绘制的对象应置于底层，如图10-34所示。

第4步 使用同样方法，在左侧绘制多个矩形或弧形对象并组合在一起，形成特殊的版式，相互之间留有空隙，形成类似白色弧线的效果，如图10-35所示。

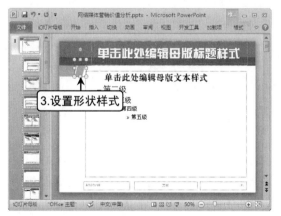

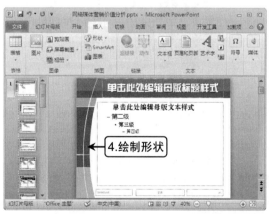

图10-34 为绘制的形状设置样式　　　　图10-35 制作特殊版式

第5步 为了体现出汽车的主题，单击"插入"选项卡下的"剪贴画"按钮，在打开窗格中输入关键字"汽车"搜索，选择搜索到的剪贴画，如图10-36所示。

第6步 将插入的汽车图片放置在如图10-37所示的位置，以此起到装饰的作用，完成主母版幻灯片的制作。

图10-36 选择剪贴画

图10-37 调整插入剪贴画的位置

第7步 切换到版式母版幻灯片，先选中"背景"组中的"隐藏背景图形"复选框，然后使用前面相同的方法，绘制多个对象，组合成特殊版式，并将提供的素材文件"开车.png"图片插入到幻灯片中，放置在标题上方并将其置于底层，最后效果如图10-38所示。

第8步 接着插入素材文件中的"装饰.png"图片，将其放置于前面绘制的图形对象下层，完成标题幻灯片版式的设置，退出母版视图，如图10-39所示。

图10-38 制作标题幻灯片版式

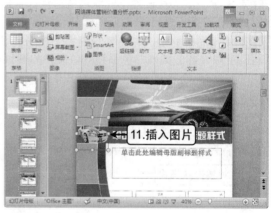

图10-39 插入图片完成标题幻灯片版式制作

第9步 回到幻灯片中开始进行演示文稿的制作，依次制作标题和前面几张文本介绍内容的幻灯片，这里不作详细介绍，在第7张幻灯片中将对受众群体进行分析，于是准备新建一张幻灯片并手动绘制一个圆形图示。

第10步 新建第7张幻灯片，先输入标题和正文内容，然后在幻灯片中绘制一个大的正圆，填充为蓝色，如图10-40所示。

第11步 再在大圆正中再绘制一个小的同心圆，设置其轮廓为白色、4.5磅，填充为蓝色，如图10-41所示。

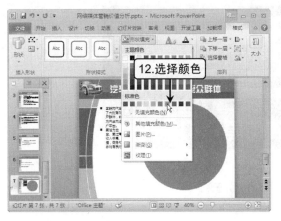

图10-40 绘制正圆并设置其填充颜色

图10-41 设置小正圆的轮廓色及轮廓粗细

第12步 选中两个圆形，通过单击"绘图工具 格式"选项卡下"排列"组中的"对齐"按钮，在弹出菜单中选择"左右居中"和"上下居中"选项，保证小圆处于大圆的正中，然后在小圆中输入文本内容并设置格式，表示此图示的标题，由于接受调查的群体分为6类，因此考虑将大圆划分为6部分，于是通过绘制3条白色直线，将大圆等比分为6份，如图10-42所示。

第13步 选中中间的小圆将其置于顶层，再在各部分添加文本框，输入相应的说明文本即可，如图10-43所示。可见自定义图示并不复杂，只要制作者有好的想法，通过简单的图形即可组合出美观实用的图示。

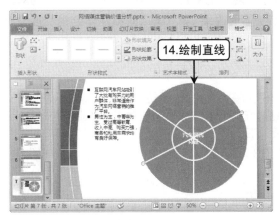

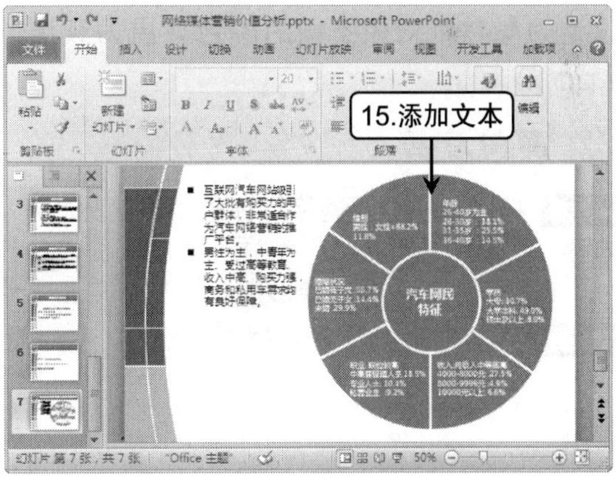

图10-42 制作分隔直线

图10-43 完成图示制作

NO.070 用条形展示网络在汽车网民中发挥的作用

////// **职场情景** ///

在完成上例中演示文稿曲线版式的设置并制作部分幻灯片后，其效果如图 10-44 所示。现让制作人员将网络在汽车网民中发挥的作用调查分析结果通过图示展现（ 光盘\素材\第10章\网络媒体营销价值分析 2.pptx）。

图10-44　网络媒体营销价值分析

////**解决思路**//

　　此例考虑以条形图的形式展现网络在汽车网民中发挥的作用,其实条形图实质上与柱形图相同,只是其横纵坐标的方向不同而已,通过各条形对象的对比,并将代表要表达观点的对象设置为与其他对象不同的颜色,更为突出(💿光盘\效果\第10章\网络媒体营销价值分析2.pptx)。

////**解决方法**//

第1步 打开提供的"网络媒体营销价值分析2"演示文稿,新建第8张幻灯片,先输入标题和正文内容,然后单击"插入"选项卡下的"图表"按钮,在打开的对话框左侧单击"条形图"选项卡,然后在右侧选中"簇状条形图"选项,单击"确定"按钮如图10-45所示。

第2步 打开用于输入图表数据的数据表,其中默认有3个系列,4种类别的数据,如图10-46所示。

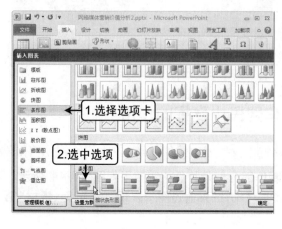

图10-45　选择插入图表

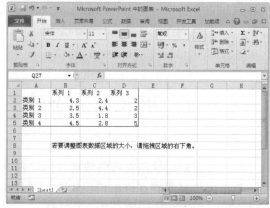

图10-46　默认输入图表数据的数据表

第3步 由于本例第一个条形图表中只输入1个系列，8种类别的数据，于是先拖动选中系列2、3所在的列，在其上单击鼠标右键，选择"删除/表列"命令，然后向下拖动数据区域右下角的黑色控制点，增加至第9行。最后在各单元格中输入相应的数据即可，如图10-47所示。

第4步 关闭数据表回到幻灯片中，可看到图表的雏形，如图10-48所示。

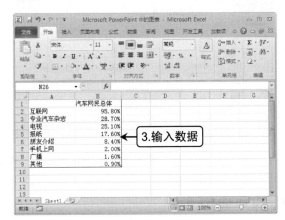

图10-47　输入图表数据

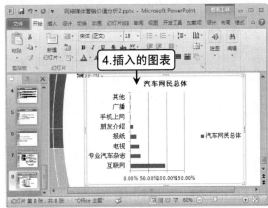

图10-48　生成的图表雏形

第5步 选中整个图表，拖动其外边框调整图表大小，然后再通过"开始"选项卡设置其中内容的字体和字号，再选中右侧的图例将其删除，完成设置后其效果如图10-49所示。

第6步 图表的标题是默认生成的，下面先选中标题再单击，对其中内容进行修改。再单击数据系列条形对象将其全部选中，通过"图表工具 格式"选项卡下的"形状样式"组设置其边框和阴影样式。最后再单击数据系列中"互联网"数据条，将其单独设置为红色填充以示区别，如图10-50所示。

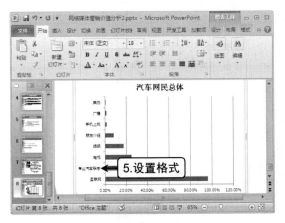

图10-49　设置文本格式

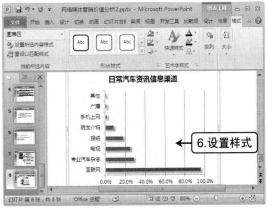

图10-50　设置图表外观样式

第7步 本例横坐标轴上的最大值为120%，但实际上所有数据不会超过100%，于是选中横坐标轴，在其上单击鼠标右键，选择"设置坐标轴格式"命令，在打开对话框的"坐标轴选项"选项卡中选中"最大值"右侧的"固定"单选按钮，然后在后面的文本框中输入1，代表最大值为100%，然后关闭对话框，如图10-51所示。

第8步 回到幻灯片中，使用同样方法完成第二个条形图表的制作即可，如图10-52所示。

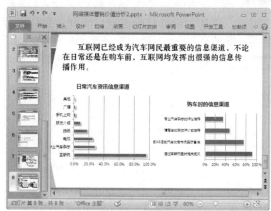

图10-51 设置横坐标轴　　　　　　　　图10-52 完成图表的制作

 NO.071　通过主题更改演示文稿的主题颜色

///// **职场情景** //

　　某品牌童装企业制作了关于公司品牌网络营销市场竞争环境和竞争力分析演示文稿,其效果如图10-53所示,但整个演示文稿背景颜色是水绿色和天蓝色渐变色,但该企业是品牌童装,所以若将演示文稿的背景颜色设置的更多彩效果会更好(●光盘\素材\第10章\竞争环境和竞争力分析.pptx)。

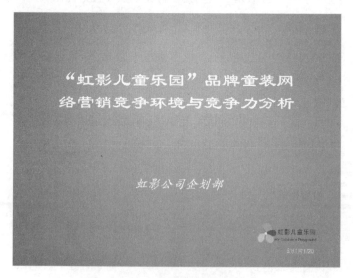

图10-53竞争环境和竞争力分析幻灯片

///// **解决思路** //

　　此例考虑将演示文稿的主题颜色更改为多彩的糖果色,在Office官网上能搜索到适合此类演示文稿的主题色,于是将在Office官网上搜索到的合适的模板的主题保存,然后再把保存的主题应用到演示文稿中(●光盘\效果\第10章\竞争环境和竞争力分析.pptx)。

//// **解决方法** //

第1步 启动 PowerPoint 2010 程序，单击"文件"选项卡中"新建"选项卡，然后在"Office.com 模板"栏后的文本框中输入关键字进行搜索，这里输入"婴儿游戏围栏设计模板"，选中搜索结果后单击"下载"按钮，下载完成后程序以该模板自动新建演示文稿。

第2步 切换到"幻灯片母版"视图，选择第一张幻灯片，在"编辑主题"组中单击"主题"按钮，在弹出的下拉菜单中选择"保存当前主题"命令，如图 10-54 所示。

第3步 打开"保存当前主题"对话框，输入文件名并单击"保存"按钮，如图 10-55 所示。

图10-54 选择命令　　　　　　　图10-55 保存当前主题

第4步 打开提供的演示文稿素材，切换到"幻灯片母版"视图，单击"主题"按钮，在弹出的下拉菜单中选择"浏览主题"命令，如图 10-56 所示。

第5步 在打开的"选择主题或主题文档"对话框中选择之前保存的主题文件"竞争环境和竞争力分析"，单击"应用"按钮，如图 10-57 所示。

图10-56 选择命令　　　　　　　图10-57 应用保存的主题

第6步 回到母版中，可看到所选主题被应用到演示文稿中，如图 10-58 所示。然后单击"关闭母版视图"按钮，回到幻灯片中，可看到整个演示文稿的主题发生变化，如图 10-59 所示。

图10-58　所选主题应用到演示文稿中

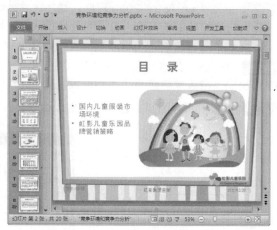

图10-59　演示文稿的主题改变

更改演示文稿主题颜色

若想要更改演示文稿中主题颜色，直接在"幻灯片母版"视图中，先选择第一张幻灯片，再单击"编辑主题"组中"颜色"按钮，在弹出的下拉列表中选择一种主题颜色选项即可，如图 10-60 所示。

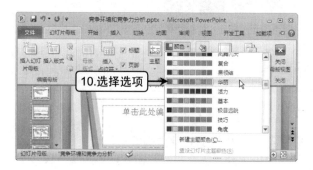

图10-60　更改主题颜色

第十一章

解决产品销售问题

销售是一个生产制造型企业最为关键的一环，如果销售没有做好，企业将很难实现其发展目标和提高劳动生产率。通过专门的培训讲座提高销售人员的相关专业技能，从而提升企业的销售能力。本章将通过对产品市场调查分析和产品营销推广分析之类的演示文稿的介绍，帮助企业解决在制作此类演示文稿时可能会遇到的问题。

11.1 产品市场调查分析

产品在销售到一个阶段后，公司的销售部人员应对市场进行调查分析，并将与销售相关的数据进行统计分析，得出公司在该阶段销售过程中的整体形势，以及是否需要在销售方式上进行调整，是否对产品的生产量进行调整等。下面将介绍在利用PowerPoint制作市场调查分析类演示文稿时可能遇到的问题的处理方法。

 NO.072 设置数据为精确到个位数

////// **职场情景** //

某销售企业市场部针对企业新上市产品进行市场调查后制作了市场调查分析演示文稿，如图11-1所示为大区销售结构对比幻灯片，该幻灯片是以百分比堆积柱形图展示各地区销售结构以及各类产品在各地区的销量比例。

但图表中显示出来的数据为精确到小数点后两位的百分比，公司要求只需要将它精确到个位数即可（💿光盘\素材\第11章\产品市场调查分析.pptx）。

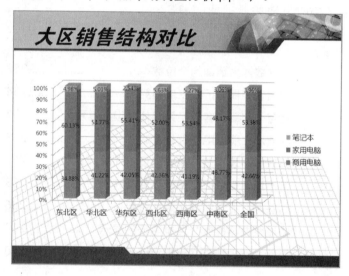

图11-1 大区销售结构对比

////// **解决思路** //

本例的解决思路可在任意系列的数据标签上右击在弹出的快捷菜单中选择"设置数据标签格式"命令，然后在打开的对话框中进行小数位数的设置（💿光盘\效果\第11章\产品市场调查分析.pptx）。

////// **解决方法** //

第1步 打开提供的"产品市场调查分析"演示文稿，在任意系列的数据标签上单击鼠标右键，在弹出的快捷菜单中选择"设置数据标签格式"命令，如图11-2所示。

第2步 在打开对话框的"数字"选项卡右侧的"类别"列表框中选择"百分比"选项，然后将"小数位数"文本框中的"2"修改为"0"，如图11-3所示，然后单击"关闭"按钮。

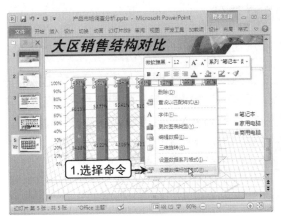

图 11-2 选择"设置数据标签格式"命令

图 11-3 设置数字格式

第3步 回到幻灯片中可看到该系列数据变为了精确到个位数的百分比,如图11-4所示。

第4步 使用同样方法设置其他两项系列数据的百分比小数位数,完成后其效果如图11-5所示。

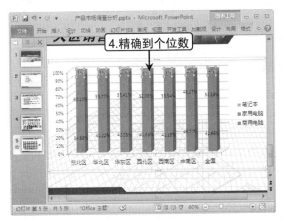

图 11-4 数据变为了精确到个位数的百分比

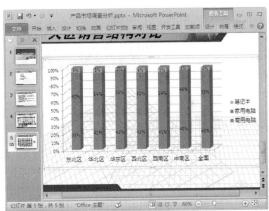

图 11-5 完成所有数字格式的设置

第5步 调整图表的位置,再在幻灯片中输入分析文本,并设置其文本格式,完成后效果如图11-6所示。

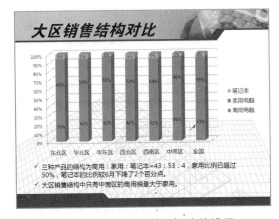

图 11-6 完成图表幻灯片的设置

快速转换图表的行列数据

若想要快速转换图表中行列数据,可在"图标工具 设计"选项卡下单击"切换行/列"按钮对图表行列数据进行转置。

NO.073   在图表中根据折线生成趋势线

职场情景

紧接上例，在完成了设置图表百分比精确到个位数的设置后，制作人员根据各款电脑的每天销售量数据又制作了如图11-7所示的折线图表。图表中只提供了每天的明细数据，但是用户需要更直观地了解3个月来的销量走势（◎光盘\素材\第11章\产品市场调查分析2.pptx）。

图11-7　电脑销售走势

解决思路

本例的解决思路是为其添加趋势线（即对折线数据再采取某种计算方式，然后依照得到的数据而生成的折线），这样便于用户更直观地了解销量走势（◎光盘\效果\第11章\产品市场调查分析2.pptx）。

解决方法

第1步 打开提供的"产品市场调查分析2"演示文稿，选中图例部分，然后单击"图表工具 布局"选项卡下的"图例"按钮，如图11-8所示，在弹出的菜单中选择"在底部显示图例"命令，改变图例的布局，如图11-9所示。

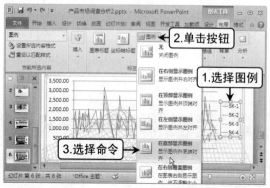

图 11-8　单击"图例"按钮

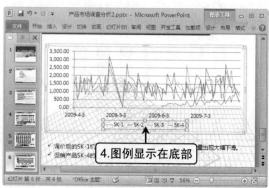

图 11-9　调整图例布局

第2步 当前水平坐标的单位为"月",为了让数据对比更准确,可缩小坐标轴的单位间隔。在选中水平坐标轴后单击"图表工具 布局"选项卡下的"设置所选内容格式"按钮,如图11-10所示。

第3步 打开"设置坐标轴格式"对话框,选中"坐标轴选项"选项卡右侧"主要刻度单位"右侧的"固定"单选按钮,然后在其后的文本框和下拉列表框中设置为"3 天",再设置"次要刻度单位"为"固定"、"1 天",如图11-11所示。

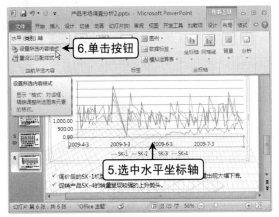

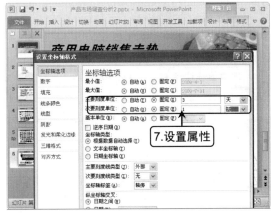

图 11-10 单击"设置所选内容格式"按钮　　　　图 11-11 设置坐标轴属性

第4步 切换到"数字"选项卡,在"类型"列表框中选择一种更简短的数字表达方式,以避免水平轴上因为单位过小而显得拥挤,如图11-12所示,然后关闭该对话框。

第5步 下面将用趋势线来代替折线,于是先选中"Sk-1"折线,在其上单击鼠标右键,在弹出的快捷菜单中选择"添加趋势线"命令,如图11-13所示。

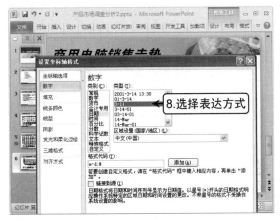

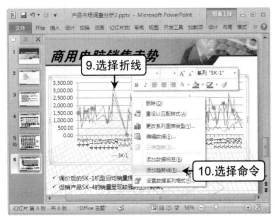

图 11-12 设置坐标轴数字类型　　　　图 11-13 选择"添加趋势线"命令

第6步 在打开对话框的"趋势线选项"选项卡右侧的"[趋势预测/回归分析类型]"栏中选中"移动平均"单选按钮,然后在其后的"周期"数值框中输入"5",表示对5个周期的数据计算移动平均值,再在"趋势线名称"栏中可选中"自定义"单选按钮,在其后为趋势线输入新的名称,如图11-14所示,完成后单击"关闭"按钮。

第7步 使用同样方法，为其他几条折线数据添加趋势线，周期均为"5"，并依次更改名称。这样在图表中除了原来的 4 条折线外，还出现了 4 条对应的趋势线，如图 11-15 所示。

图 11-14 设置趋势线选项

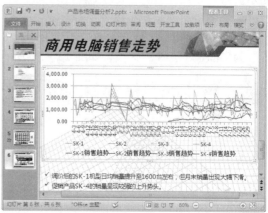

图 11-15 折线与趋势线共存

第8步 原来的 4 条折线不需要其显示，但不能将其直接删除，只能对其进行隐藏。于是依次在各折线上单击鼠标右键，在弹出的快捷菜单中选择"设置数据系列格式"命令，在打开对话框的"线条颜色"选项卡右侧选中"无线条"单选按钮，再关闭对话框，如图 11-16 所示。

第9步 此时可看到图表中只剩下添加的趋势线，但原折线图例仍然存在，选中后将其删除，如图 11-17 所示。

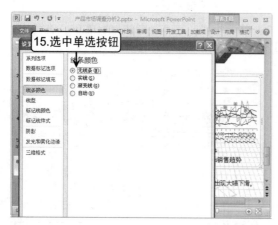

图 11-16 设置折线线条颜色

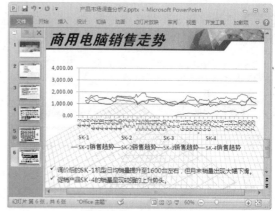

图 11-17 仅显示趋势线

第10步 由于趋势线的最大值相对原来的折线有较大减小，为了让趋势线的变化更明显，需要减小垂直坐标的最大值，于是在其上单击鼠标右键，在弹出的快捷菜单中选择"设置坐标轴格式"命令，如图 11-18 所示。

第11步 在打开对话框的"坐标轴选项"选项卡右侧选中"最大值"右侧的"固定"单选按钮，然后在其后的数值框中设置"2000"，再选中"主要刻度单位"右侧的"固定"单选按钮，并设置其数值为"200"完成后单击"关闭"按钮，如图 11-19 所示。

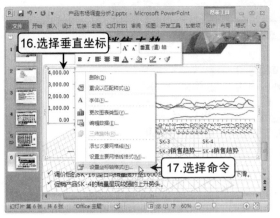

图 11-18　选择命令

图 11-19　设置垂直坐标单位

第12步 回到图表幻灯片中，再依次设置各趋势线的线条颜色和粗细，以便于更好地区分，还可隐藏网格线和调整整个图表的外观，如图 11-20 所示。

第13步 接下来的幻灯片中的图表同样为"折线图"，用于分析家用电脑销售走势，如图 11-21 所示。其制作方法与前面操作步骤一样，这里不再进行详解，具体的数据表可打开效果文件查看。

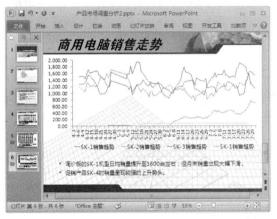

图 11-20　调整图表外观

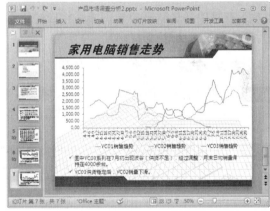

图 11-21　制作另一个走势折线图

NO.074　将整个文稿内容转换为繁体并设置其属性

///// **职场情景** ///

　　如图11-22所示为原主业为工程建设转为房地产开发的企业在四川的财务分析演示文稿，由于该财务分析演示文稿最终会发送给客户查看，但其中包括有港台地区的人员，所以最好将报告中的所有文本内容转换为繁体字，但在发送给需要查看的用户前最好为文档添加相关的属性，如标题、作者等，以注明文件的所有者或制作者（●光盘\素材\第11章\财务分析.pptx）。

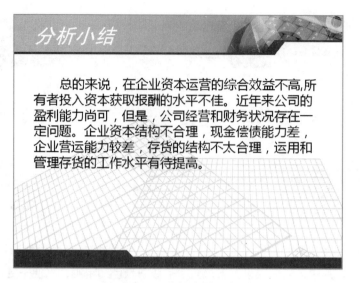

图11-22　分析小结幻灯片

////// **解决思路** //////

本例可使用PowerPoint2010提供的繁简转换功能进行操作，并打开演示文稿的文档属性面板，在其中各文本框中分别填写相应的信息（不一定要全填）（●光盘\效果\第11章\财务分析 简转繁.pptx）。

////// **解决方法** //////

第1步 打开提供的"财务分析"演示文稿，接着为演示文稿添加相关属性，在"文件"选项卡中的"信息"选项卡中单击"属性"按钮，在弹出的下拉列表中选择"显示文档面板"选项，如图11-23所示。

第2步 此时在操作界面中的功能区下方将出现"文档属性"面板，在其中各文本框中分别填写相应的信息，如图11-24所示。若不明白具体该如何填写内容，可将鼠标指向某文本框，可看到系统提供的说明信息。设置完成后单击×按钮关闭该面板。

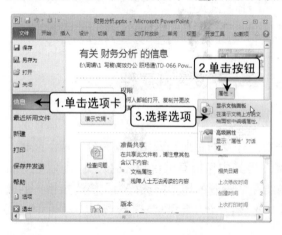

图 11-23　选择选项　　　　　　图 11-24　设置演示文稿属性

第3步 切换到"幻灯片浏览"视图，选中所有幻灯片，然后单击"审阅"选项卡下的"简转繁"按钮，如图 11-25 所示。

职场问题解决篇

第4步 稍后即完成简体字向繁体字的转换，切换到"普通视图"下，即可看到演示文稿中的所有幻灯片中的文本都顺利转换成了繁体字，如图 11-26 所示。接下来将文件另存为"财务分析 简转繁"即可。

图 11-25 单击"简转繁"按钮

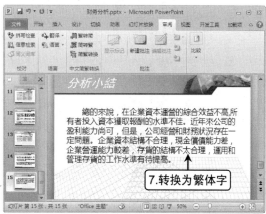

图 11-26 实现简繁转换

关于中文繁简转换的知识

对于演示文稿内容繁简的转换，不但可以转换整个演示文稿的内容，还可转换幻灯片中的文字、单张或多张幻灯片。若选取的文字包含超链接，中文简繁转换之后超链接会消失，并且中文简繁转换不支持转换 SmartArt 或其他插入对象内的文字。

 NO.075 将演示文稿以电子邮件发送

////// **职场情景** //

在完成了演示文稿中文本繁简转换和文稿属性的填写后，现要将其发送给在港台地区的工作人员查看（●光盘\素材\第11章\财务分析 简转繁.pptx）。

////// **解决思路** //

本例可将文稿以电子邮件的形式分发给在港台地区的工作人员查看，在发送文稿前先确保电脑中安装了Outlook2010，然后需要在Outlook2010中进行邮件账户配置，即要先设置用于发送电子邮件的邮箱地址以及服务器等。

////// **解决方法** //

第1步 单击"开始"按钮，选择"所有程序/Microsoft Office/Microsoft Outlook 2010"命令，启动Outlook 2010，如果用户还未进行过账户设置，将打开一个"账户配置"对话框，单击"下一步"按钮，如图11-27所示。

第2步 打开"添加新账户"对话框，在其中进行用户账户的设置，分别在各文本框中输入姓名、电子邮箱地址以及邮箱的密码，然后单击"下一步"按钮，如图11-28所示。

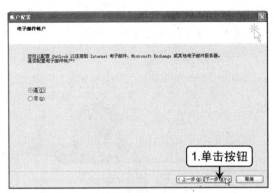

图 11-27　单击"下一步"按钮

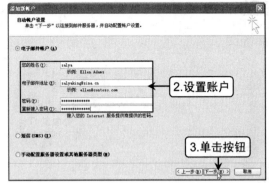

图 11-28　设置邮件账户

第3步 此时Outlook 2010会开始通过Internet搜索刚才输入的服务器设置以及邮箱地址与密码是否正确，稍后将会提示成功配置，然后单击"完成"按钮，如图11-29所示。

第4步 此时便将启动Outlook 2010，并开始收取所设置邮箱中已有的邮件，用户在其中可轻松查看各邮件的内容或者向其他用户发送邮件，如图11-30所示。

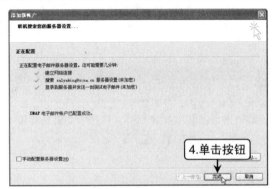

图 11-29　完成账户配置

图 11-30　启动 Outlook2010

第5步 打开提供的"财务分析 简转繁"演示文稿，在"文件"选项卡中单击"保存并发送"选项卡，在"保存并发送"栏下选择"使用电子邮件发送"选项，再单击右侧的"作为附件发送"按钮，如图11-31所示。

第6步 此时将弹出Outlook 2010发送邮件窗口，并将演示文稿添加为邮件的附件，且文稿名称作为了邮件的主题，如图11-32所示。

图 11-31　完成账户配置

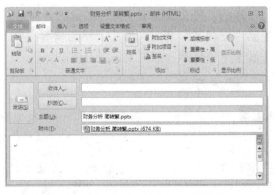

图 11-32　Outlook2010 发送邮件窗口

第7步 用户只需在"收件人"文本框中输入收件人的邮箱地址（一次性同时发送到多个邮箱时可在地址间用";"号隔开），再在下面输入邮件的正文内容，最后单击"发送"按钮，即可将本报告以电子邮件的形式发送出去，如图11-33所示。

7.单击按钮

6.输入正文内容

图 11-33 将演示文稿发送出去

关于发送邮件的知识

需要说明的是，并非所有电子邮箱都可通过Outlook进行邮件的收发以及管理，而必须是提供了POP3与SMTP邮件服务的邮箱，如sina、yahoo以及tom等。要了解自己的邮箱是否支持邮件代收功能，可进入到邮箱中的帮助页面进行了解。

 NO.076　为柱形图表组成对象分别设置动画

////// **职场情景** //////

如图11-34所示为某电脑销售公司制作的大区行业销量结构幻灯片，图表中销量数据用不同颜色表示、区分，但图表中数据的对比仍不直观。那么除了用不同的颜色来区别图表中的数据外，怎样还能让图表中数据的对比更加直观呢（💿光盘\素材\第11章\销量结构幻灯片.pptx）？

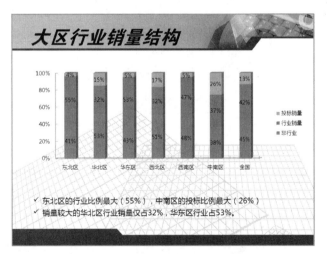

图11-34 大区行业销量结构

////// **解决思路** //////

此时可以将图表中的各数据类型或系列分解开来设置动画,这样能使各数据的对比更加地直观（💿光盘\效果\第11章\销量结构幻灯片.pptx）。

////// **解决方法** //

第1步 打开提供的"销量结构幻灯片"演示文稿，可看到图表中展示了各个地区不同电脑类型所占的销售比例，为了更直观地查看各比例的对比，这里将按数据系列分别设置动画，于是先打开"动画窗格"窗格，选中整个图表，为其设置"进入/淡出"的动画效果，如图11-35所示。

第2步 在图表对应的动画选项上单击鼠标右键，在弹出的快捷菜单中选择"效果选项"命令，在打开的对话框中选择"图表动画"选项卡，在"组合图表"下拉列表框中选择"按系列"选项，如图11-36所示，然后单击"确定"按钮。

图 11-35 为图表整体设置动画

图 11-36 设置图表动画选项

第3步 此时可看到图表动画选项下出现了一个按钮，单击该按钮将展开该动画的分支动画选项，即各个系列对应的动画，如图11-37所示，默认为刚才设置的"进入/淡出"动画，并按系列前后排列。

第4步 这里我们希望将系列动画设置为其他不同的效果，选中3个系列动画分项，将其更改为"进入/飞入"动画，如图11-38所示。这样，当放映到该图表时，将先显示出图表的背景和坐标轴，单击鼠标将显示出第一系列的柱形对象，进行比较后再单击鼠标显示下一系列的柱形对象。

图 11-37 展开图表动画的分支动画选项

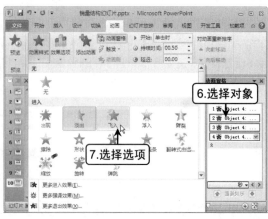

图 11-38 单独设置系列动画

第5步 读者可使用这里介绍的方法，分别尝试按系列、分类或其中的元素进行动画设置。

 NO.077 将市场调查分析文稿标记为最终状态

///// **职场情景** ///

　　某电器销售企业根据产品市场调查制作了产品销售统计分析演示文稿，如图11-39所示。

　　由于该演示文稿是一份重要的商务文件，所以在完成所有内容并进行核对检查后，制作人员考虑提高演示文稿的安全性，并且要让查看者在打开该演示文稿后，知道当前为最终版本（◎光盘\素材\第11章\电器市场调查分析.pptx）。

图11-39　电器市场调查分析

///// **解决思路** ///

　　通过对演示文稿加密，可以提高演示文稿的安全性。但想要让查看者知道当前演示文稿为最终版本，并达到查看者无法对其作任何修改的目的，就需要将演示文稿标记为最终状态。这样用户就可以进行幻灯片内容的查看，但无法对其作任何修改，也达到了保护演示文稿的目的（◎光盘\效果\第11章\加密后的最终版.pptx）。

///// **解决方法** ///

第1步 打开提供的"电器市场调查分析"演示文稿，首先将其另存为一份设置了密码和标记了状态的文件。于是单击"文件"选项卡中"另存为"按钮，打开"另存为"对话框，在其中输入新的文件名"加密后的最终版"，如图11-40所示。

第2步 单击"另存为"对话框左侧的"工具"按钮，在弹出菜单中选择"常规选项"命令，如图11-41所示。

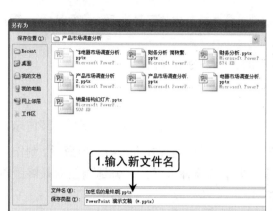

图11-40　执行另存为操作　　　　　　　图11-41　选择"常规选项"命令

第3步 打开"常规选项"对话框，在其中分别设置"打开权限密码"为"123456"，"修改权限密码"为"654321"，然后单击"确定"按钮，再在打开的对话框中分别重复输入刚才设置的密码（请一定牢记设置的密码，如果忘记将无法再打开或修改该文件），如图11-42所示。

第4步 回到"另存为"对话框，再单击"保存"按钮即可。当下次再打开设置了密码的演示文稿时，将先打开一个"密码"对话框，输入正确的打开或修改密码后才可将文件打开，这样便增加了文件的安全性，如图11-43所示。

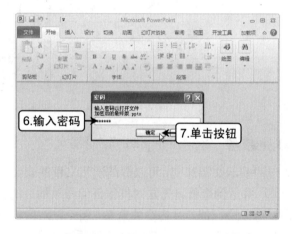

图11-42　设置打开或修改密码　　　　　图11-43　输入密码以打开文件

第5步 将演示文稿打开后，单击"文件"选项卡，单击"信息"选项卡下"保护演示文稿"按钮，在弹出的下拉菜单中选择"标记为最终状态"选项，如图11-44所示。

第6步 打开提示对话框，提示会将该演示文稿标记为最终版本并进行保存，直接单击"确定"按钮，如图11-45所示。

第7步 将再打开一个对话框，提示此文档已经被标记为最终状态，并对所谓的最终状态进行了解释，了解后单击"确定"按钮即可，如图11-46所示。

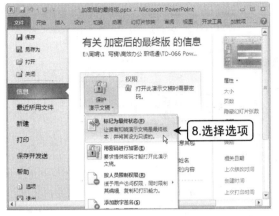

图11-44 选择选项

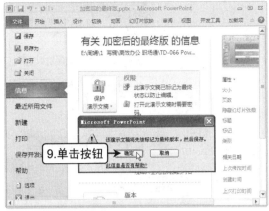

图11-45 确认操作

第8步 此时可看到演示文稿中出现一个提示栏，提示该演示文稿已被标记为最终状态，如图11-47所示。而如果要取消其最终状态，可再次单击"信息"选项卡下"保护演示文稿"按钮，然后在弹出的下拉菜单中选择"标记为最终状态"选项即可。

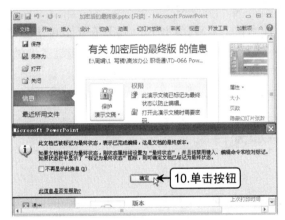

图11-46 提示文档已被标记为最终状态

图11-47 出现标记为最终状态提示栏

为演示文稿设置数字签名

以电子形式存在于数据信息之中的，或作为其附件的或逻辑上与之有联系的数据，可用于辨别数据签署人的身份，并表明签署人对数据信息中包含的信息的认可。更安全地共享 PowerPoint 演示文稿，可为 PowerPoint 演示文稿添加数字签名，以帮助确保内容在离开您之后不会被更改，或者将演示文稿标记为"最终"，以防止不经意的更改。

其具体的方法为：在"文件"选项卡的"信息"选项卡中单击"保护演示文稿"按钮，在弹出的下拉菜单中选择"添加数字签名"选项，在打开的提示对话框中单击"确定"按钮，然后按照如图11-48所示的流程进行操作即可为演示文稿添加数字签名。

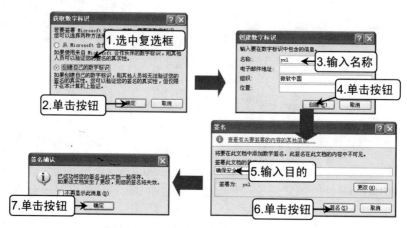

图11-48　为演示文稿设置数字签名

11.2　产品营销推广分析

营销推广是指在以等价交换为特征的市场推销的交易活动中,工商业组织以各种方法向客户宣传产品,以激发他们的购买欲望和行为,扩大产品销售量的一种经营活动。

营销一般由业务员负责,而推广一般由具有技术性的专业部门负责,像现在不少中小企业或个体经营者,以营销带动推广,即是说他们在不懂得怎样去推广前,先按线下惯例踏实地做,先赢人脉、赢人气,用口碑来推广,这样他们在不知不觉间就为自己的营销做了推广。下面介绍如何利用PowerPoint来帮助企业解决产品营销推广问题。

 NO.078　为医药产品营销推广添加分目录

////// **职场情景** ///

某医药制作企业制作了产品营销推广演示文稿,其中目录幻灯片中内容是以传统的目录文本罗列的形式展示的,如图11-49所示。审核人员在审核该文稿时建议将各主目录所涉及的内容罗列出来,以便于观众了解目录所涉及的内容(●光盘\素材\第11章\产品营销推广.pptx)。

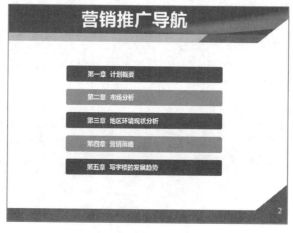

图11-49　市场调查分析

///// **解决思路** ///

通过为各主目录添加分目录，不但便于观众详细了解目录所涉及的内容，而且令目录幻灯片更加丰富，效果也更加美观（◎光盘\效果\第11章\产品营销推广.pptx）。

///// **解决方法** ///

第1步 打开提供的"产品营销推广"演示文稿，切换到目录幻灯片，选择幻灯片中各圆角矩形对象，"绘图工具 格式"选项卡被激活，然后切换到该选项卡，单击"插入形状"组中"编辑形状"按钮，在弹出的下拉菜单中选择"更改形状"命令，然后在其子菜单中选择"立方体"选项，如11-50左图所示。所选形状变为立方体，设置后其效果如11-50右图所示。

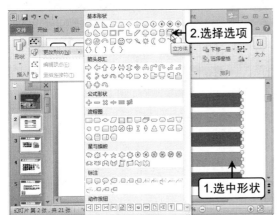
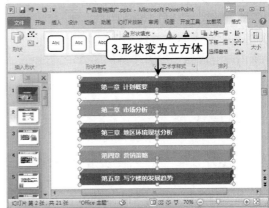

图11-50　更改形状

第2步 拖动调整主目录形状的宽度，调整到合适宽度后再在各主目录对象右侧各自添加一个矩形形状，并设置与主目录对象相近的颜色，设置完成后其效果如图11-51所示。

第3步 在添加的长条矩形中输入各章下将包括的内容，各项内容之间用空格分开，然后设置文本格式，如图11-52所示。

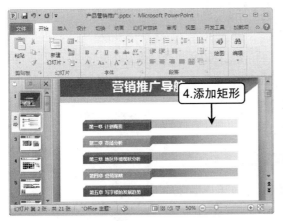
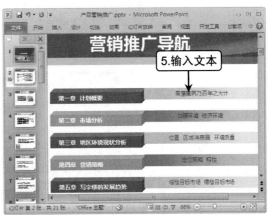

图11-51　绘制分目录对象　　　　　图11-52　输入文本并设置其文本格式

第4步 选中制作的分目录对象，在其上右击，在弹出的快捷菜单中选择"置于底层/置于底层"命令，如图11-53所示，将分目录放置在主目录后面。

第5步 完成所有设置后，可为各分目录设置相应的链接，完成设置后超链接文本下出现下划线，并且文本颜色发生变化，其效果如图11-54所示。

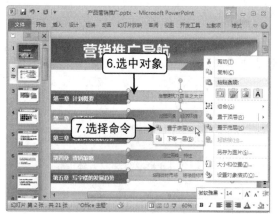

图11-53 设置分目录对象置于底层

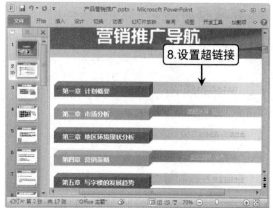

图11-54 为分目录设置相应的链接

NO.079 通过触发器控制分目录内容的显示

职场情景

　　紧接上例，在完成分目录的制作后，不但整个版面好看了，而且涵盖的内容丰富了，其具体效果如图11-55所示。由于该目录幻灯片既制作了主目录，还制作了分目录，因此就要考虑在放映幻灯片时，主目录和分目录出现的顺序，通常都是主目录出现后分目录再出现，那么怎样才能很好地控制主目录和分目录出现的先后顺序呢（●光盘\素材\第11章\产品营销推广2.pptx）。

图11-55 目录幻灯片

////// **解决思路** ///

　　对于这种既有主目录又有分目录的目录幻灯片，在放映过程中要想很好地控制其出现的先后顺序，可以通过触发器达到目的，如此例可以设置为当单击主目录中对象后，将自动显示出主目录右侧的分项目录内容（●光盘\效果\第11章\产品营销推广2.pptx）。

////// **解决方法** ///

第1步 打开提供的"产品营销推广2"演示文稿，切换到目录幻灯片后，单击"动画"选项卡下"动画窗格"按钮，显示出"动画窗格"窗格，如图11-56所示。

第2步 选择第一章右侧的分项目录矩形对象，为其添加"进入/擦除"动画，设置动画的方向为"至左侧"，如图11-57所示。

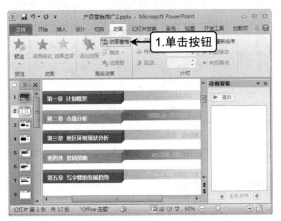

图11-56 打开"动画窗格"窗格

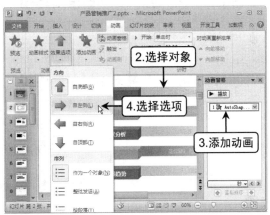

图11-57 设置动画的方向

第3步 在"动画窗格"窗格中动画选项上单击右侧的下拉按钮▼，然后在弹出的下拉菜单中选择"效果选项"命令，在打开对话框的"计时"选项卡下单击"触发器"按钮，如图11-58所示。

第4步 选中"单击下列对象时启动效果"单选按钮，在其后的下拉列表框中选择第一章目录对象对应的选项，如图11-59所示，然后单击"确定"按钮。

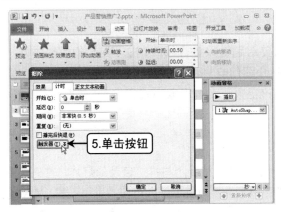

图11-58 单击按钮展开相关设置项

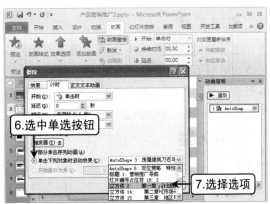

图11-59 设置动画触发器

第5步 在放映时，当单击第一章目录对象时，将自动显示出其下分项目录内容。

第6步 使用同样方法分别为其他几个分项目录对象设置相同的动画效果，注意分别选择其对应的主目录对象作为触发器。

 NO.080 重新为营销推广文稿指定链接目标对象

///// **职场情景** ///

对于设置了超链接的演示文稿，在放映之前都要对链接位置进行再次确认，以保证没有误链接。如图11-60所示为某安防设备企业制作的产品展示与推广演示文稿中的目录幻灯片，并且该目录幻灯片设置了超链接。

制作者在完成演示文稿的制作，并对其链接进行检查时，发现应链接到产品展示幻灯片页面，但是误链接到了产品介绍幻灯片页面（💿光盘\素材\第11章\产品展示与推广.pptx）。

图11-60 产品展示与推广目录幻灯片

///// **解决思路** ///

出现创建的超链接的链接位置不正确，就需要对超链接进行修改，由于目录幻灯片中网络摄像机系列展示文本的链接位置误链接到了产品介绍幻灯片页面，于是应选中目录幻灯片中网络摄像机系列展示文本，然后更改其链接位置为产品展示幻灯片页面（💿光盘\效果\第11章\产品展示与推广.pptx）。

///// **解决方法** ///

第1步 打开提供的"产品展示与推广"演示文稿，切换到产品展示与推广目录幻灯片，首先选中"网络摄像机系列展示"文本，然后在该对象上单击鼠标右键，在弹出的快捷菜单中选择"编辑超链接"命令，如图11-61所示。

第2步 打开"编辑超链接"对话框，在其中重新指定链接位置，此处选择"网络摄像机系列展示"幻灯片，如图11-62所示。

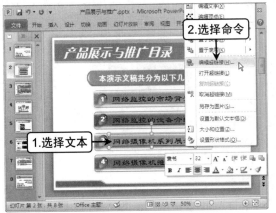 

图11-61　选择"编辑超链接"命令　　　　　图11-62　重新指定链接位置

第3步 单击右上角的"屏幕提示"按钮，在打开的"设置超链接屏幕提示"对话框的"屏幕提示文字"文本框中输入相应的屏幕提示文本信息，然后单击"确定"按钮，如图11-63所示。

第4步 重复第3步的操作，为其他目录对象设置屏幕提示，完成设置后放映幻灯片，在放映幻灯片时将鼠标光标指向链接，设置的屏幕提示内容将显示出来，如图11-64所示。

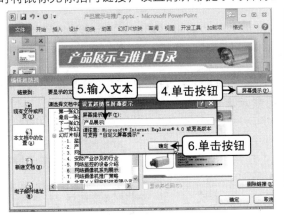 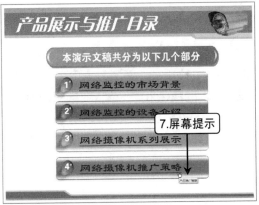

图11-63　设置超链接屏幕提示　　　　　图11-64　完成屏幕提示的设置

修改超链接的屏幕提示内容

如果需要修改对象的超链接的屏幕显示内容，可以在添加包含超链接的对象上单击鼠标右键，在弹出的快捷菜单中选择"编辑超链接"命令，在打开的对话框中单击"屏幕提示"按钮，打开"设置超链接屏幕提示"对话框即可重新定义。

NO.081　更改目录超链接文本的颜色

////// **职场情景** //////////////////////////////////

对除文本外的其他对象设置超链接，对象本身不会发生格式上的变化，但如果是设置在文本上，如图11-65所示的产品展示与推广目录幻灯片，目录文本设置了超链接后，文本的颜色为蓝色，若想将超链接文本颜色更改为其他颜色，使其与整个幻灯片颜色相搭配，应该怎样设置呢（💿光盘\素材\第11章\产品展示与推广2.pptx）？

图11-65　产品展示与推广目录幻灯片

///// **解决思路** /////

如果想要超链接文本使用某种颜色，以使其与整个幻灯片颜色相搭配，选择要更改颜色的超链接文本，然后在"新建主题颜色"对话框中设置超链接文本的颜色，还可以更改已访问的超链接文本的颜色（💿光盘\效果\第11章\产品展示与推广2.pptx）。

///// **解决方法** /////

第1步 打开提供的"产品展示与推广2"演示文稿，在演示文稿中选择目标对象，在其上单击鼠标右键，在弹出的快捷菜单中选择"字体"命令，如图11-66所示。

第2步 打开"字体"对话框，在"字体"选项卡下的"所有文字"栏下单击"字体颜色"按钮右侧的下拉按钮，在弹出的下拉菜单中选择"其他颜色"命令，如图11-67所示。

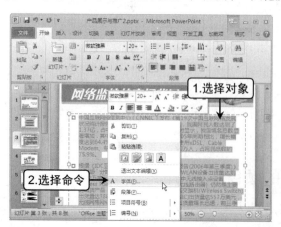

图11-66　选择"字体"命令

图11-67　选择"其他颜色"命令

第3步 在打开的"颜色"对话框中的"自定义"选项卡中记下"颜色模式"下拉列表框和"红色"、"绿色"和"蓝色"数值框中的颜色配方值，如图11-68所示。单击两次"取消"按钮，关闭"颜色"和"字体"对话框。

第4步 切换到目录幻灯片，选择要更改颜色的超链接文本，此处选择"网络监控的市场背景"文本，然后单击"设计"选项卡"主题"组中"颜色"按钮，在弹出的下拉菜单选择"新建主题颜色"命令，如图11-69所示。

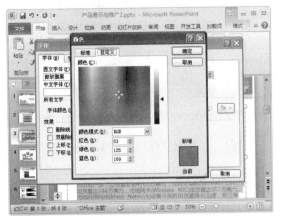

图11-68　查看颜色值　　　　　　　　图11-69　选择"新建主题颜色"命令

第5步 打开"新建主题颜色"对话框，在"主题颜色"栏单击"超链接"按钮右侧的下拉按钮，在弹出的下拉菜单中选择"其他颜色"命令，如图11-70所示。

第6步 在打开的"颜色"对话框中的"自定义"选项卡下的"颜色模式"下拉列表框和"红色"、"绿色"、"蓝色"数值框中输入在步骤3中记录的颜色值，单击"确定"按钮，如图11-71所示。

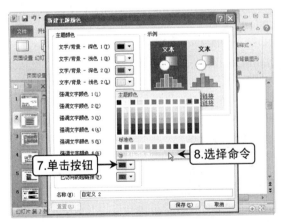

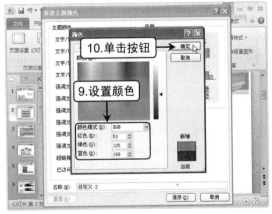

图11-70　选择"其他颜色"命令　　　　　图11-71　输入颜色值

第7步 若要更改已访问的超链接文本的颜色，直接在"已访问的超链接"下拉菜单中选择并进行设置，此处设置已访问的超链接文本颜色为白色，所以选择"主题颜色"栏下"白色"选项，如图11-72所示。

第8步 单击"保存"按钮，保存设置并返回到幻灯片页面，可看到幻灯片效果如图11-73所示。

图11-72 设置已访问的超链接颜色　　　　图11-73 完成超链接文本颜色的设置

 NO.082　使用动作按钮方便地切换幻灯片

////// **职场情景** //

如图11-74所示为汽车公司针对新产品上市制作的产品上市活动及营销推广策划演示文稿，制作人员完成文稿的制作后，交由相关部门负责人审核。

审核人员在放映该文稿时，发现幻灯片页数较多且结构复杂，于是让制作人员进行修改，要求在放映文稿时能对幻灯片灵活地控制（◎光盘\素材\第11章\汽车自由靓产品上市活动及营销推广策划.pptx）。

图11-74　产品上市活动及营销推广策划幻灯片

///// **解决思路** ///

　　由于幻灯片页数较多且结构复杂,于是可以进入到幻灯片母版视图自定义动作按钮并设置其动作属性,帮助在放映时对幻灯片的灵活控制(◎光盘\效果\第11章\汽车自由靓产品上市活动及营销推广策划.pptx)。

///// **解决方法** ///

第1步 打开提供的"汽车自由靓产品上市活动及营销推广策划"演示文稿,进入幻灯片母版视图,选择主母版幻灯片,在其右下角分别绘制5个相同的同侧圆角矩形,分别在各矩形中输入文本内容,表明按钮的相应功能,如图11-75所示。

第2步 选中第一个"目录页"按钮,然后单击"插入"选项卡下的"动作"按钮,在打开的"动作设置"对话框中选中"超链接到"单选按钮,然后在其下的下拉列表框中选择"幻灯片"选项,如图11-76所示。

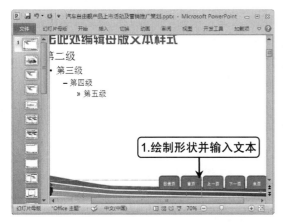

图11-75　绘制按钮并表明按钮的相应功能

图11-76　设置动作属性

为按钮设置其他的动作

　　若要运行某个程序,则在"动作设置"对话框的"单击鼠标"选项卡中选中"运行程序"单选按钮,单击"浏览"按钮,在打开的对话框中找到要运行的程序;若要运行宏,则选中"运行宏"单选按钮,然后在其下方的下拉列表框中选择要运行的宏。若想让选择的形状用作执行动作的动作按钮,选中"对象动作"单选按钮,然后在其下方的下拉列表框中选择要通过该按钮执行的动作;若要播放声音,选中"播放声音"复选框,然后在其下方的下拉列表框中选择要播放的声音。

第3步 在打开对话框的列表框中选择"幻灯片 2"选项,表示单击"目录页"按钮,将执行跳转到目录幻灯片的动作,完成后单击"确定"按钮,如图11-77所示。

第4步 使用同样方法分别设置其他几个按钮的动作,稍有不同的是,在进行动作设置的下拉列表框中就有相应的"第一张幻灯片"、"上一张幻灯片"、"下一张幻灯片"和"最后一张幻灯片"选项,直接选择对应选项即可完成设置,完成所有按钮动作属性的设置后其效果如图11-78所示。

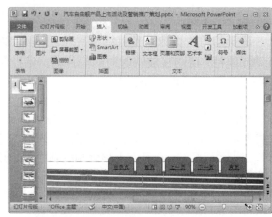

图11-77 设置目录页的链接对象　　　　图11-78 设置其他按钮的动作属性

第5步 调整所有按钮的位置，将其放置在下面的颜色条上面，使整个版面的排版更加美观，再选中所有动作按钮，并设置按钮的外观样式，完成设置后其效果如图11-79所示。

第6步 退出幻灯片母版视图，单击"设计"选项卡下"主题"组中"颜色"按钮，打开"新建主题颜色"对话框，更改超链接文本颜色为"白色"，其最终效果如图11-80所示。

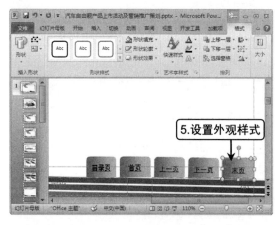

图11-79 设置按钮对象外观样式　　　　图11-80 设置动作属性

NO.083　设置产品营销推广备注母版并输入备注内容

///// 职场情景 /////

　　在完成演示文稿的制作后，有时还需要为幻灯片添加备注信息，以便在放映前将这些备注内容打印出来作为放映提示。如图11-81所示为产品营销推广幻灯片，现要求为该幻灯片添加备注信息（●光盘\素材\第11章\产品品牌定位与推广策划.pptx）。

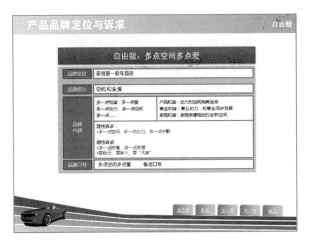

图11-81　产品上市活动及营销推广策划幻灯片

///// **解决思路** //

在为幻灯片添加备注信息之前首先需要对备注母版进行格式设置,其中包括备注的版式以及备注内容的文本格式等。添加了备注信息的幻灯片,在放映前可以将这些备注内容打印出来作为放映提示（💿光盘\效果\第11章\产品品牌定位与推广策划.pptx）。

///// **解决方法** //

第1步 打开提供的"产品品牌定位与推广策划"幻灯片,单击"视图"选项卡下的"备注母版"按钮,进入到备注母版视图,并显示出"备注母版"选项卡,整个版面中包括页眉、页脚、日期和页码占位符,以及幻灯片图像区和备注正文占位符,如图11-82所示。

第2步 单击"备注母版"选项卡下的"备注页方向"按钮,在弹出的下拉菜单中选择"横向"选项,如图11-83所示,将整个备注页面更换为横向版式。

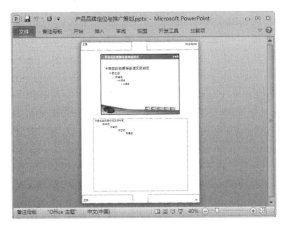

图11-82　进入备注母版视图

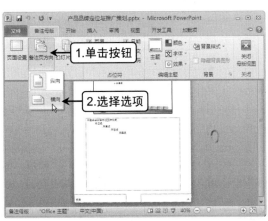

图11-83　设置备注页方向

第3步 然后拖动增大幻灯片图像区，并调整其下的备注正文占位符的大小，如图 11-84 所示。

第4步 选中备注正文的一级文本，通过"开始"选项卡设置其文本格式。然后分别在备注母版的页眉与页脚占位符中输入本演示文稿的名称以及公司名称等信息，并设置格式，如图 11-85 所示。

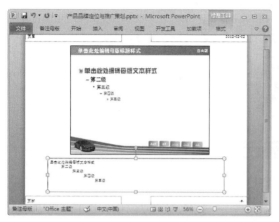

图11-84　调整母版结构　　　　　　　图11-85　设置一级文本格式并输入其他信息

第5步 设置了页眉页脚还不够，还需要单击"插入"选项卡下的"页眉和页脚"按钮，在打开对话框的"备注和讲义"选项卡下选中"页眉"和"页脚"复选框，这样这两处占位符中的内容才会出现在打印的备注页中。另外该对话框中默认选中了"页码"复选框，这是为了方便根据页码查看打印稿。单击"全部应用"按钮，这样备注母版的格式设置完成，如图 11-86 所示。

第6步 单击"备注母版"选项卡下的"关闭母版视图"按钮退出，回到幻灯片中，在需要的幻灯片下侧备注窗格中输入相应的备注说明信息，如图 11-87 所示。

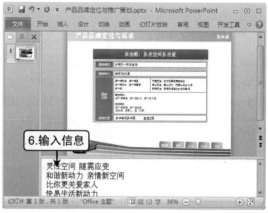

图 11-86　设置页眉页脚显示　　　　　　　图 11-87　输入备注说明信息

第7步 单击"文件"选项卡，切换到"打印"选项卡，单击"设置"栏下的"整页幻灯片"按钮，在弹出的下拉列表中选择"打印版式"栏下的"备注页"选项，如图 11-88 所示。

第8步 窗口右侧出现备注页的预览效果，如图 11-89 所示，如需打印则直接单击"打印"按钮。

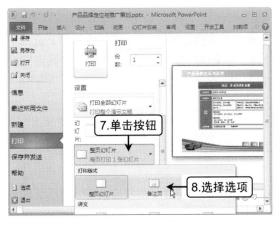

图 11-88 设置打印版式

图 11-89 预览备注页效果

 单独对备注页进行调整

在预览备注页打印效果时，如果发觉幻灯片的备注格式或者版式需要调整，则可单击"视图"选项卡下的"备注页"按钮，进入到备注页编辑状态，找到需要调整的备注页，再进行相应的格式设置即可。

NO.084 针对目标观众制定最合适的放映方案

///// **职场情景** //

一份完整的演示文稿可以由多张幻灯片按照不同的功能块组成，各个功能块针对的对象有可能不一样，因此在播放演示文稿的过程中，可以针对不同的内容或者不同的观众，选择性地指定播放演示文稿中的特定幻灯片内容。如图11-90所示为汽车企业针对新品牌制作的品牌分析目录幻灯片，其中包括有市场背景分析、产品定位、产品传播策略与思路、产品宣传执行草案以及售后服务模式及收费标准等，因此在放映该幻灯片时想要提高会议质量就应实行选择性地播放（●光盘\素材\第11章\品牌分析.pptx）。

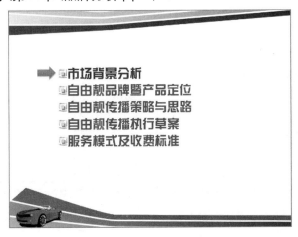

图11-90 品牌分析目录幻灯片

////// **解决思路** //

　　本例的解决思路可以新建一个自定义放映方案，完成自定义放映方案的设置后，通过单击"自定义幻灯片放映"按钮弹出的下拉菜单中选择需执行的放映方案，这样就会按照自定义的放映方案进行演示文稿的演示（◎光盘\效果\第11章\品牌分析.pptx）。

////// **解决方法** //

第1步 打开提供的"品牌分析"演示文稿，单击"幻灯片放映"选项卡的"开始放映幻灯片"组中的"自定义幻灯片放映"按钮，在弹出的下拉菜单中选择"自定义放映"命令，如图11-91所示。

第2步 打开"自定义放映"对话框，此时在"自定义放映"列表框中无任何内容，表示还未进行自定义放映方案的设置。单击"新建"按钮，如图11-92所示。

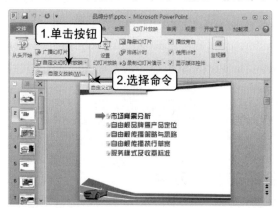

图11-91　选择"自定义放映"命令

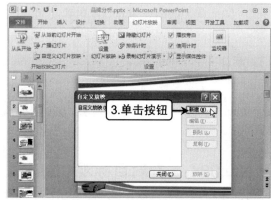

图11-92　单击"新建"按钮

第3步 打开"定义自定义放映"对话框，在"幻灯片放映名称"文本框中为此次放映的方案定义一个名称，然后在左侧幻灯片名称列表框中选择一张当前放映方案中需要的幻灯片，单击"添加"按钮，可将选中的幻灯片添加到右侧的列表框中，单击"确定"按钮如图11-93所示。

第4步 单击"关闭"按钮，关闭"自定义放映"对话框，回到"自定义放映"对话框，列表框中显出刚才创建的自定义放映名称，如图11-94所示。

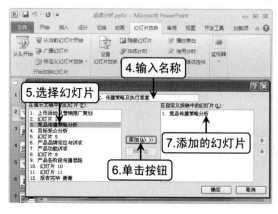

图11-93　选择放映幻灯片中需要的幻灯片

图11-94　显示出创建的自定义放映名称

第5步 在放映时，单击"幻灯片放映"选项卡的"开始放映幻灯片"组中的"自定义幻灯片放映"按钮，在弹出的下拉菜单中可选择需执行的放映方案，如图11-95所示。这样会按照自定义的放映方案进行演示文稿的演示。

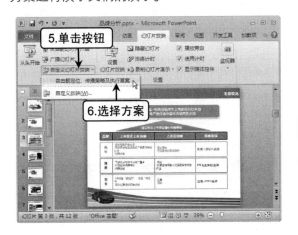

图11-95 选择需执行的放映方案

删除自定义方案的方法

当不再需要设置的自定义方案时，可在打开的"自定义放映"对话框中选择该方案，单击"删除"按钮，将不需要的方案删除。另外还可通过右侧的按钮对幻灯片的播放顺序进行调整。

 NO.085 在公共场合播放文稿时避免内容被观众修改

///// **职场情景** ///

某电子企业决定举办一个关于监控设备的展销会，让相关部门制作一个展示监控设备的幻灯片，如图11-96所示为产品展示幻灯片，由于该幻灯片是在展销会上放映，为确保在展销会上播放的幻灯片内容不被观众修改，要求制作人对幻灯片进行设置（◎光盘\素材\第11章\产品展示幻灯片.pptx）。

图11-96 产品展示幻灯片

///// **解决思路** ///

PowerPoint为用户提供了3种针对不同场合需求的放映类型，分别为演讲者放映、观众自行浏览和在展台浏览。对于此例这种要在公共场合播放的幻灯片，可以设置其放映方式为在展台浏览，这样就可以避免观众对演示文稿内容作修改（●光盘\效果\第11章\产品展示幻灯片.pptx）。

解决方法

第1步 打开"产品展示幻灯片"演示文稿，在"幻灯片放映"选项卡的"设置"组中单击"设置幻灯片放映"按钮，如图11-97所示。

第2步 单击"确定"按钮完成设置打开"设置放映方式"对话框，在"放映类型"栏中选中"在展台浏览（全屏幕）"单选按钮，单击"确定"按钮完成设置如图11-98所示。

图11-97 单击"设置幻灯片放映"按钮

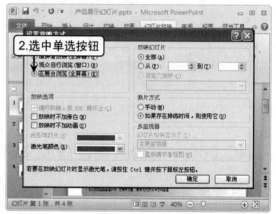

图11-98 选中"在展台浏览"单选按钮

其他放映类型

除了有"在展台浏览"放映类型外，还有"演讲者放映"放映类型和"观众自行浏览"放映类型，其中系统默认的放映方式是"演讲者放映"放映类型，该放映类型的特点是在观众面前全屏演示幻灯片，演讲者对演示过程有完整的控制权，能在演讲的同时进行灵活的放映控制。

"观众自行浏览"放映方式又称为"交互式放映方式"，该类型的特点是让观众在带有导航菜单的标准窗口中通过滚动条或方向键自行浏览演示内容，还可打开其他演示文稿。

第十二章

解决公司报告问题

报告是向上级机关汇报工作、反映情况、提出意见或者建议，答复上级机关的询问时使用的公文。报告分很多种，有公司的财务报告、公司年终总结报告、公司项目报告、工作报告、述职报告等，本章将对在制作工作报告时应注意的问题予以提出，并进行修正。

12.1 项目报告

在进行某一项经济项目之前，通常都需要对该项目涉及到的政策或规模进行全面的分析，或当完成一个大项目工作后，对工作的相关情况进行回顾与总结，包括工作的开展与实施情况、工作的成果、经验总结、不足之处、未来如何解决等，然后通过会议的形式进行报告，向领导汇报情况以及与同事进行交流。下面将介绍如何利用PowerPoint制作完善的项目报告类演示文稿。

 NO.086　巧用Excel表格特点进行数据的计算处理

/////// **职场情景** ///////

某企业决定开发一项新的项目，所以要求相关人员制作一份关于开发项目的可行性报告演示文稿，如图12-1所示为该可行性报告演示文稿中的初始投资表，现要求工作人员将各项数据统计出来填写在初始投资表中，由于该表格是插入的Excel电子表格，所以与直接在PowerPoint中绘制的表格是不一样的，在Excel电子表格中可进行表格数据的统计与计算（光盘\素材\第12章\可行性研究报告.pptx）。

第五部分　财务分析

初始投资表

序号	名称	数量	金额	序号2	名称2	数量2	金额2
一	房租		60,000.00	五	前场	27人	
二	门面、店堂装潢		300,000.00	1	经理	1	1,200.00
三	后场设备设施			2	领班	3	2,400.00
1	双眼灶	三台	100,000.00	3	服务员	12	6,000.00
2	冷藏柜	两台		4	传菜员	5	2,500.00
3	抽烟机	一台		5	保洁员	2	800.00
4	不锈钢工作台			6	仓库	1	550.00
5	案板			7	吧台收银	2	1,100.00
6	菜架			8	采购	1	800.00
7	货架				小计		
8	其他蔬具若干			六	后场	21人	
	小计			1	厨师长	1	2,000.00
四	前场设施			2	炉台	3	3,600.00
1	空调	8台	16,000.00	3	切配	4	2,400.00
2	消毒柜	1台	6,000.00	4	打荷（学徒）	4	1,600.00
3	酒水保鲜冷柜	2-3台		5	蒸戈	1	800.00
4	餐具、杯具	若干	20,000.00	6	凉菜	2	1,600.00
5	桌、椅、工作柜	若干	10,000.00	7	面点	3	2,400.00
6	其它餐用品	若干	5,000.00	8	勤杂	3	2,400.00
	小计			七	流动资金		
				八	开支合计		

图12-1　财务分析幻灯片

/////// **解决思路** ///////

此例的解决思路是，首先对表格进行美化，设置表格样式，然后借助Excel对表格中各项数据进行计算与处理（光盘\效果\第12章\可行性研究报告.pptx）。

/////// **解决方法** ///////

第1步 打开提供的"可行性研究报告"演示文稿，切换到财务分析幻灯片，双击表格，在幻灯片中将出现一个表格编辑区，同时整个 PowerPoint 操作界面中的功能区选项卡也发生了变化，如图 12-2 所示。

第2步 在表格中按住鼠标拖动选中所有表格内容单元格后,单击"开始"选项卡下的"套用表格格式"按钮,在弹出的菜单中选择一种样式,如图 12-3 所示。

图12-2 PowerPoint操作界面发生变化

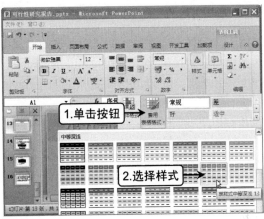

图12-3 设置表格样式

第3步 可看到所选表格被统一应用了一种外观样式,且表头各字段右侧都出现一个下拉按钮,方便用户进行数据筛选,如图 12-4 所示。

第4步 此处无需进行数据筛选,所以选中任意单元格,单击"开始"选项卡下"编辑"组中的"排序和筛选"按钮,在弹出菜单中选择当前呈选中状态的"筛选"选项,取消其选中状态,如图 12-5 所示。

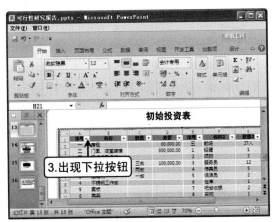

图12-4 表头出现下拉按钮

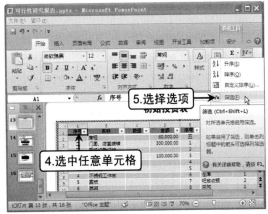

图12-5 取消筛选按钮

第5步 完成了整个 Excel 表格的美化操作,下面将进行各项数据的求和计算。先选中要存放第一项求和结果的单元格(DB 单元格),然后单击"开始"选项卡下"编辑"组中的"自动求和"按钮,如图 12-6 所示。

第6步 自动在选中单元格中计算出该列当前单元格前面所有数据之和,双击该结果单元格,可看到蓝色方框中的区域,即为参与求和计算的数据,如图12-7所示。

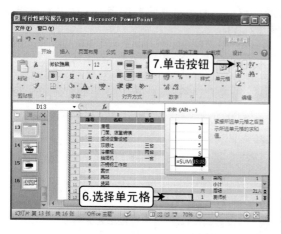

图12-6　单击自动求和按钮

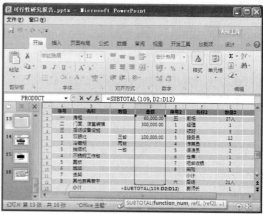

图12-7　双击查看数据区域

第7步 使用同样方法选中第二项存放求和结果的单元格（D21 单元格），同样单击"自动求和"按钮计算出结果，但该结果为该列前面所有数据之和，也包括了第一项求和结果，这是不正确的，于是双击结果单元格，直接向下拖动出现的蓝色边框，手动调整参与求和的数据，完成后按【Enter】键，即修改为正确的数据，如图 12-8 所示。

第8步 掌握了对一列中所有数据求和以及对一列中连续部分数据求和两种方式后，继续计算出第三、四项求和数据，存放求和结果的单元格分别为H11单元格以及H_{21}单元格。在完成各项求和后，最后还需要将这些分项求和结果加起来，计算"开支合计"，其存放结果的单元格为H23单元格，而其参与计算的数据来源于几个不同行或列的单元格，这时将不能使用上面介绍的自动求和的方法，先选中存放结果的单元格，如图12-9所示。

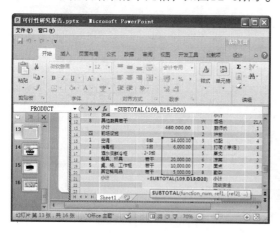

图12-8　调整求和数据区域

图12-9　选中总和结果单元格

第9步 在结果单元格中先输入"="号，然后单击选择第一处参与计算的数据单元格，可看到"="号后出现了代表所选单元格的地址，这里输入"D13"，（这是Excel中单元格的表示方式，即第D列第13行交叉的单元格），如图12-10所示。

第10步 再输入"+"号，再选择第二处参与计算的数据单元格。依此方法将所有求和数据单元格用"+"串起来，这就是Excel中的公式，如图12-11所示。

图12-10　出现代表所选单元格的地址

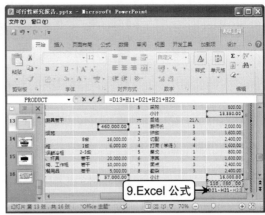

图12-11　手动选择求和数据单元格

第11步 按【Enter】键计算出求和结果，其效果如图12-12所示。

第12步 至此便完成了计算在PowerPoint制作的Excel表格数据，单击表格边框之外的区域，功能区将变回为PowerPoint原来的状态，如图12-13所示。以后希望再次通过Excel编辑该表格时，只需双击表格内容即可。

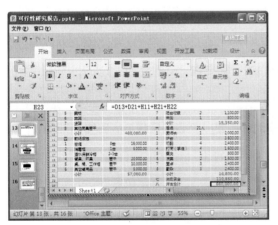

图12-12　完成开支合计的计算

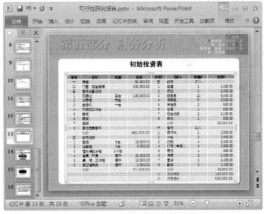

图12-13　返回到PowerPoint原来的状态

NO.087　将提供的Excel原表格内容粘贴到幻灯片中

职场情景

　　紧接上例，在完成了初始投资表中表格数据的统计计算后，制作者还制作了关于收入预计的幻灯片，其效果如图12-14所示。虽然以文字的形式展现了项目的收入预计，但以文字展示没有以表格展示直观，所以如果将文字中的数据以表格的形式展现在幻灯片中，可增强此项目可执行性的力度，还可将成本预计、利润预计等数据以表格的形式展现在幻灯片中（光盘\素材\第12章\可行性研究报告2.pptx、相关数据表.xlsx）。

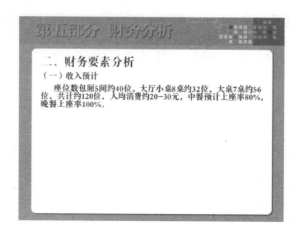

图12-14　收入预计幻灯片

///// **解决思路** //

　　上例是为了使用Excel的表格处理和计算功能，所以在制作表格时是制作的Excel表格，而本例由于提供了收入预计、成本预计、利润预计对应的Excel原表格，于是可考虑将其中的内容使用粘贴的方式应用到幻灯片（◎光盘\效果\第12章\可行性研究报告2.pptx）。

///// **解决方法** //

第1步 打开提供的"可行性研究报告2"演示文稿，由于需要在"财务分析"幻灯片中插入两个收入预计表，于是先制作表格标题，如图12-15所示。

第2步 使用Excel 2010打开素材文件夹中提供的"相关数据表.xlsx"，可看到其中制作了多个表格内容，并都设置了相应的表格和内容格式。先拖动选中第一处表格区域，然后按【Ctrl+C】组合键执行复制操作，如图12-16所示。

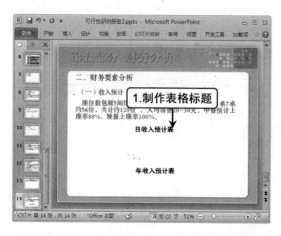

图12-15　制作收入预计表的表格标题

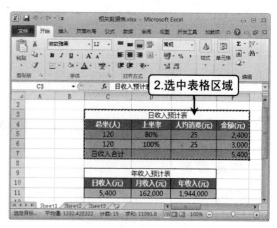

图12-16　复制Excel表格

第3步 切换回到PowerPoint中，直接按【Ctrl+V】组合键粘贴，可看到所选内容被复制到了当前幻灯片中，且转换为了PowerPoint表格属性，如图12-17所示。

第4步 虽然大致保留了Excel中设置的表格外观，但其中的内容格式和一些样式发生了变化，可选择表格中的文本内容，再次进行格式的设置，或进行各种编辑操作，完成后效果如图12-18所示。

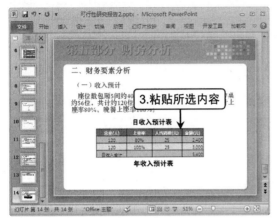

图12-17 粘贴成PowerPoint表格

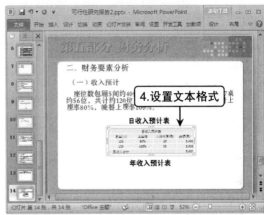

图12-18 设置表格文本格式

第5步 再切换回Excel中，使用同样方法将另外的一个表格内容复制并直接粘贴到幻灯片中，完成该幻灯片的制作，其最终效果如图12-19所示。

第6步 在收入预计表幻灯片后新建一张幻灯片，用于展示成本预算表和利润预算表。在输入标题和文本内容后，在Excel中复制需要的表格内容，如图12-20所示。

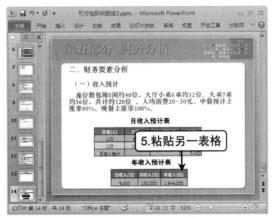

图12-19 完成两个表格的粘贴

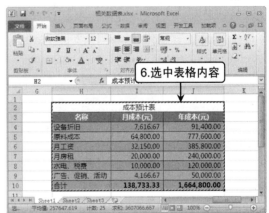

图12-20 复制Excel表格

第7步 回到幻灯片中，单击"开始"选项卡下"粘贴"按钮的下的下拉按钮，在弹出菜单中选择"选择性粘贴"命令，如图12-21所示。

第8步 在打开的对话框中选中"粘贴"单选按钮后，在中间的列表框中选择"Microsoft Excel 工作表 对象"选项，然后单击"确定"按钮，如图12-22所示。

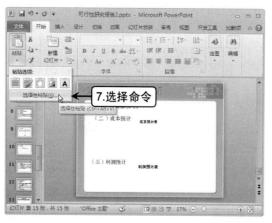

图12-21　选择"选择性粘贴"命令

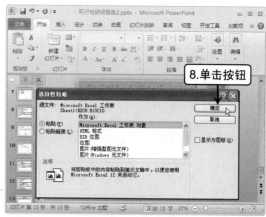

图12-22　进行选择性粘贴

第9步 此时可看到幻灯片中出现了复制的表格，拖动其边框可改变表格大小，但与前面直接粘贴生成的表格不同，它不能如同 PowerPoint 表格一样轻松编辑。实际上该表格仍然为 Excel 表格属性，双击表格将使功能区变换为 Excel 状态，此时即可进行各种编辑操作，如图 12-23 所示。

第10步 使用同样方法，将另一处 Excel 表格作为 "Microsoft Excel 工作表 对象" 粘贴到当前幻灯片中，并调整表格整体大小，如图 12-24 所示。

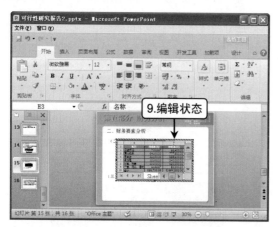

图12-23　在Excel状态下编辑

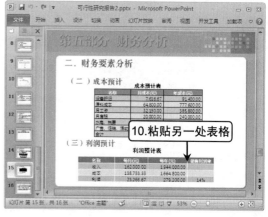

图12-24　完成成本预计和利润预计表格的粘贴

NO.088　为房交会总结报告添加次坐标轴

///// **职场情景** ///

　　某房地产企业举办了一个房地产交易会，交易会结束后，领导要求相关市场研究部工作人员根据举办房地产交易会情况制作一个总结报告，如图12-25所示为对各年房交会成交量进行对比分析的幻灯片，但由于"交易套数"与"成交均价"没有可比性，所以应考虑更改图表类型（●光盘\素材\第12章\房交会总结报告.pptx）。

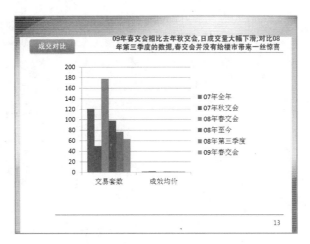

图12-25　房交会总结报告

////// **解决思路** //

　　此例的解决思路是，首先对图表行列数据进行切换，再更改图表的类型（●光盘\效果\第12章\房交会总结报告.pptx）。

////// **解决方法** //

第1步 打开提供的"房交会总结报告"演示文稿，切换到各年房交会成交量对比分析幻灯片，选中图表，然后单击"图表工具 设计"选项卡"数据"组中的"编辑数据"按钮，如12-26左图所示，然后"[切换行/列]"按钮被激活并单击该按钮，对图表行列进行/列切换，如12-26右图所示。

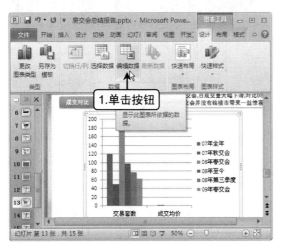 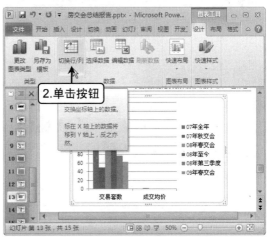

图12-26　激活"[切换行/列]"按钮

第2步 图表行列数据切换后，其效果如图12-27所示。

第3步 选中"成交均价"数据系列，然后打开"更改图表类型"对话框选择"折线图"选项卡，并在右侧选择一种折线图选项，然后单击"确定"按钮，将该数据系列变为折线图效果，但由于该数据系列的单位与交易套数的单位不相同，所以折线效果非常不明显，如图12-28所示。

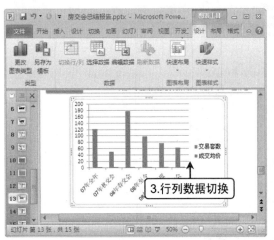

图12-27　图表中行列数据被切换

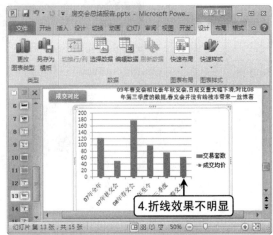

图12-28　更改为折线图

第4步 因此需要对折线的坐标轴进行调整，选中折线后，在其上单击鼠标右键，在弹出的快捷菜单选择"设置数据系列格式"命令，在打开对话框的"系列选项"选项卡右侧选中"次坐标轴"单选按钮，如图 12-29 所示，然后单击"关闭"按钮。

第5步 回到幻灯片中，可看到折线自动应用了属于自己的坐标轴，位于图表的右侧，其单位为"万元/平米"，折线的变化效果也更为直观，如图 12-30 所示。

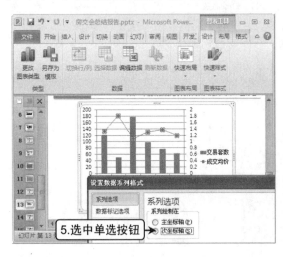

图12-29　选中"次坐标轴"单选按钮

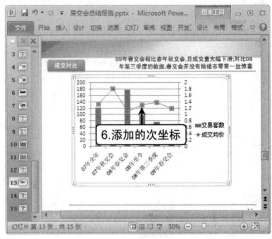

图12-30　添加次坐标后的效果

NO.089　使用公式编辑器轻松输入复杂的公式

////// 职场情景 ///

　　某技术研究企业制作了关于镭射加工板材之热弹塑性行为的技术研究报告演示文稿，如图12-31所示为关于简化弹塑性模型幻灯片，目前该页幻灯片中只输入了两段分析内容，但每段分析内容下要输入一个公式，那么在PowerPoint中怎样才能将复杂的公式轻松地输入到幻灯片中呢（●光盘\素材\第12章\技术研究报告.pptx）？

图12-31　简化弹塑性模型幻灯片

////// **解决思路** //

　　复杂的公式，使用公式编辑器都可轻松输入，且在幻灯片中类似于图片属性，可方便操作
（●光盘\效果\第12章\技术研究报告.pptx）。

////// **解决方法** //

第1步 打开提供的"技术研究报告"演示文稿，选择第5张简化弹塑性模型幻灯片，将在第一段分
析内容下输入一个公式，将后两段分析内容下移，然后单击"插入"选项卡下的"对象"按钮，如
图12-32所示。

第2步 在打开的"插入对象"对话框中选中"新建"单选按钮，然后在"对象类型"列表框中选
择"Microsoft 公式 3.0"选项，并单击"确定"按钮，如图12-33 所示。

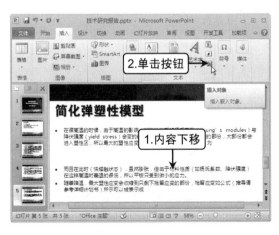

图12-32　单击"对象"按钮

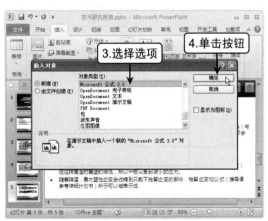

图12-33　选择对象类型

第3步 打开"公式编辑器"窗口，其操作界面的标题栏下为一个公式输入工具栏，其中提供了各类公式中将使用到的符号或运算符，这些内容使用键盘是不能随意输入的。下面的空白区域为公式编辑区，其中闪烁光标位置即为公式开始输入位置，如图12-34所示。

第4步 单击"视图"菜单项，在弹出的下拉菜单中选择"工具栏"选项，显示出工具栏，如图12-35所示。

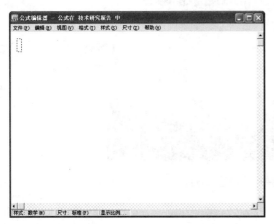

图12-34 打开公式编辑器

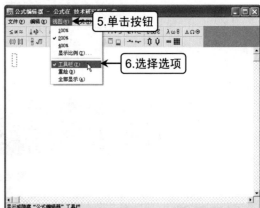

图12-35 显示出工具栏

第5步 下面开始输入公式。本公式的第一个字符为希腊字母"ε"，单击公式编辑器工具栏中的"希腊字母（小写）"分类按钮，在弹出的列表中选择要输入的字母即可，如图12-36所示。

第6步 此时可看到所选字符被输入到了公式编辑器中，下面在其后输入下标，首先单击工具栏中的"下标和上标模板"分类按钮，然后，在弹出的列表中选择一种下标位置，如图12-37所示。

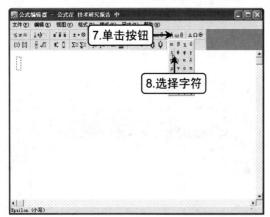

图12-36 选择字符

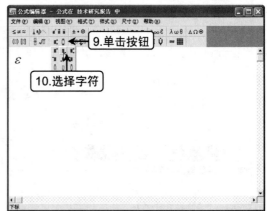

图12-37 选择下标样式

第7步 此时可看到公式中的文本插入点移至了下标位置，由于该处的下标内容为英文字母，于是直接通过键盘输入，如图12-38所示。

第8步 下面需要从下标输入状态恢复到正常输入状态（可根据文本插入点的闪烁位置和长短来判断），于是直接使用鼠标在公式最末处单击，或者按【→】键即可，然后在该位置输入"="号，如图 12-39 所示。

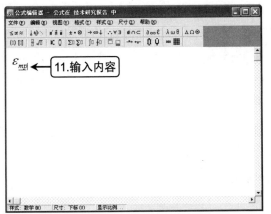
图12-38　输入下标内容

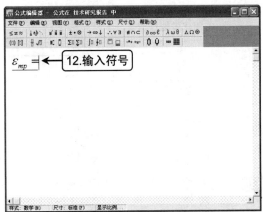
图12-39　继续输入后面内容

第9步 继续在其后输入希腊字母"α"以及英文字母"T"，并在"T"下输入下标"c"，完成该公式的输入，如图12-40所示。

第10步 此时选择"文件"菜单下的"退出并返回到 技术研究报告"选项或直接关闭公式编辑器，如图12-41所示。

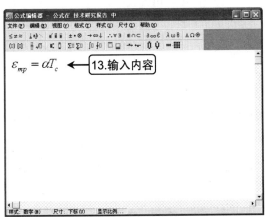
图12-40　完成公式输入

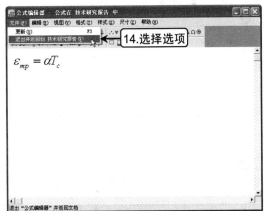
图12-41　关闭公式编辑器

第11步 回到幻灯片中，即会发现在公式编辑器中输入的公式出现在了当前幻灯片中，且拖动其边框可如图片一样改变大小和位置，如图 12-42 所示，双击公式将再次打开"公式编辑器"窗口，可对公式进行修改。

第12步 至此完成了第一处公式的输入，继续在下面的分析内容后输入另外一个带分式的公式，同样先通过插入对象打开公式编辑器，输入公式的前半部分，如图 12-43 所示。

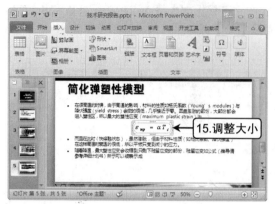

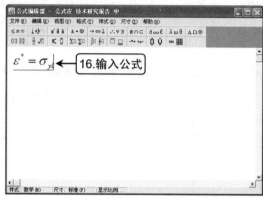

图12-42　调整公式大小和位置　　　　　图12-43　输入公式前面部分

第13步 下面先输入左括号，然后将输入分子部分，单击"分式和根式模板"分类按钮，在弹出列表中选择一种分式样式选项，如图12-44所示。

第14步 在公式中将自动出现一个分式，且文本插入点出现在分子中，于是直接输入分子的内容，然后在分母中单击，出现文本插入点后输入分母内容，如图12-45所示。

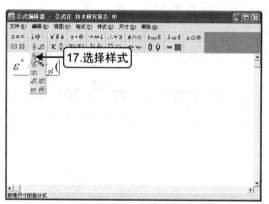

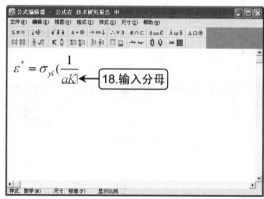

图12-44　选择分式样式　　　　　　　　图12-45　输入分子与分母

第15步 将文本插入点转换为正常输入状态，继续使用前面介绍的方法完成公式的输入，如 12-46左图所示，然后退出公式编辑器，在幻灯片中调整公式的大小和位置，如 12-46右图所示。

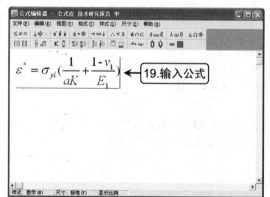

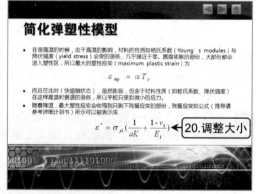

图12-46　完成公式的输入

NO.090 借助"画图"程序绘制图形

////// **职场情景** ///

　　紧接上例，在完成了复杂公式的输入后，在制作等效力和等效弯曲力矩幻灯片时，需要绘制一个较为复杂的图形（●光盘\素材\第12章\镭射加工板材之热弹塑性行为之研究2.pptx、等效力和等效力矩.bmp）。

图12-47　等效力和等效弯曲力矩幻灯片

////// **解决思路** ///

　　虽然使用PowerPoint自带的自选图形可以达到目的，但由于其并非是一个专业绘图软件，因此制作起来比较费力，所以考虑借助Windows自带的"画图"程序来实现（●光盘\效果\第12章\镭射加工板材之热弹塑性行为之研究2.pptx）。

////// **解决方法** ///

第1步 打开提供的"镭射加工板材之热弹塑性行为之研究2"演示文稿，切换到等效力和等效弯曲力矩幻灯片，打开"插入对象"对话框，选中"新建"单选按钮，然后在列表框中选择"位图图像"选项，并单击"确定"按钮，如图12-48所示。

第2步 此时PowerPoint的操作界面将出现"画图"程序的工具栏，如图12-49所示。

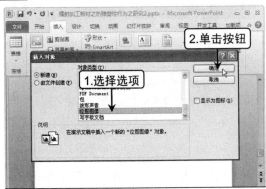

图12-48　选择插入对象

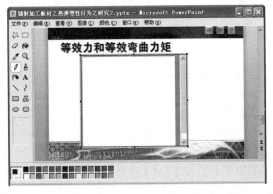

图12-49　出现画图程序的工具栏

第3步 使用其中提供的各项绘图工具，绘制出需要的图形对象。首先使用"矩形"按钮，绘制一个矩形图形，如图12-50所示。

第4步 单击"图像"菜单项，在弹出的下拉菜单中选择"[拉伸/扭曲]"命令，如图12-51所示。

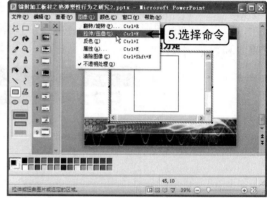

图12-50　绘制矩形图形　　　　　图12-51　选择"[拉伸/扭曲]"选项

第5步 打开"拉伸和扭曲"对话框，在对话框中的"扭曲"栏下的"水平"文本框后输入"30"，然后单击"确定"按钮，如12-52左图所示，可看到矩形图形发生扭曲变化，其效果如12-52右图所示。

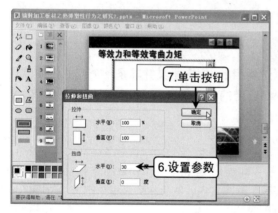
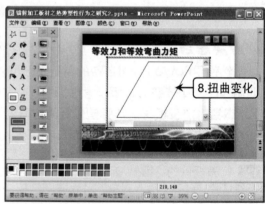

图12-52　设置水平扭曲参数

第6步 再使用其中提供的各项绘图工具，绘制出需要的图形对象，完成后可看到其效果如图12-53所示。

绘图说明

如果用户不擅长使用"画图"程序，则可直接将光盘素材第12章文件夹中提供的"等效力和等效力矩.bmp"图片插入到该幻灯片中。

第7步 完成后按【Esc】键返回到幻灯片编辑状态，再为其添加标注文本，并将所有标和图形组合在一起，以免在编辑过程中移动了部分对象，如图12-54所示。

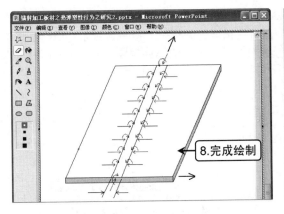

| 图12-53 完成图形的绘制 | 图12-54 为图形添加标注文本 |

NO.091 对幻灯片内容进行拼写检查

///// **职场情景** /////

由于技术报告的内容为一项科研项目，其中涉及了大量专业术语和公式，除了之前在简化弹塑性模型输入公式外，如图12-55所示的幻灯片中也涉及多处专业术语和英文内容，由于科研报告要求内容严谨，所以在制作好该类报告后，应对内容进行拼写检查，以确保专业术语、英文内容的正确，那么怎样才能确保这些专业术语和公式的正确性呢（⊙光盘\素材\第12章\技术研究报告2.pptx）？

图12-55 技术研究报告幻灯片

///// **解决思路** /////

为避免出现输入或语法错误，可以使用PowerPoint中的拼写检查功能（⊙光盘\效果\第12章\技术研究报告2.pptx）。

///// **解决方法** /////

第1步 打开提供的"技术研究报告2"演示文稿，选择演示文稿的首页幻灯片，单击"审阅"选项卡下的"拼写检查"按钮,如图12-56所示。

第2步 此时在演示文稿第 4 张幻灯片中发现了疑似拼写错误,并打开"拼写检查"对话框,其中显示了某单词不在词典中,建议更改为某单词。仔细对照幻灯片中的错误位置,了解该单词为一人名,并没有拼写错误,于是单击"忽略"按钮,不对其进行修改,如图 12-57 所示。

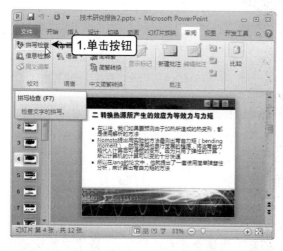

图12-56 单击"拼写检查"按钮

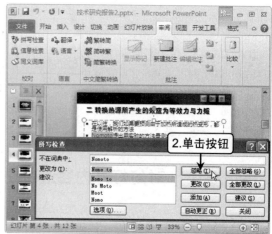

图12-57 发现疑似错误

第3步 将自动跳转到幻灯片中的下一处疑似拼写错误,仔细查看了解该处确实为单词错误,于是在系统提供的更改建议中选择正确的拼写选项,然后单击"更改"按钮。如果单击"全部更改"按钮将一次性全部修改演示文稿中的相同单词错误,如图12-58所示。

第4步 PowerPoint 将继续检查其他错误,或忽略或修改,直到不再有疑似拼写错误时将打开结束对话框,单击"确定"按钮即可,如图 12-59 所示。

图12-58 更改错误

图12-59 结束拼写检查

12.2 工作报告

工作报告也称述职报告,是指公司各级干部及其他岗位责任人,在人事考评(职务、职称)或年终总结等会议中,根据职务或职责考核标准,向上级部门、机关、评审组织或本单位的干部职工，陈述自己的任职情况或部门的工作业绩时的汇报材料。

 NO.092 利用背景图片完善目录并制作节标题

///// **职场情景** ///

如图12-60所示为述职报告演示文稿中的目录幻灯片，但目录幻灯片中只输入了述职报告的主要内容，并未表明本次述职的部门（●光盘\素材\第12章\公司干部述职报告.pptx、背景.jpg）。

图12-60 公司干部述职报告目录幻灯片

///// **解决思路** ///

在作为正文幻灯片背景的图片右上角有一个圆形区域，可将其利用起来，准备在该区域添加一段文本，表明本次述职的部门（●光盘\效果\第12章\公司干部述职报告.pptx）。

///// **解决方法** ///

第1步 打开提供的"公司干部述职报告"演示文稿，切换到目录幻灯片，单击"插入"选项卡下的"艺术字"按钮，在弹出下拉列表中选择一种艺术字样式，如图12-61所示。

第2步 在幻灯片中出现的艺术字占位符中输入述职部门，然后设置其文本字体格式，如图12-62所示。

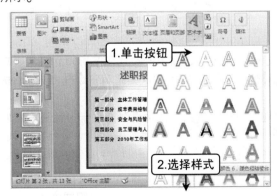

图12-61 选择艺术字样式

图12-62 输入艺术字

第3步 由于该文本放置的区域为一圆形，为了让其与区域更协调，需要让文本也呈现弧形，于是选择艺术字，单击"绘图工具 格式"选项卡下"文本效果"按钮，选择"转换"菜单下的"上弯弧"效果，如图12-63所示。

第4步 艺术字变为了弧形，还需要拖动边框调整其大小，拖动绿色控制点对其进行旋转，或拖动红色控制点对其弯曲弧度进行调整，最终使艺术字与圆形区域完美配合，如图12-64所示。

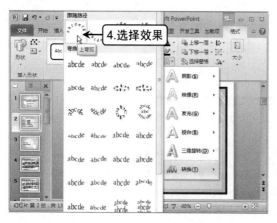

图12-63　设置艺术字形状

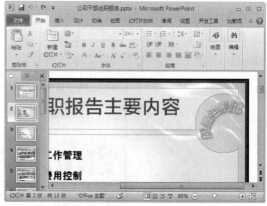

图12-64　完成艺术字的制作

第5步 在目录幻灯片后新建一张"节标题"版式幻灯片，由于本演示文稿是直接对单张幻灯片进行背景、版式、格式和内容的制作，所以在新建的节标题幻灯片中，将光盘素材第12章文件夹中提供的"背景.jpg"图片设置为背景，然后删除其中的正文占位符，如图12-65所示。

第6步 调整标题占位符的位置和格式，输入表示第一部分开始的节标题，如图12-66所示。

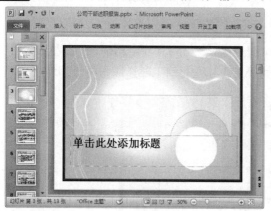

图12-65　新建节标题幻灯片

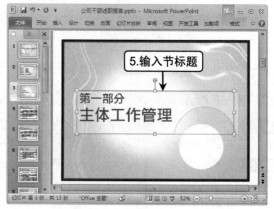

图12-66　制作节标题幻灯片

第7步 占位符或文本框中文本在上下方向上默认是顶部对齐的，如本例输入了节标题后，希望其中内容在上下方向上居中对齐，则在其边框上单击鼠标右键，在弹出的快捷菜单中选择"设置形状格式"命令，如图12-67所示。

第8步 单击"关闭"按钮完成设置。在打开对话框中单击左侧的"文本框"选项卡，然后在右侧"垂直对齐方式"下拉列表框中选择"中部对齐"选项，如图12-68所示。

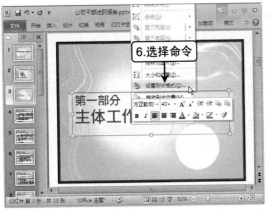

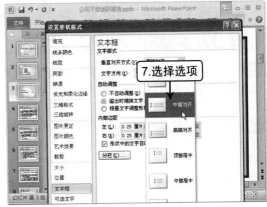

图12-67 选择"设置形状格式"命令　　　图12-68 设置文本垂直对齐方式

 在节标题幻灯片背景图片中也有一圆形区域，用户同样可以在该区域中加入代表部门的文本，直接复制前面所制作的艺术字，再调整其位置或大小即可。

NO.093　将内容幻灯片制作为双标题

///// **职场情景** //

　　紧接上例，在为演示文稿制作节标题后，继续制作了主体内容幻灯片，如图12-69所示，由于演示文稿的结构较复杂，而主体内容幻灯片只有表示所属部分的主标题（即目录幻灯片中的各部分标题），并未出现表示幻灯片具体内容的标题（◎光盘\素材\第12章\公司干部述职报告2.pptx）。

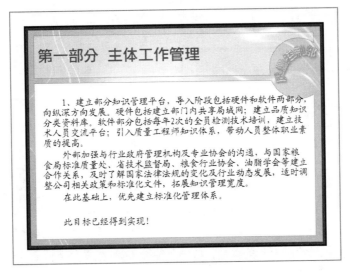

图12-69 主体内容幻灯片

///// **解决思路** //

　　本例的解决思路可考虑将主体内容幻灯片的标题制作得特殊些，让其既有表示所属部分的主标题，又有表示其具体内容的标题。于是将标题占位符一分为二，输入两段标题文本，左对

职场问题解决篇

齐，并设置不同的字号以示区别（⊙光盘\效果\第12章\公司干部述职报告2.pptx）。

////// **解决方法** //

第1步 打开提供的"公司干部述职报告2"演示文稿，选择第4张主体内容幻灯片，将文本插入点定位到标题文本最右侧，按【Enter】键后在下一行输入具体内容的标题，输入两段标题文本，设置其对齐方式为左对齐，并设置不同的字号以示区别，如图12-70所示。

第2步 光是字号区别还不明显，需要在两行文本之间插入一段线条。先选中两行文本，单击鼠标右键，在弹出的快捷菜单中选择"段落"命令，在打开对话框中设置行距为"固定值"、"50磅"，如图12-71所示。

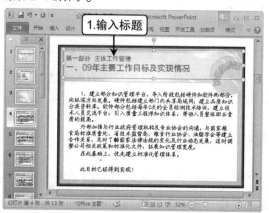

图12-70 输入两行标题

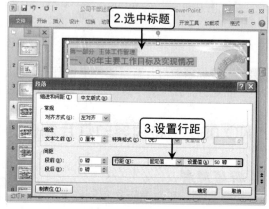

图12-71 设置行间距离

第3步 单击"确定"按钮后可看到两行文本之间的间距增大了，如图12-72所示。

第4步 单击"开始"选项卡下"绘图"组图库中的"直线"选项，如图12-73所示。

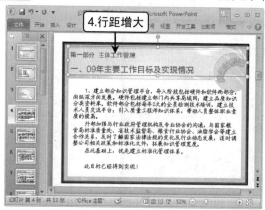

图12-72 两行文本间距增大

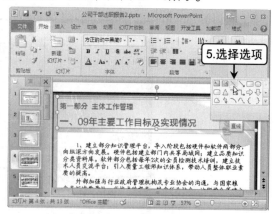

图12-73 选择直线选项

第5步 在两行文本间拖动绘制出一条直线，单击"绘图工具 格式"选项卡"形状轮廓"按钮右侧的下拉按钮，然后设置线条粗细为"1.5磅"，如图12-74所示。

第6步 设置线条的颜色，并设置其样式为"虚线"，其效果如图12-75所示。

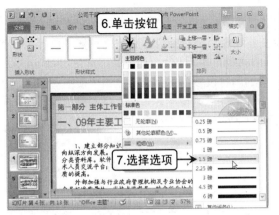

图12-74　设置直线粗细

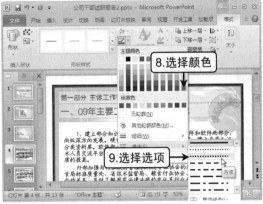

图12-75　设置直线样式

 NO.094　使用带斜线表头的表格进行公司的盈利能力分析

///// **职场情景** /////

　　财务报告是将日常的会计核算资料进行加工、整理、汇总，以货币为计量单位，以表格形式定期综合反映企业在一定时期内的财务状况、经营成果和现金流量的书面报告文件。

　　某建筑工程企业制作了一份财务报告演示文稿，其中对于盈利能力分析只输入了文本内容，其效果如图12-76所示。现要求将盈利能力分析的具体数据也展示在报告中（◉光盘\素材\第12章\财务报告分析.pptx）。

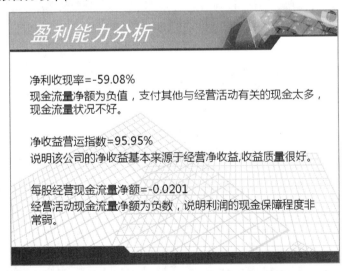

图12-76　财务报告幻灯片

///// **解决思路** /////

　　本例的解决思路可以考虑使用表格进行公司的盈利能力分析（◉光盘\效果\第12章\财务报告分析.pptx）。

////// **解决方法** //

第1步 打开提供的"财务报告分析"演示文稿，在盈利能力分析幻灯片后新建一张"仅标题"幻灯片，并输入标题，再在幻灯片中插入一个4行3列的表格，如图12-77所示。

第2步 在表格中输入数据，并将第1行第1个单元格的内容设置为垂直方向上的"顶端对齐"，水平方向上"左对齐"（这样设置的原因是：该单元格将制作成斜线表头，位于右上角的内容为该斜线表格中的一项内容），并对其它数据进行对齐设置，最终效果如图12-78所示。

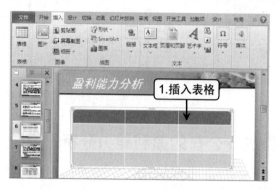

图12-77　插入表格到幻灯片　　　　　　图12-78　输入数据并设置对齐方式

设置表格中文本的对齐方式

设置表格中内容的对齐方式，除了在"设置形状格式"对话框的"文本框"选项卡下"垂直对齐方式"下拉列表框中设置对齐方式外，还可单击"表格工具 布局"选项卡"对齐方式"组中对齐方式按钮进行文本对齐方式的设置，如图12-79所示。

图12-79　设置文本的对齐方式

第3步 调整表格的位置和大小到适合位置，再向下拖动第1、2行之间的表格线，增加第1行表格的行高，如图12-80所示。

第4步 在"表格样式"图库列表框中为表格设置一种外观样式，设置后其效果如图12-81所示。

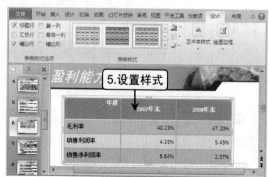

图12-80　增大行高　　　　　　　　　图12-81　设置表格样式

第5步 由于本例需制作斜线表头，于是在"绘图边框"组中"笔划粗细"下拉列表框中设置将要绘制的表格斜线为"0.75磅"粗细，如图12-82所示。

第6步 然后在"笔颜色"下拉列表框中设置绘制表格线的颜色为"白色"，如图12-83所示。

图12-82 设置线条粗细

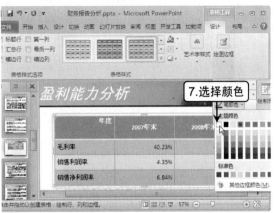

图12-83 设置线条颜色

第7步 此时鼠标光标变为笔形，直接在表格行第一个单元格中间斜向拖动，绘制出表头斜线，斜线将单元格分为了两部分，如图12-84所示。

第8步 绘制完成后按【Esc】键鼠标光标变为正常编辑状态，然后统一设置其中文本的格式，如图12-85所示。

图12-84 绘制斜线表头

图12-85 统一设置表格中文本格式

第9步 要在斜线单元格中左部分输入文本需要借助文本框。于是绘制一个文本框，在其中输入内容并设置格式，然后摆放在相应的位置即可，如图12-86所示。

第10步 绘制好带斜线表头的表格后，在幻灯片底部再输入关于该表格数据的分析内容，如图12-87所示。

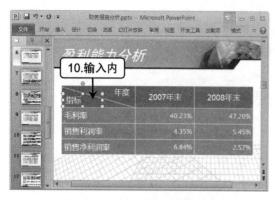
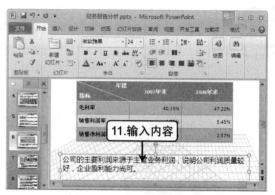

图12-86 输入斜线单元格内容　　　　　　图12-87 输入表格分析内容

在表格中输入内容的技巧

在表格中输入内容的起始位置由闪烁的文本插入点决定，在幻灯片中除了可通过鼠标单击单元格来定位文本插入点，还可以通过键盘操作来精确定位，具体方法如下。

按【Tab】键定位：按【Tab】（在未输入文本或文本插入点位于当前单元格最右侧时，也可按【→】键）将文本插入点向右移动一个单元格，即可直接输入文本。

按【Shift+Tab】组合键定位：按【Shift+Tab】组合键，将文本插入点向左移一个单元格，即可直接输入文本。

按方向键：在单元格中未输入文本的情况下按【↑】键、【↓】键、【←】键或【→】键可使文本插入点向上、下、左、右移动一个单元格。

NO.095　增减行列来减少制作同类表格的工作量

职场情景

　　紧接上例，在完成了上面两个表格的制作后，在制作关于公司偿还能力分析幻灯片时，由于也使用斜线表头的表格，所以使用复制修改的方法完成制作，如图12-88所示为复制前面制作的表格后修改表格内容的效果图，但该偿还能力分析表格中还有一项现金流动负债比率数据，所以需要增加表格的行数（●光盘\素材\第12章\财务报告分析2.pptx）。

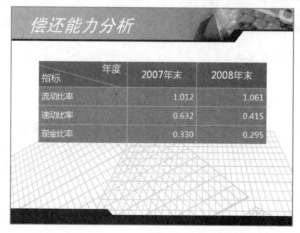

图12-88 偿还能力分析幻灯片

////// **解决思路** //

　　由于表格结构与前面表格结构一样，只是行列数有所增加，在"表格工具 布局"选项卡下，根据实际情况插入表格行数（●光盘\效果\第12章\财务报告分析2.pptx）。

////// **解决方法** //

第1步 打开提供的"财务报告分析2"演示文稿，切换到偿还能力分析幻灯片，选中表格的最后一行，在"表格工具 布局"选项卡中单击"在下方插入"按钮，如图12-89所示。

第2步 此时可看到所选行的下侧自动增加了一个空行，如图12-90所示。

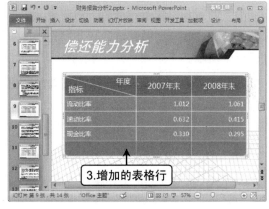

图12-89　单击"在下方插入"按钮　　　　图12-90　表格下方增加一个空行

第3步 在其中各单元格中输入内容，并为输入内容设置与表格中其它内容相同的格式，让整个表格看起来更专业，设置完成后其效果如图12-91所示。

第4步 继续制作长期偿还能力分析表格，仍然复制前面表格，将表格内容修改完成后，发现仍有一项该放在表格中的数据未放到表格中，于是使用第1步的方法再插入一个空行，然后在插入的单元格中输入内容，并设置内容的格式，其最终效果如图12-92所示（在设置表格的增减时，可根据具体情况进行表格的增减，除了在下方插入表格外，还可在所选单元格上方、左侧、右侧插入）。

图12-91　输入表格内容并设置其格式　　　　图12-92　完成表格的制作

同时添加多个行或列

如果要同时添加多个行或列，可以使用鼠标在现有表格中进行拖动，以选中若干行或列，然后在"表格工具 布局"选项卡的"行和列"组中单击相应的添加行列按钮，即可插入与所选行数或列数相同的行或列。

12.3 公司报告

除了项目与工作的报告外，对于整个公司而言，每年年终，企业领导都会举行相应的年终总结会议，对过去一年公司各项业绩、经验或不足之处进行总结，让所有员工对企业的整体发展有一个清晰的了解，另外也会对明年的工作进行规划展望。

在制作公司报告时，将报告的主要内容制作成演示文稿并展示给与会人员，可使整个会议过程变得更加生动与轻松，借助PowerPoint的多项展示功能，还可将一些不能在纸张上展示的内容放映在屏幕上，丰富了会议的内容。本章将介绍如何利用PowerPoint制作完善的公司报告类演示文稿。

NO.096 修改幻灯片背景的RGB值的透明度

/////// **职场情景** ///

如图12-93所示为某国际贸易企业制作的年终会议幻灯片，由于是年终会议演示文稿，所以版式较正式简洁，但幻灯片主区域中的灰色背景颜色和幻灯片左下角多个箭头的颜色过深，如果这两处颜色柔和些效果会更好（◎光盘\素材\第12章\企业年终会议.pptx）。

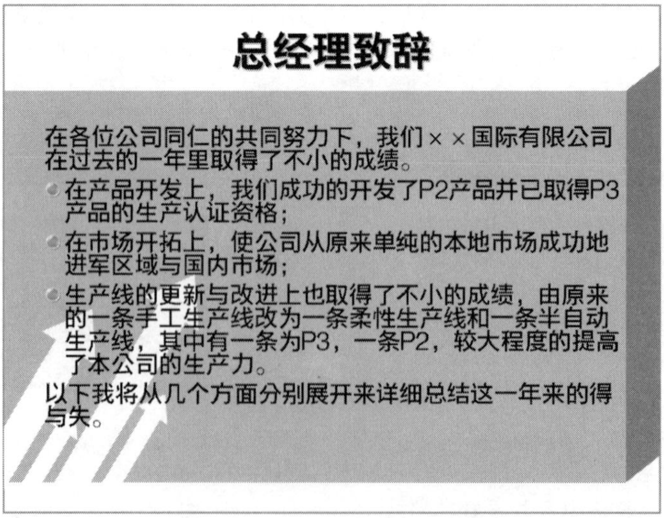

总经理致辞

在各位公司同仁的共同努力下，我们××国际有限公司在过去的一年里取得了不小的成绩。
- 在产品开发上，我们成功的开发了P2产品并已取得P3产品的生产认证资格；
- 在市场开拓上，使公司从原来单纯的本地市场成功地进军区域与国内市场；
- 生产线的更新与改进上也取得了不小的成绩，由原来的一条手工生产线改为一条柔性生产线和一条半自动生产线，其中有一条为P3，一条P2，较大程度的提高了本公司的生产力。
以下我将从几个方面分别展开来详细总结这一年来的得与失。

图12-93 企业年终会议幻灯片

/////// **解决思路** ///

进入到幻灯片母版视图，通过调节幻灯片主区域中的灰色和白色箭头的透明度，达到柔化背景颜色的目的（💿光盘\效果\第12章\企业年终会议.pptx）。

/////// **解决方法** ///

第1步 打开提供的"企业年终会议"演示文稿，首先进入到"幻灯片母版"视图，然后选中幻灯片主母版中的矩形块，并在其上单击右键，在弹出的快捷菜单中选择"设置形状格式"命令，如图12-94所示。

第2步 打开"设置形状格式"对话框，在"填充"栏下"透明度"中设置其透明度为"70%"，如图12-95所示。可直接输入"70%"，也可拖动滑块调整透明度。

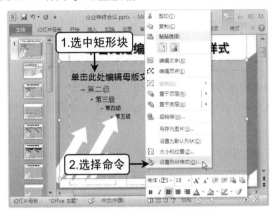

图12-94 选择"设置形状格式"命令

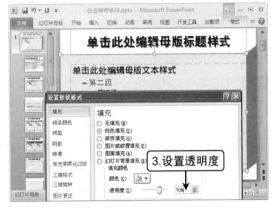

图12-95 设置填充颜色的透明度

第3步 选中矩形区域右侧的一个形状，设置其透明度为"80%"，如图12-96所示。

第4步 设置平衡灰色区域画面的白色箭头的透明度为"60%"，以形成反白效果，如图12-97所示。

图12-96 设置菱形的透明度

图12-97 设置白色箭头的透明度

第5步 选中另外3个白色箭头，在"设置形状格式"对话框中继续设置其透明度为"60%"，完成设置后，其效果如图12-98所示。

第6步 为了不因为全为灰色颜色而使版面单调，于是在幻灯片的左上角再绘制多个箭头，并设置为不同的颜色，具体的颜色值由用户自行设置，只要相互协调即可，如图12-99所示。

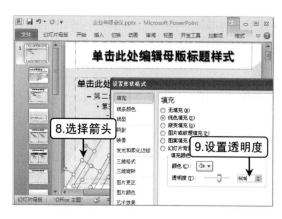

图 12-98 设置其他形状的透明度

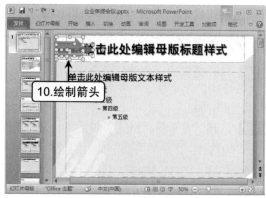

图 12-99 制作彩色箭头

第7步 完成演示文稿幻灯片背景透明度的设置，退出幻灯片母版视图即可。

箭头超出幻灯片编辑区域怎么办

本例幻灯片中左侧矩形中的箭头超出了幻灯片的编辑区域，将不会在放映时显示出来，因此它不会影响到各个版式的美观，无需对其进行遮挡。

 NO.097 在公式中输入平方号并展示年度销售进度

///// **职场情景** //

在完成年终会议幻灯片的设置后，制作人员将年终会议演示文稿交由相关负责人审核，负责人在审核时发现,该演示文稿中采购部方面幻灯片中采购公式中的平方号都不是以平方号的形式出现，如图12-100所示，审核人员将演示文稿返给制作者，让制作者进行修改，并且审核人员发现,该年终报告中并未将公司过去一年市场营销与销售方面的预期计划以及完成情况展示在演示文稿中（●光盘\素材\第12章\企业年终报告.pptx）。

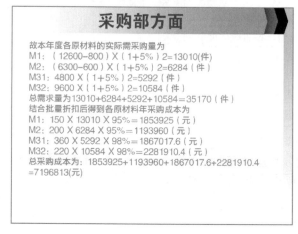

图12-100 采购部方面幻灯片

//////// **解决思路** //

　　想要在采购公式中输入平方号,可设置其为上标,并将公司过去一年市场营销与销售方面的预期计划以及完成情况发挥自己的设计能力,通过各种自选图形构成能直观表达信息的图示(◎光盘\效果\第12章\企业年终报告.pptx)。

//////// **解决方法** //

第1步 打开提供的"企业年终报告"演示文稿,切换到采购部方面幻灯片,选中原材料的采购量公式中输入的数字"2"并在其上单击鼠标右键,然后在弹出的快捷菜单中选择"字体"命令,如图12-101所示。

第2步 在打开的对话框中选中"上标"复选框,在其后的"偏移量"数值框中可设置该上标文本与正文文本之间的距离,此处设置其偏移量为"30%",如图12-102所示。

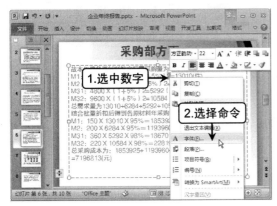

图12-101　选择"字体"命令

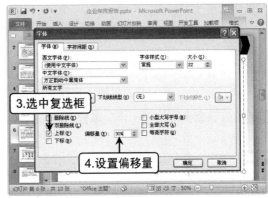

图12-102　设置上标及其偏移量

第3步 完成设置后单击"确定"按钮,即可看到选择的数字"2"变为了上标平方,如图12-103所示。

第4步 重复以上操作步骤继续设置采购公式中要作平方显示的数字"2",完成后其效果如图12-104所示。

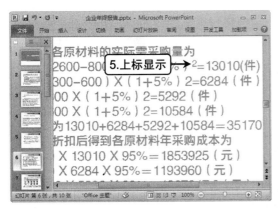

图12-103　数字设置为上标

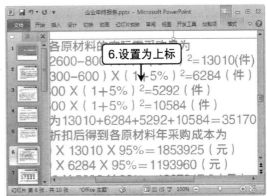

图12-104　将所有平方号数字"2"设置为上标

第5步 继续在该幻灯片后新建一张标题和内容版式幻灯片，在其中输入标题和正文，如图12-105所示。在其中将展示企业在过去一年的预期计划以及完成情况。

第6步 首先绘制一个长箭头，并为其设置一种快速样式，如图 12-106 所示。该箭头用于表示过去的一年从前至后的主线。

图12-105　在幻灯片中输入标题和正文

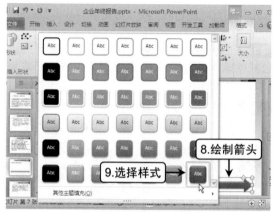

图12-106　为箭头设置快速样式

第7步 在该箭头上绘制一个文本框，在其中输入相应的文本，并设置格式，其最终效果如图12-107所示。

第8步 过去一年的工作按时间分为几个阶段，下面绘制几个不同的矩形，分别设置不同的快速样式，将其并列在长箭头上侧，将箭头分为几个部分，并在各矩形内容中再输入文本，使各部分的区分更为明显，如图 12-108 所示。

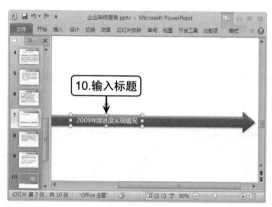

图12-107　在幻灯片中输入标题和正文

图12-108　制作矩形块

第9步 在不同的矩形块上侧输入相应的文本，表示该阶段的工作完成情况。先绘制多条不同高度的虚线，放置在矩形块之间，如图 12-109 所示。

第10步 再分别绘制多个文本框，在其中输入相应的工作完成情况文本即可，然后统一选中设置文本格式，完成自定义图示的制作，如图 12-110 所示。

高效办公 职场

图12-109 绘制多条不同高度的虚线

图12-110 输入工作情况文本

第十三章

解决其他办公领域问题

PowerPoint的应用非常广泛，除了帮助解决前面讲的职场问题，在教学领域、旅游领域也有着非常广泛的应用，如通过PowerPoint制作的教学课件可为各层次的教学提供便利，通过PowerPoint展示图片再结合背景音乐，可以让游人对各景点的特色、风景及风土人情等有直观的了解。下面就重点介绍利用PowerPoint解决这些领域的问题。

13.1　教学课件的制作

在教学演示领域中，PowerPoint有着非常广泛的应用，通过它制作的教学课件可为各种层次的教学提供便利。使用这种多媒体方式的教学，既可以展示丰富的内容，又能让教学方式灵活而直观，生动的演示还可很大幅度地提高学生的兴趣，从而提高教学质量。下面将介绍如何利用PowerPoint解决一些有关教学课件制作的问题。

 NO.098　设置符合教学课件内容的占位符方向

////// **职场情景** //

某小学学校规定，每月每位科任老师在所教学班级中选择一个班级进行公开教学，为方便教学，每次公开教学时，授课老师都会制作关于教学内容的教学课件。

如图13-1所示为某语文老师制作的关于古诗词教学课件，由于是古诗词教学，所以可将幻灯片中占位符的方向设置为古文的书写方式（◉光盘\素材\第13章\小学古诗词教学课件.pptx、bj1.jpg）。

图13-1　小学古诗词教学课件

////// **解决思路** //

将幻灯片中文本占位符的方向设置为垂直方式（◉光盘\效果\第13章\小学古诗词教学课件.pptx）。

////// **解决方法** //

第1步 打开提供的"小学古诗词教学课件"演示文稿，切换到幻灯片母版视图，选择版式母版幻灯片，然后选择标题占位符，在其上单击鼠标右键，在弹出的快捷菜单中选择"占位符方向/垂直"命令，如图 13-2 所示。

第2步 该标题占位符中文本内容的方向发生变化，然后将其放置到适合位置，如图 13-3 所示。

图13-2　设置占位符方向

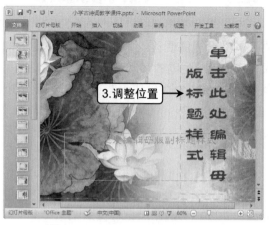

图13-3　放置主标题占位符位置

第3步 这里还需要将副标题占位符的文本方向设置为垂直，在其占位符上单击鼠标右键，在弹出的快捷菜单中并没有第 1 步中出现的"占位符方向"命令，这里可选择"设置形状格式"命令，如图 13-4 所示。

第4步 在打开的对话框的"文本框"选项卡右侧的"文字方向"下拉列表框中选择"竖排"选项，如图 13-5 所示，然后单击"关闭"按钮。

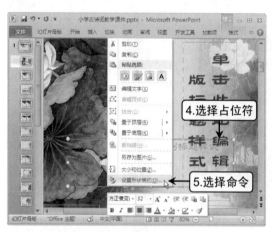

图13-4　选择"设置形状格式"命令

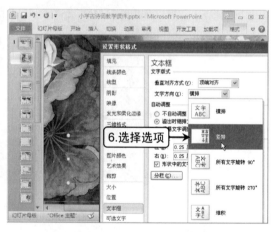

图13-5　选择"竖排"选项

第5步 调整改变方向后的副标题占位符的大小和位置，完成版式的设置，其效果如图 13-6 所示。

第6步 将光盘素材第 13 章文件夹中的"bj1.jpg"图片插入到标题幻灯片版式母版，完成后单击"关闭母版视图"按钮退出幻灯片母版视图（更改幻灯片背景图片是因为通常古诗词标题都用大小括号括起来，这样更能体现课件的主题）。

第7步 返回幻灯片，可看到该教学课件幻灯片封面效果如图 13-7 所示。

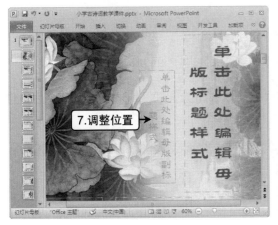

图13-6　调整副标题占位符的大小和位置

图13-7　完成占位符方向的设置

NO.099　将诗词朗读音频插入到课件中并进行动画设置

///// **职场情景** ///

在教学课程中，为提高学生的兴趣，教学老师特意录制了该古诗词的语音朗读，如图13-8所示为古诗词教学课件演示文稿中的诗词欣赏幻灯片（⊙光盘\素材\第13章\小学古诗词教学课件2.pptx、诗词朗读.mp3）。

图13-8　诗词欣赏幻灯片

///// **解决思路** ///

除了在该诗词欣赏幻灯片中插入诗词的语音朗读，以提高学生的兴趣，还可设置在朗读的同时出现诗句（⊙光盘\效果\第13章\小学古诗词教学课件2.pptx）。

///// **解决方法** ///

第1步 打开提供的"小学古诗词教学课件 2"演示文稿，切换到诗词欣赏幻灯片，在"插入"选项卡下单击"音频"下拉按钮，在弹出的下拉菜单中选择"文件中的音频"命令，如图 13-9 所示。

第2步 在打开的"插入音频"对话框的"查找范围"下拉列表框中选择音频保存的位置，然后在中间的列表框中选择所需文件，此时选择素材文件中的"诗词朗读.mp3"文件，单击"插入"按钮将其插入到幻灯片中，如图 13-10 所示。

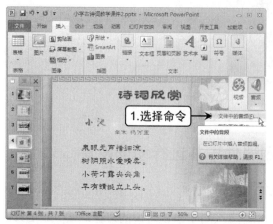

图13-9　选择"文件中的音频"命令

图13-10　选择音频文件

第3步 返回当前幻灯片，可看到音频文件以一个喇叭图标显示，可选择此"喇叭"后将其拖动到合适的位置，如图 13-11 所示。

第4步 为保证放映该幻灯片时的美观度，可选中"音频工具 播放"选项卡下"音频选项"组中的"放映时隐藏"复选框，如图 13-12 所示。

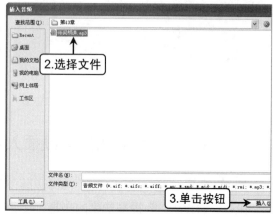

图13-11　移动音频文件图标位置

图13-12　设置音频文件图标隐藏

第5步 既然插入的是该诗词的语音朗读文件，就要对音频文件的开始方式进行设置，此处设置诗词内容伴随着朗读声音出现，且以打字机方式出现。

第6步 单击"动画窗格"按钮，打开"动画窗格"任务窗格，在其中可看到已经存在了音频播放的动画选项，如图 13-13 所示。

第7步 选择诗词名与作者名两个文本框，单击"动画样式"按钮，在弹出的下拉菜单"进入"栏中选择"淡出"选项，如图 13-14 所示。

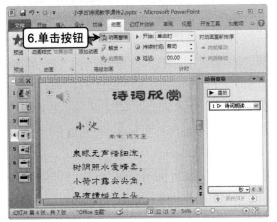
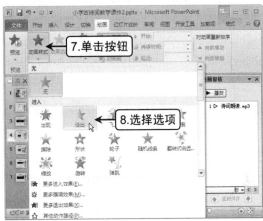

图13-13 打开"动画窗格"任务窗格　　　图13-14 设置进入动画

第8步 单击"动画窗格"任务窗格中两项动画效果右侧的下拉按钮，在弹出的下拉列表中选择"从上一项开始"选项，即与朗读声音同时开始，如图 13-15 所示。

第9步 选择 4 段诗句所在的文本框，为其添加"进入/出现"动画，然后单击该动画效果右侧的下拉按钮，在弹出的下拉菜单中选择"效果选项"命令，如图 13-16 所示。

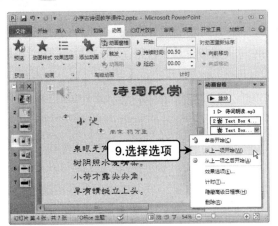
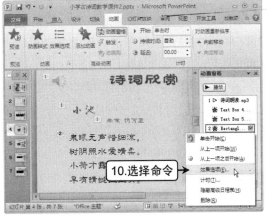

图13-15 选择"从上一项开始"选项　　　图13-16 选择"效果选项"命令

第10步 在打开的对话框的"效果"选项卡的"动画文本"下拉列表框选择"按字母"选项，并设置字母之间延迟秒数为"0.7"，如图 13-17 所示。

第11步 单击"正文文本动画"选项卡，在"组合文本"下拉列表框中选择"按第一级段落"选项，然后单击"确定"按钮，如图 13-18 所示。使该 4 段诗句分别对应一种单项动画，以方便后面进行动画设置，最后将这 4 项动画的开始方式设置为"之前"。

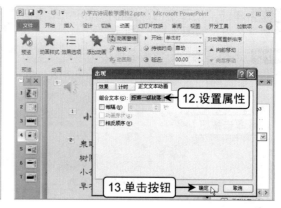

图13-17　设置动画文本　　　　　　　　　图13-18　设置组合文本属性

 NO.100　利用高级日程表调整动画开始与结束时间

///// **职场情景** ////////////////////////////////////

　　完成诗词朗读音频插入到课件并设置其动画效果后，由于所有动画是同时开始的，但诗词朗读声音有小段前奏，而教学老师希望在播放诗词朗读声音的前奏时，先出现诗词的标题与作者，然后在朗读各诗句的同时，依次以打字机效果出现各行诗句（◎光盘\素材\第13章\小学古诗词教学课件3.pptx）。

///// **解决思路** ////////////////////////////////////

　　要满足以上要求，就需要精确地设置各动画的开始时间及播放速度等，下面将通过时序操作窗口底部的时间标尺来精确设置各动画的开始时间及播放速度（◎光盘\效果\第13章\小学古诗词教学课件3.pptx）。

///// **解决方法** ////////////////////////////////////

第1步 打开提供的"小学古诗词教学课件3"演示文稿，切换到诗词欣赏幻灯片，打开"动画窗格"任务窗格后，在第一项动画选项右侧单击下拉按钮，在弹出的下拉列表中选择"显示高级日程表"选项，如图13-19所示。

第2步 这时可看到原来的动画列表框变成了时序操作窗口，通过窗口底部的时间标尺可清楚地看到各个动画播放先后顺序和开始与结束时间，如图13-20所示。

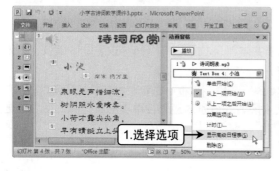
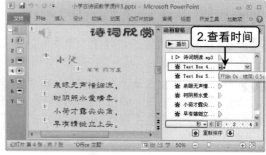

图13-19　选择"显示高级日程表"选项　　　图13-20　查看动画开始与结束时间

第3步 由于本例第一项声音动画的播放时间较长，为了方便后面的设置操作，这里先单击任务窗格底部的"秒"按钮，在弹出的菜单中选择"缩小"命令，以增大刻度值来缩短整个标尺的长度，如图13-21所示。

第4步 下面先设置在声音播放时出现的第一个动画（即标题文本）的开始与结束时间。单击"播放"按钮试听了朗读声音后，先向后拖动标题文本动画选项后的色块，设置其开始时间为"4.2s"即4.2秒，然后将鼠标指向滑块右侧，待光标变为形状时向后拖动，设置该动画的结束时间为"14s"，如图13-22所示。

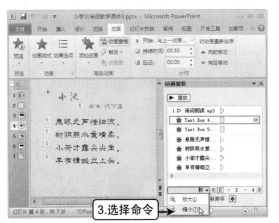
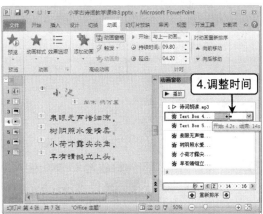

图13-21 选择"缩小"命令　　　　　图13-22 调整开始与结束时间

第5步 使用同样的方法，拖动设置作者名文本框的开始时间"4.6s"、结束时间"22.4s"，如图13-23所示。

第6步 选择诗词朗读音频图标，切换到"音频工具 播放"选项卡，单击"预览"组中的"播放"按钮，在音频文件播放到23s处，单击该选项卡下"书签"组中的"添加书签"按钮，如图13-24所示。

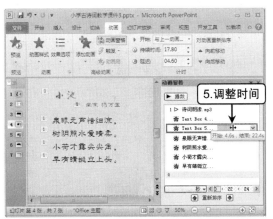
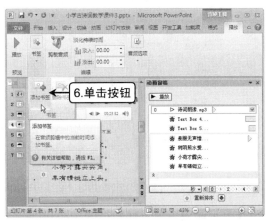

图13-23 调整作者名文本框的开始与结束时间　　图13-24 单击"添加书签"按钮

第7步 继续在29s处添加第二个书签，在35s处添加第三个书签，在40.5s处添加第四个书签，完成所有书签的添加后，可看到音频文件图标如图13-25所示。

第8步 切换到"动画"选项卡，选择"动画窗格"任务窗格中第一段诗句，然后单击"高级动画"组中"触发"按钮，在弹出的下拉菜单中选择"书签|书签|"命令，如图13-26所示。

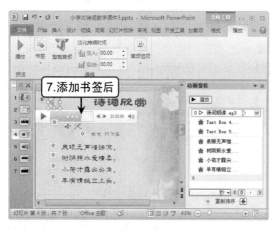

图13-25　为音频文件添加书签

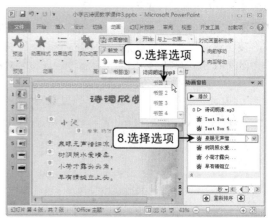

图13-26　为第一段诗句设置书签选项

第9步 继续设置第二段诗句的触发选项为"书签 2"，第三段诗句的触发选项为"书签 3"，第四段诗句的触发选项为"书签 4"，完成设置后，可看到"动画窗格"任务窗格效果如图 13-27 所示。

第10步 单击"预览"组中"预览"按钮，查看该幻灯片中各项动画的出现顺序及时间是否合适，若不符合需求，可在时序操作窗口中进行调整，如图13-28所示。

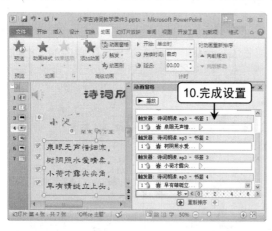

图13-27　完成所有诗句触发书签的设置

图13-28　预览该幻灯片中的动画

🗨 NO.101　在一张幻灯片上清晰显示故事文本

///// **职场情景** ///

如图13-29所示为某幼儿教师制作的讲给宝宝听的故事课件中的丑小鸭变天鹅的故事幻灯片，由于演示对象为幼儿，因此，在设计幻灯片背景、配色等方面均是从适合幼儿的角度出发，如采用了卡通。

该演示文稿中一页幻灯片描述了一个故事,而每个故事的内容都较多,如果将字体缩小将会导致看不清文本,也会降低宝宝的兴趣(●光盘\素材\第13章\讲给宝宝听的故事.pptx)。

图13-29　讲给宝宝听的故事幻灯片

////// **解决思路** //

此例将通过制作滚动条的文本框,像在Word程序中拖动滚动条那样展示大量的文本内容(●光盘\效果\第13章\讲给宝宝听的故事.pptx)。

////// **解决方法** //

第1步 打开提供的"讲给宝宝听的故事"演示文稿,选择讲第一个故事的幻灯片,然后对该幻灯片进行复制操作,将复制的幻灯片中的故事内容删除,如图13-30所示。

第2步 切换到"开发工具"选项卡,单击"控件"组中的"文本框"按钮,如图13-31所示。

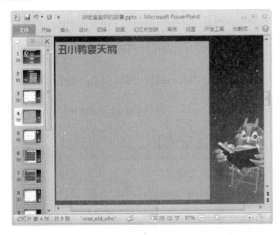

图13-30　复制幻灯片并删除故事内容

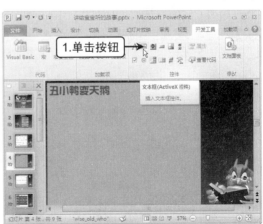

图13-31　单击"文本框"按钮

如何显示出"开发工具"选项卡

打开"PowerPoint 选项"对话框，在"自定义功能区"选项卡右侧的"自定义功能区"栏下选中"开发工具"复选框，然后单击"确定"按钮即可。

第3步 此时鼠标光标变成十形状，在幻灯片中合适的位置按下鼠标左键并进行拖动，绘制一个适合大小的文本框控件，如图 13-32 所示。

第4步 在文本框控件上单击鼠标右键，在弹出的快捷菜单中选择"属性"命令，如图 13-33 所示。

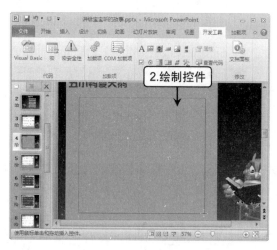

图13-32　绘制文本框控件

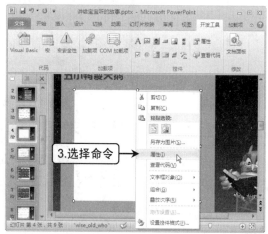

图13-33　选择"属性"命令

第5步 打开"属性"对话框，单击"按分类序"选项卡，在"滚动"栏中选择"ScrollBars"选项，在其右侧的下拉列表框中选择"2-fmScrollBarsVertical"（垂直滚动条）选项，如图 13-34 所示。

第6步 在"行为"栏中选择"MultiLine"选项，在其右侧的下拉列表框中选择"True"选项，单击"关闭"按钮关闭"属性"对话框，如图 13-35 所示。

图13-34　设置垂直滚动条

图13-35　选择选项确认设置

第7步 选择上一张幻灯片，将故事内容复制下来，然后在新建的幻灯片的文本框上单击鼠标右键，在弹出的快捷菜单中选择"文字框对象/编辑"命令，如图 13-36 所示。

第8步 文本插入点定位到文本框控件内，将故事内容粘贴到其中，完成复制内容的最终效果如图 13-37 所示。

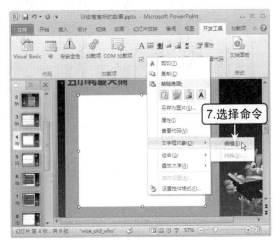

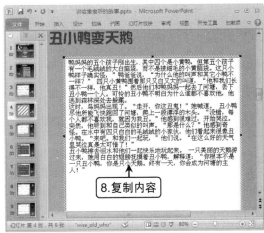

图13-36 选择"文字框对象/编辑"命令　　图13-37 将故事内容复制到文本框控件

第9步 再次打开文本框控件的"属性"对话框，在"按分类序"选项卡的"字体"栏中选择"Font"选项，在其右侧的文本框后单击 ... 按钮，如图 13-38 所示。

第10步 在打开的"字体"对话框中设置文字的字体、字形和大小，完成后单击"确定"按钮关闭对话框，如图 13-39 所示。

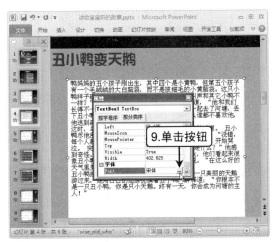

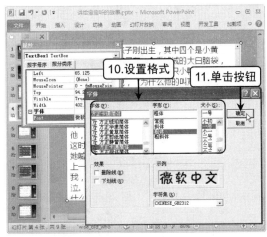

图 13-38 单击按钮　　　　　图 13-39 设置文本字体格式

第11步 单击"属性"对话框中的关闭按钮，返回到幻灯片，即可查看设置的文本效果，如图 13-40 所示。

第12步 按【F5】键，放映幻灯片，即可在放映过程中拖动滚动条查看文本内容，如图 13-41 所示。

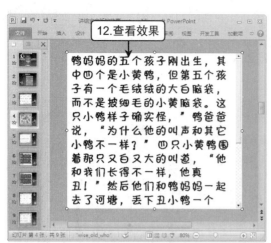 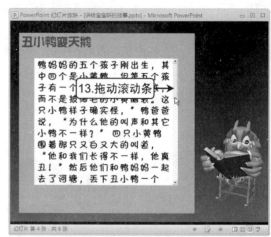

图 13-40　查看设置的文本效果　　　　图 13-41　放映时拖动滚动条查看文本内容

第13步 将之前制作的其他故事幻灯片删除，重复以上步骤，将其讲故事的幻灯片制作成以滚动条形式展示幻灯片内容。

NO.102　形象展示化学元素反应的过程

职场情景

　　如图13-42所示为某中学化学老师制作的化学教学课件，在制作化学元素反应结果幻灯片时，将所有化学元素的反应结果以文字的形式来描述相比较枯燥，怎样才能提高学生的兴趣呢（◎光盘\素材\第13章\中学化学教学课件\）。

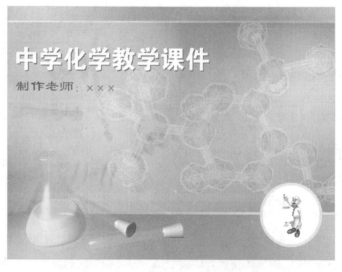

图13-42　化学教学课件幻灯片

///// **解决思路** ///

此例将通过绘制自选图形来生动展示化学元素反应过程，以激发学生的兴趣（◎光盘\效果\第13章\中学化学教学课件.pptx）。

///// **解决方法** ///

第1步 打开提供的"中学化学教学课件"演示文稿，首先复制演示文稿中第 4 张幻灯片，生成第 5 张幻灯片，修改幻灯片标题后，删除不需要的内容，如图 13-43 所示。

第2步 将光盘中提供的"卡通 2.gif"动画图片插入到当前幻灯片，替代之前幻灯片中的卡通图片，然后插入素材文件中用于表示 CL 和 Na 原子的两张图片，如图 13-44 所示。

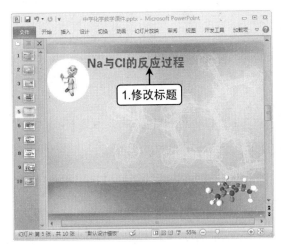

图13-43　修改幻灯片标题

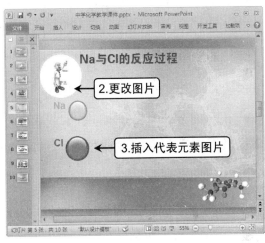

图13-44　插入代表化学元素的图片

第3步 在表示原子的两张图片上添加文本框，并在其中输入内容，如图 13-45 所示。

第4步 绘制 Na 原子的电子结构图，先单击"形状"按钮，在弹出的下拉列表中选择"基本形状"栏下的"弧形"选项，拖动绘制出一小段弧形形状，然后设置其线条颜色为"金色"，线条粗细为"3 磅"，如图 13-46 所示。

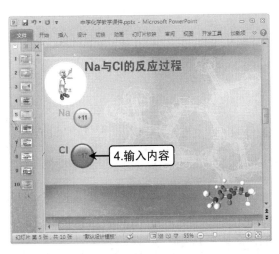

图13-45　在表示原子的图片上输入内容

图13-46　设置弧形格式

第5步 由于要在该弧形中间插入数字，因此要把弧形分为上下两段。可先复制粘贴该条弧形生成两条，然后拖动一条弧形下端的黄色控制点，将其向上缩短一半，再使用同样方法将另一条弧形向下缩短一半，并将两条弧形旋转在恰当位置，其最终效果如图 13-47 所示。

第6步 选择绘制完成的两条弧形，在其上单击鼠标右键，在弹出的快捷菜单中选择"组合/组合"命令，如图 13-48 所示，将两部分组合成一个对象，方便以后的操作。

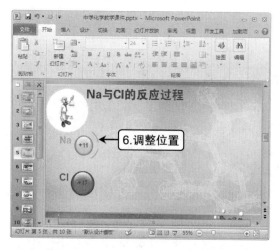

图13-47 将一条弧形复制为两条并调整

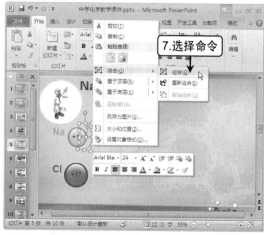

图13-48 组合两条弧形

第7步 按住【Ctrl】键向后拖动复制两条弧形，然后单击"开始"选项卡"绘图"组中的"排列"按钮，在弹出的下拉菜单中选择"对齐/横向分布"命令，使其呈等间距排列，如图 13-49 所示。

第8步 在三条弧形中间添加文本框，在其中输入数字并调整间距，使其至合适位置，如图 13-50 所示。

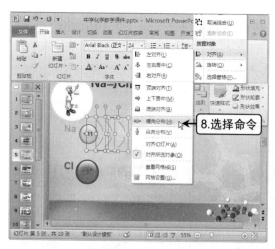

图13-49 选择"横向分布"命令

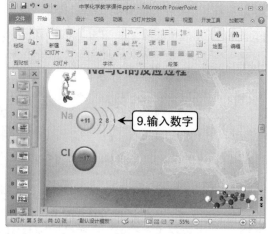

图13-50 在三条弧形中输入数字

第9步 使用前面相同的方法绘制或复制生成 Ci 原子的电子结构图，绘制完后可看到其效果如图 13-51 所示。

第10步 先绘制一条弧形，然后右击该弧形，在弹出的快捷菜单中选择"设置形状格式"命令，在打开的对话框的"线型"选项卡"箭头设置"栏下进行箭头前后端形状的设置。在 Na 和 Ci 的电子结构图后，绘制一个箭头图形，并放置在如图 13-52 所示的位置。

图13-51　绘制Ci原子的电子结构图

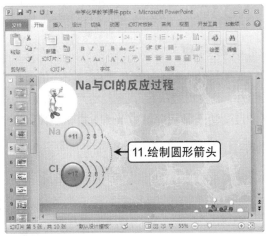
图13-52　在Na和Ci原子结构图后绘制圆形箭头

第11步 使用前面相同的方法绘制或复制生成表达式的其余部分，完成后的最终效果如图13-53所示。

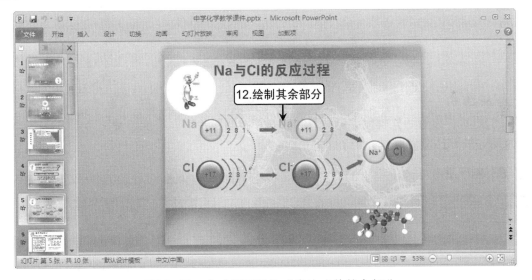
图13-53　完成两原子生成表达式的其余部分

13.2　介绍旅游景点

PowerPoint展示图片的能力很强，因此在制作旅游景点介绍的幻灯片时，可利用PowerPoint通过背景音乐、图片与文字的结合，让游人对各景点的特色、风景及风土人情等有直观的了解，以决定是否去该处旅行。下面将介绍一些介绍旅游景点的幻灯片，并帮助解决在制作此类幻灯片时可能遇到的问题。

 **NO.103　通过参考线确定正文幻灯片的版式**

///// **职场情景** /////

　　如图13-54所示为旅游景点三门岛的景区介绍幻灯片，由于该景区介绍幻灯片中要展示景区照片，但主母版决定了正文幻灯片的版式，怎样才能让景区照片更加规范地展示在该幻灯片中，且又便于排版呢（📀光盘\素材\第13章\旅游景点介绍\）。

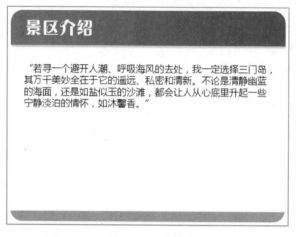

图13-54　旅游景点介绍首页幻灯片

///// **解决思路** /////

　　在幻灯片中设置版式辅助参考线，当在其中排版图片时，将能体会它带来的方便（📀光盘\效果\第13章\旅游景点介绍.pptx）。

///// **解决方法** /////

第1步 打开提供的"旅游景点介绍"演示文稿，进入到"幻灯片母版"视图，选择主母版，然后在版式空白处单击鼠标右键，在弹出的快捷菜单中选择"网格和参考线"命令，如图13-55所示。

第2步 在打开的对话框中选中"屏幕上显示绘图参考线"复选框，然后单击"确定"按钮，如图13-56所示。

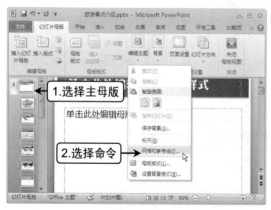

图13-55　选择"网格和参考线"命令

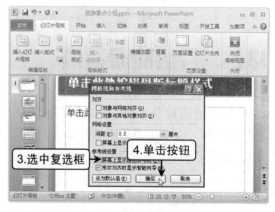

图13-56　设置显示参考线

高效办公 职场

第3步 此时即可看到幻灯片编辑窗格中出现了水平方向与垂直方向上的两条参考线，且都位于其方向上的中心位置（参考线不会在放映时显示，它只是作为排版时的辅助对齐线），如图13-57所示。

第4步 在某条参考线上单击并按下鼠标左键，可看到"0.00"的字样，这表示该处与参考线起始位置之间的距离，如图13-58所示。

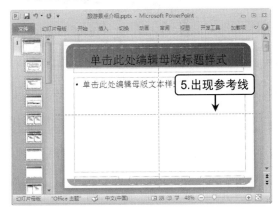

图13-57 在幻灯片编辑窗格中出现参考线

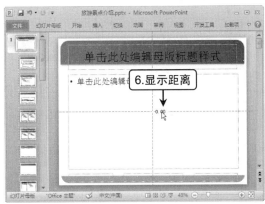

图13-58 显示参考线与中心位置的距离

第5步 直接拖动垂直参考线向左，移至左侧距离边框的某位，确定该处为正文内容的左侧边框位置，其距离中心位置的数据约为"11.50"，如图13-59所示。

第6步 按住【Ctrl】键的同时再拖动该垂直参考线向右，在右侧边框距离中心位置同样约为"11.50"处附近再复制出一条垂直参考线，如图13-60所示。

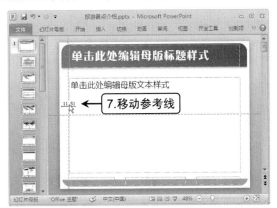

图13-59 向左移动参考线

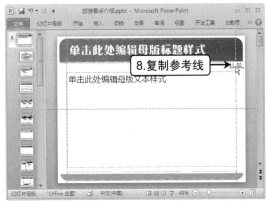

图13-60 在右侧复制参考线

关于移动参考线的知识

参考线距离中心位置的值精确到小数点后两位，但在拖动改变其位置的过程中，并不是很方便做到非常精确，如上面第5步如果拖动到"11.51"也是可以的，对版式基本没什么影响。

第7步 掌握了参考线的位置确定以及复制操作后，下面依次在版式中间再增加两条参考线（0.4附近），确定图片之间的间隔距离，然后再调整水平参考线的位置（4.8附近），以确定正文内容排版的起始位置，如图13-61所示。

第8步 完成参考线的设置后，拖动鼠标调整正文占位符的边框，让其顶部以及左右两侧分别位于对应的参考线位置（当移至参考线附近时将自动吸附过去，方便操作），如图13-62所示。

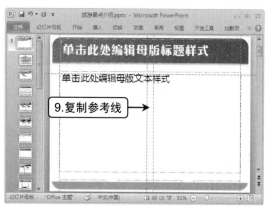

图13-61　设置其他参考线

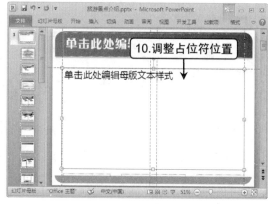

图13-62　按参考线调整占位符位置

第9步 退出幻灯片母版视图，然后调整正文占位符的底部，将幻灯片的下半部分用做展示图片，如图13-63所示。

第10步 将光盘素材文件夹中提供的"三门岛1~2.jpg"图片插入到幻灯片中，并调整大小使其刚好放置在左右两列，然后选择两张图片，通过"图片工具 格式"选项卡下的"快速样式"列表框为其设置一种外观效果，如图13-64所示。

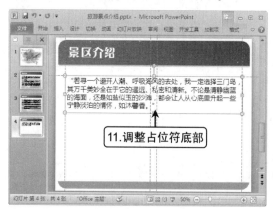

图13-63　调整正文占位符的底部

图13-64　插入图片并设置格式

第11步 使用同样方法制作后一张景区介绍幻灯片，并对各特色景点进行介绍。这里在新建幻灯片中输入标题和内容后，将对应景点图片插入到其中。根据图片形状，将其放置在右侧，再调整正文文本框位于左侧，设置图片的外观样式，完成该幻灯片的制作，如图13-65所示。

第12步 后面幻灯片的制作方法与之类似，但由于是图片的展示，因此应尽量根据图片的形状与大小来调整版式结构，既要体现出变化，又要严格按照参考线进行布局，从而得到很好的效果，如图13-66所示。

图13-65　制作月亮湾景点介绍幻灯片

图13-66　制作海誓山盟峰景点介绍幻灯片

NO.104　让观众通过首页幻灯片就可浏览到各景点的介绍

////// **职场情景** //

完成了幻灯片旅游景点的介绍后,制作者考虑将该演示文稿的首页幻灯片制作为通过首页幻灯片,就可选择浏览到各景点的介绍,如图13-67所示为三门岛景点介绍首页幻灯片（💿光盘\素材\第13章\三门岛景点介绍\）。

图13-67　三门岛景点介绍幻灯片

////// **解决思路** //

本例将在其背景地图上标出各重点景点并配上图片,然后设置动画以达到单击景点图片即切换到对应景点介绍幻灯片的效果,这样,观众通过首页幻灯片,即可选择浏览到各景点的介绍（💿光盘\效果\第13章\三门岛景点介绍.pptx）。

///// **解决方法** //

第1步 打开提供的"三门岛景点介绍"演示文稿，在首页幻灯片中绘制一个矩形，设置其边框为红色，填充为白色，如图13-68所示。

第2步 在该矩形上单击鼠标右键，在弹出的快捷菜单中选择"设置形状格式"命令，在打开的对话框的"填充"选项卡右侧拖动滑块，设置填充色的透明度为"100%"，然后单击"关闭"按钮，如图13-69所示。

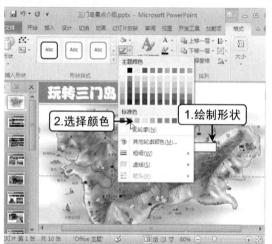

图13-68　绘制矩形并设置其效果

图13-69　设置矩形填充色透明度

第3步 此时矩形变为了矩形框的样式，然后将其放置在地图上本例第一处要介绍的景点"月亮湾沙滩"，以突出该景点，如图13-70所示。

第4步 将光盘素材第13章文件夹中"月亮湾沙滩小图.jpg"图片插入到幻灯片中，调整其大小并设置图片外观效果，将其放置在所对应景点的附近，如图13-71所示。

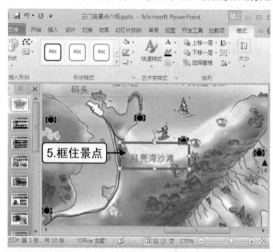

图13-70　用矩形框框住景点位置

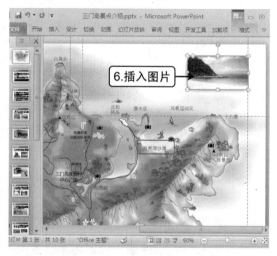

图13-71　插入图片并设置外观

为什么不直接将绘制的矩形设置为"无填充颜色"

本例中没有取消矩形的填充颜色，而是通过设置其透明度为"100%"来使其变为矩形框，这样的操作目的是让其既保留有填充的属性，又看起来像矩形框。因为后面还将设置单击该矩形后出现景点图片的动画，而如果将其设置为了"无填充颜色"，则只能单击矩形边框才能激活动画，通过保留其填充属性，则单击中间透明区域也可激活动画效果。使得观众的操作更方便。

第5步 在"开始"选项卡中选择绘制直线，鼠标光标变为十字形时，移动鼠标将其指向红色边框附近，当出现红色连接点时在某点单击并开始拖动，绘制到图片附近时再在出现的某处连接点单击结束，将边框与景点图片连接起来，如13-72左图所示，然后设置线条的粗细与颜色，如13-72右图所示。

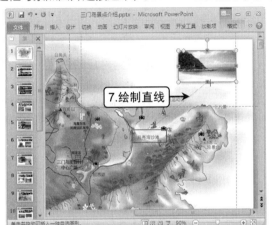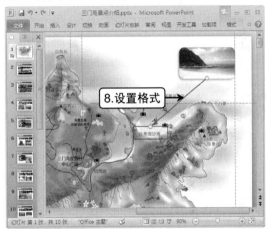

图13-72 绘制连接线并设置线条样式

通过连接点绘制线条的好处

通过连接点绘制线条的好处在于，此后移动两个连接起来的对象位置时，其中间的连接线会自动改变方向与位置，以始终保持两者相连的状态。

第6步 使用同样方法，在其他几处景点上绘制边框，然后插入光盘素材文件夹中提供的对应的图片，并使用直线将各自连接起来，分别摆放在幻灯片中适合位置，如图13-73所示。

第7步 下面将通过设置动画触发器，实现单击矩形方框后自动出现对应的景点小图的效果。但由于该幻灯片中有多处方框，为了方便后面设置触发器时进行选择，这里先单击"开始"选项卡下的"选择"按钮，在弹出的菜单中选择"选择窗格"命令，将"选择和可见性"任务窗格显示出来，可看到其中列出了当前幻灯片中的所有对象，对象名是系统根据制作或插入顺序自行添加的，如图13-74所示。

插入图片的技巧

在插入图片的过程中，为了简化操作，可以将前面设置好样式的景点小图片复制一份，然后在其上单击鼠标右键，在弹出的快捷菜单中选择"更改图片"命令，再在打开的对话框中选择新的图片，这样该图片将自动调整比例大小，并应用与前面图片相同的外观格式，免去了每次插入图片后再进行重复设置的操作。

图13-73　制作其它框线与图片

图13-74　显示任务窗格

第8步 依次选择各矩形方框，在"选择和可见性"任务窗格中将其重命名为对应的景点名，以方便后面设置时进行选择，如图13-75所示。

第9步 选择"月亮湾沙滩"景点的连接线，为其添加"进入/擦除"动画，然后显示出"动画窗格"任务窗格，打开该动画选项对话框，在"效果"选项卡下设置其方向为"自左侧"，然后切换到"计时"选项卡设置其速度为"中速"，如图13-76所示。

图13-75　修改矩形框名称

图13-76　为连接线设置动画

第10步 选择"月亮湾沙滩"景点小图，为其添加"进入/淡出"动画，设置其开始方式为"上一动画之后"，速度为"中速"，如图13-77所示。

第11步 单击"月亮湾沙滩"景点连接线所对应的动画选项右侧的下拉按钮，在弹出的下拉菜单中选择"计时"命令，在打开的对话框中单击"触发器"按钮，在展开部分选中"单击下列对象时启动效果"单选按钮，再在其后的下拉列表框中选择"月亮湾沙滩矩形"选项，完成后单击"确定"按钮，如图13-78所示。

图13-77 设置图片动画属性

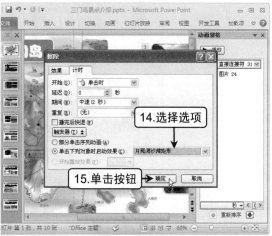

图13-78 设置触发器

第12步 回到窗格中，将"月亮湾沙滩"景点小图对应的动画选项调整到最后，这样在放映该幻灯片时，单击"月亮湾沙滩"景点方框，将缓缓出现一条直线，并在直线末端出现对应的景点缩略图，如图13-79所示。

第13步 依次使用同样方法设置其他各项动画，并设置对应的触发器，如图13-80所示。

图13-79 调整"月亮湾沙滩"动画选项的位置

图13-80 设置其他触发器

NO.105 插入背景音乐到旅游景点并设置其循环播放

 职场情景

完成旅游景点首页幻灯片的设置后，可看到其效果如图13-81所示。旅游是一项轻松的活动，所以可配合音乐进行（●光盘\素材\第13章\三门岛景点介绍2.pptx、bj.wav）。

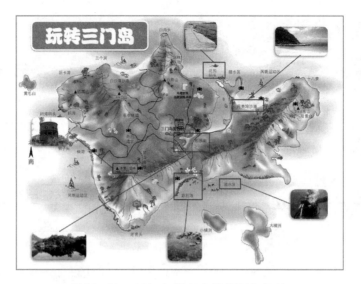

图13-81　三门岛景点介绍首页幻灯片

///// **解决思路** /////

　　将提供的背景音乐文件"bj.wav"插入到首页幻灯片中，并设置其在整个演示文稿中循环播放（💿光盘\效果\第13章\三门岛景点介绍2.pptx）。

///// **解决方法** /////

第1步 打开提供的"三门岛景点介绍2"演示文稿，将光盘文件中提供的"bj.wav"文件插入到幻灯片中，设置其开始方式为"与上一动画同时"，如图13-82所示。

第2步 单击"动画窗格"任务窗格中的该动画选项右侧的下拉按钮，在弹出的下拉菜单选择"效果选项"命令，在打开对话框的"效果"选项卡的"停止播放"栏中设置"在10张幻灯片后"，如图13-83所示。

图13-82　设置音频开始方式

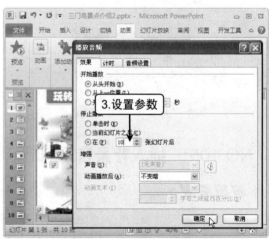

图13-83　控制停止播放

第3步 切换到"计时"选项卡，在"重复"下拉列表框中选择"直到幻灯片末尾"选项，如图13-84所示，然后单击"确定"按钮，完成背景音乐的设置。

第4步 切换到"音频工具 播放"选项卡，选中"放映时隐藏"和"循环播放，直到停止"复选框，如图13-85所示。

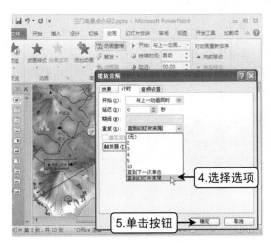

图13-84 控制重复播放

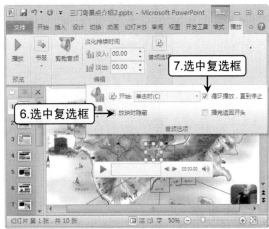

图13-85 设置音频播放

13.3 毕业论文答辩

毕业论文（设计）是指学生在老师的指导下，自主地开展课题研究和项目实践，并以课题论文和项目成果的形式展示理论水平和实践能力的一种教学活动。

完成论文后还需要进行口头答辩，以向老师介绍论文的各项内容。使用PowerPoint制作答辩演讲稿是很有必要的。下面将介绍如何利用PowerPoint制作答辩演讲稿。

NO.106 在整个论文答辩中插入计时器

/////// **职场情景** ///

论文的写作与答辩是学生在学习毕业前一项非常重要的工作。论文的内容涉及各个不同的方面，通常都是在老师的指导下先确定选题，再收集资料与数据，然后进行论文内容的编写与设计，最后定稿并提取要点进行毕业答辩。

如图13-86所示为某自然地理学专业的硕士毕业论文答辩，该论文答辩的研究方向是中药资源，但答辩时是有时间限制的。

在答辩过程中，通常学生演示和陈述为10~15分钟，老师提问为5~10分钟，学生在答辩过程中应注意对时间的把握，那么在答辩过程中怎样才能很好地把握时间呢（●光盘\素材\第13章\毕业论文答辩.pptx、watch.swf）。

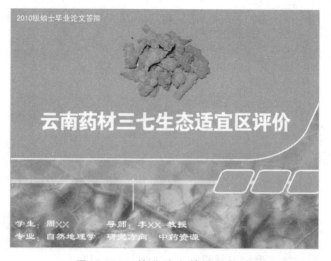

图13-86　毕业论文答辩幻灯片

///// **解决思路** ///

　　此例将在演示文稿中插入计时器提醒答辩者已经过去的时间。计时器实际上是一个带有秒表功能的Flash文件，其计时功能由Flash内部程序实现，通常只需从网上下载得到成品文件即可，在放映时只需单击计时器上的开始按钮即会自动开始计时（●光盘\效果\第13章\毕业论文答辩.pptx）。

///// **解决方法** ///

第1步 打开提供的"毕业论文答辩"演示文稿，为了保证计时器出现在所有幻灯片中，需要将计时器的Flash文件插入到母版中，于是首先进入到幻灯片母版视图，选择主母版幻灯片，然后单击"开发工具"选项卡"控件"组中的"其他控件"按钮，如图13-87所示。

第2步 在打开的对话框中选择"Shockwave Flash Object"选项，单击"确定"按钮，如图13-88所示。

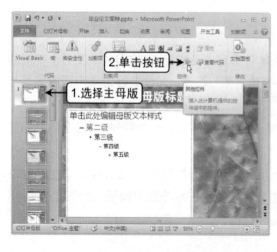

图13-87　单击"其他控件"按钮

图13-88　选择控件

第3步 此时鼠标光标变为十字形状，在主母版中适合位置拖动绘制出一个矩形，然后在该矩形上单击鼠标右键，在弹出的快捷菜单中选择"属性"命令，如图13-89所示。

第4步 在打开的"属性"对话框的"Movie"属性后的文本框中输入要插入Flash文件的详细路径，如图13-90所示。

图13-89 选择"属性"命令

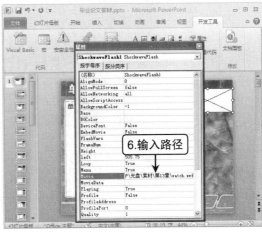

图13-90 设置路径

第5步 关闭"属性"对话框，这时刚才绘制的控件区域并没有变化，直接拖动改变一下该区域的形状，即可看到插入的Flash计时器的外观。放大显示比例，可看到该计时器中有3个按钮，分别为"START"（开始）、"STOP"（结束）和"RESET"（重新开始），在放映幻灯片时单击其中的相应按钮即可实现计时控制，如图13-91所示。

第6步 退出幻灯片母版视图，可看到幻灯片效果如图13-92所示。

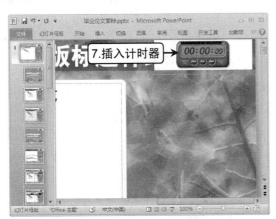

图13-91 计时器插入到幻灯片中

图13-92 插入计时器的幻灯片效果

NO.107　使用信息检索功能辅助查询生僻单词

///// **职场情景** /////

完成计时器的插入后，演示文稿首页幻灯片已经输入了中文标题和一些其他相关信息，现在要在副标题中输入英文标题，但是不知道"三七"的英文单词（●光盘\素材\第13章\毕业论文答辩2.pptx）。

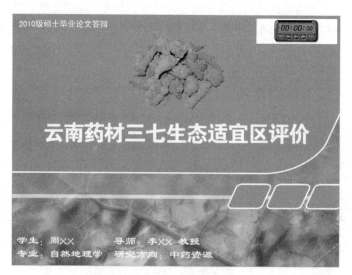

图13-93　首页幻灯片

////// **解决思路** //

此例将使用PowerPoint提供的信息检索功能进行辅助查询（●光盘\效果\第13章\毕业论文答辩2.pptx）。

////// **解决方法** //

第1步 打开提供的"毕业论文答辩2"演示文稿，要输入英文副标题，由于不知道或不确定"三七"的英文单词，可以在"审阅"选项卡的"校对"组中单击"信息检索"按钮，如图13-94所示。

第2步 在打开的"信息检索"任务窗格的"搜索"文本框中输入"三七"，在下面的列表框中选择"翻译"选项，如图13-95所示。

图13-94　单击"信息检索"按钮

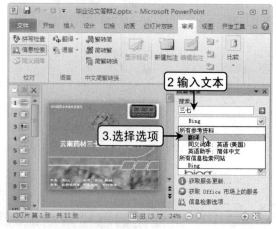

图13-95　输入信息检索文本并选择选项

第3步 按【Enter】键或单击"开始搜索"按钮，即可得到关于"三七"的翻译和相关信息，如图13-96所示。

第4步 根据提示的翻译，完成英文标题的输入，并调整首页幻灯片中文标题和插入的三七图片的位置，完成后其效果如图13-97所示。

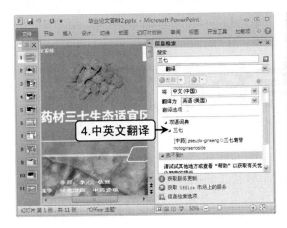

图13-96 关于三七的翻译

图13-97 完成英文副标题的输入

第十四章

员工素质与技能管理

在现代商务领域中员工素质的高低和技能的优劣有着非常重要的意义，因此企业要有更大的进步、更好的发展，对员工进行素质和技能的培训非常有必要，特别是那些刚涉足职场的新晋职员。本章将通过利用PowerPoint制作商务礼仪、员工技能培训等演示文稿，帮助员工进一步巩固所学知识和在此学习一些基本的商务礼仪。

14.1 员工素质培训的内容

员工强，则企业强，每一个企业要发展，就必须依赖高素质的员工，因此员工的素质教育与培训十分重要。根据企业性质的不同，员工素质教育也有差异，但员工素质培训的基本内容大都相似，包括岗位责任、道德品质、工作态度、基本礼仪等。

14.1.1 岗位责任

对责任的理解通常可以分为两种：个意义。一是指分内应做的事，如职责、尽责任、岗位责任等；二是指没有做好自己工作，而应承担的不利后果或强制性义务。

在工作中决不能推卸责任，只有清楚自己的责任，才能更好的承担责任，才能出色的完成自己的工作。当一个人能够意识到自己的责任时，表示他在完善自己的路上又迈出了一大步。

14.1.2 道德品质

道德品质是一个人为人处事的根本，也是公司对人才的基本要求。一个再有学问、再有能力的人，如果道德品质不好，将会对企业造成极大的损害。

14.1.3 工作态度

工作成效的高低往往取决于对工作的态度，以及勇于承担任务及责任的精神；在工作中遇到挫折而不屈不挠、坚持到底的员工，其成效必然较高，因此将受到公司的器重和同事们的信赖。

作为一名优秀的员工，应当具备如下3种心态。

◆ 阳光心态

◆ 感恩心态

◆ 必胜心态

14.1.4 基本礼仪

礼仪是企业形象、文化、员工修养素质的综合体现，企业员工的礼仪好坏直接影响企业的整体形象，因此员工的基本礼仪培训也是素质培训中比较重要的一块。

在员工的礼仪培训中，涉及的内容比较多，常见的礼仪培训内容包括如下几方面。

◆ 语言礼仪

◆ 仪表礼仪

◆ 服饰礼仪

◆ 行为礼仪

◆ 待客礼仪

◆ 宴请礼仪

◆ 握手礼仪

◆ ……

14.2 员工技能培训的内容

现代社会分工越来越细，各行各业所需专业知识越来越精。因此，专业知识及工作能力已成为企业招聘人才时的重点考虑问题。

对于员工技能培训主要有两大方面的内容，一是核心技能，二是专业技能。

14.2.1 核心技能培训

核心技能是每位员工都要具备的技能，它没有行业和岗位的划分，主要包括如下几方面。

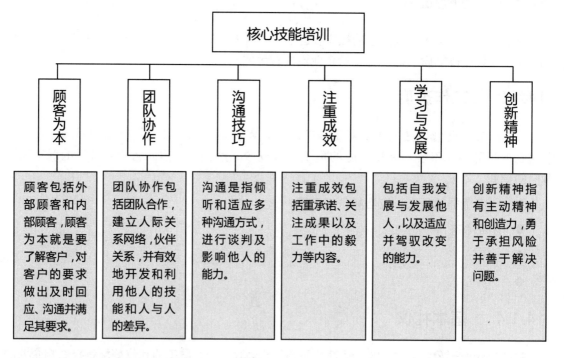

14.2.2 专业技能培训

专业技能是指不同行业或者不同工作岗位所要求的专业知识，如行业知识、市场营销知识、管理知识、财务知识、人力资源知识、法律知识、IT技术等。

14.3 员工素质培训之商务礼仪

商务礼仪是在商务活动中体现相互尊重的行为准则，它不仅是人的素质的外在表现，也是企业形象的具体体现，因此对新员工进行商务礼仪培训是新员工培训的重要课程之一。

商务礼仪的内容包括多项，有员工仪表与仪容的要求、站姿与坐姿的要求、与别人握手的方式、打电话与接电话的礼仪、介绍他人的礼仪等，具体应根据公司所在行业的特点进行调整。本节将主要介绍商务礼仪演示文稿的制作方法。

///// **案例展示** //

如图14-1所示为本节制作的商务礼仪演示文稿的各部分效果，其中包括首页幻灯片、目录幻灯片、正文幻灯片、带图片的幻灯片等幻灯片（◎光盘\素材\第14章\新员工培训之商务礼仪\；◎光盘\效果\第14章\新员工培训之商务礼仪.pptx）。

① 首页幻灯片　　　　　　　　　　　　　　② 目录幻灯片

③ 正文幻灯片　　　　　　　　　　　　　　④ 带图片的幻灯片

图14-1　商务礼仪演示文稿中的各幻灯片

///// **案例分析** //

在制作该幻灯片中的目录幻灯片时，是通过绘制按钮图片，并为其添加指向各具体内容幻灯片的超链接，而正文幻灯片则介绍了商务礼仪的重要性、核心及各礼仪细则，此外还给个别幻灯片配有图片，使其与内容搭配表达信息。下面详细讲解本案例的制作过程。

///// **案例制作** //

14.3.1　设置商务礼仪母版效果

第1步　启动 PowerPoint 2010，直接对新建的空白演示文稿进行保存，然后进入到幻灯片母版视图，选择主母版，在其背景上单击鼠标右键，在弹出的快捷菜单中选择"设置背景格式"命令，如图 14-2 所示。

第2步　打开"设置背景格式"对话框，在"填充"选项卡右侧选中"图片或纹理填充"单选按钮，然后单击"文件"按钮，如图 14-3 所示。

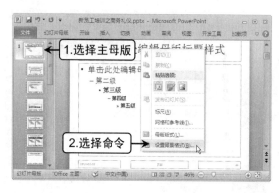

图14-2　选择命令

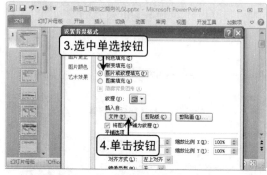

图14-3　单击"文件"按钮

第3步　在打开的对话框中选择素材文件夹中提供的"正文幻灯片背景 1.jpg"图片，然后单击"插入"按钮回到"设置背景格式"对话框，再单击"关闭"按钮回到幻灯片母版视图，可看到幻灯片背景发生了变化，如图 14-4 所示。这里设置的背景为正文幻灯片的第一种背景效果。

第4步　使用前面相同的方法为标题幻灯片版式母版单独设置背景，即将"标题幻灯片背景.jpg"图片作为背景效果，如图 14-5 所示。

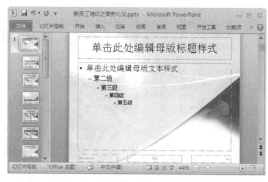

图14-4　设置主母版背景

图14-5　设置首页幻灯片背景

第5步　当前演示文稿中并没有本例需要的目录幻灯片版式，这需要用户自定义，并为其设置背景图。于是将鼠标光标定位于版式母版幻灯片之后，然后单击"幻灯片母版"选项卡下的"插入版式"按钮，如图 14-6 所示。

第6步　插入自定义的版式后，为方便以后使用，需要对其进行重命名，于是在新版式缩略图上单击鼠标右键，在弹出的菜单中选择"重命名版式"命令，然后在打开的对话框中为其指定新的名称，完成后单击"重命名"按钮。最后使用前面相同的方法，为其指定光盘素材第 14 章文件夹中"目录幻灯片背景.jpg"图片为背景效果，如图 14-7 所示。

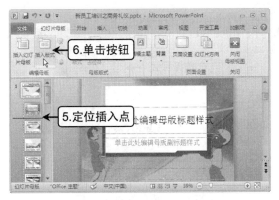

图14-6 插入自定义版式

图14-7 重命名版式

第7步 下面将为本例的正文幻灯片设置第二种背景效果，为了以视区别，先将标题和内容版式母版重命名为"标题和内容1"，如图14-8所示。

第8步 在其后插入一个新的版式，为其重命名为"标题和内容2"，并为其指定光盘素材第14章下面的文件夹中的"正文幻灯片背景2.jpg"图片为背景效果。至此完成所有版式母版的添加和背景的设置，如图14-9所示。

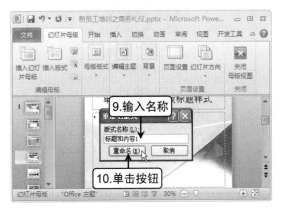

图14-8 重命名版式

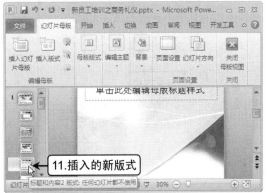

图14-9 设置第二种正文幻灯片背景

14.3.2 在母版中添加占位符

第1步 选择主母版幻灯片，然后选择标题占位符中的文本，设置其字体为"方正粗圆简体"，字号为"48"，颜色为"深青"；再选择正文占位符中的第一级文本，设置其字体为"方正大标宋简体"，字号为"28"，颜色为"深青"，并加阴影效果，如图14-10所示。

第2步 在第一级文本上单击鼠标右键，在弹出的快捷菜单中选择"项目符号/项目符号和编号"命令，在打开的对话框中选择一种项目符号样式，并在"大小"数值框中设置项目符号的大小为字高的60%，然后单击"确定"按钮，如图14-11所示，完成第一级正文文本的格式设置。

图14-10　设置文本格式

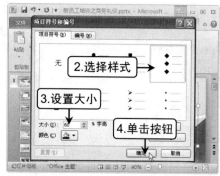

图14-11　设置项目符号样式

第3步 使用同样的方法，设置其下的第二级文本的字体为"隶书"，字号为"24"，颜色为"深青"，项目符号为方形，大小也为字高的60%，如图14-12所示。

第4步 选择版式母版幻灯片，其中标题文本的格式由于刚才主母版的设置，已经发生了变化，再将副标题文本的字体设置为"方正大黑简体"，字号为"28"，颜色为"深青"。最后再调整两个占位符的宽度，让其与背景图更好的融合，如图14-13所示。

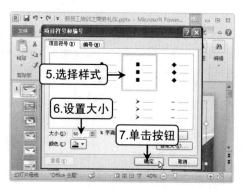

图14-12　设置二级文本项目格式

图14-13　设置标题幻灯片占位符格式

第5步 切换到下一个目录版式母版，此时发现新添加的版式母版中只有标题占位符，而没有正文占位符，这需要用户自行添加，于是单击"幻灯片母版"选项卡下的"插入占位符"按钮，在弹出的菜单中可以看到系统为我们提供了多种类型的占位符，此处选择"内容"选项后，如图14-14所示。

第6步 鼠标光标呈十字状，在母版中拖动绘制出正文占位符，可看到其中的第一、二级文本依然保持前面设置的格式。之后再使用同样方法，为前面新添加的"标题和内容2"版式母版插入正文占位符，完成幻灯片母版格式的设置，然后退出母版视图，如图14-15所示。

图14-14　单击"插入占位符"按钮

图14-15　设置幻灯片母版格式

14.3.3 制作商务礼仪培训幻灯片

第1步 母版编辑完成后，下面开始各幻灯片的制作。当前第 1 张幻灯片为标题幻灯片，在其中的两个占位符中输入内容后，还需要添加一段文本，于是又手动绘制了一个文本框，在其中输入文本后并进行了相应的格式设置，如图 14-16 所示。

第2步 添加第 2 张幻灯片，由于安排的是一张目录幻灯片，于是单击"开始"选项卡下的"新建幻灯片"按钮，在弹出的菜单中选择"目录幻灯片"选项，如图 14-17 所示。

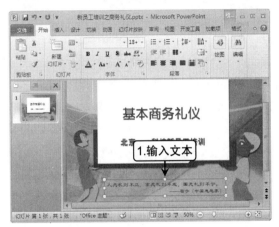

图14-16　制作首页幻灯片

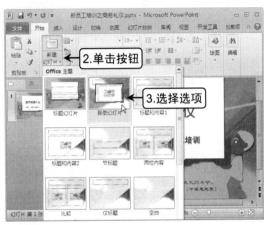

图14-17　插入目录幻灯片

第3步 新添加的幻灯片即为目录幻灯片版式，在其中的标题占位符和正文占位符中分别输入相应内容，如图 14-18 所示。

第4步 本例需要在目录幻灯片中以按钮形式添加后面具体的商务礼仪细则的导航，于是进行手动绘制自选图形，即单击"插入"选项卡下的"形状"按钮，选择"圆角矩形"选项，如图 14-19 所示。

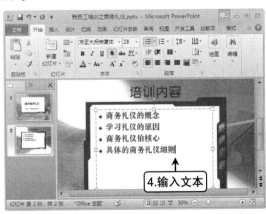

图14-18　输入文本内容

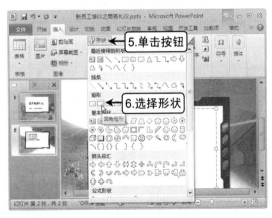

图14-19　选择圆角矩形

第5步 拖动鼠标光标绘制出一圆角矩形，然后在其中输入文本并设置格式，如图 14-20 所示。

第6步 保持圆角矩形的选择状态，单击"开始"选项卡下的"快速样式"按钮，在弹出的列表中选择一种外观样式，如图 14-21 所示。

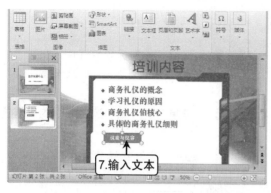

图14-20　输入文本并设置其格式　　　　图14-21　为图形设置外观样式

第7步 使用同样的方法，制作其他几个圆角矩形，完成后其效果如图 14-22 所示。

第8步 在幻灯片末尾插入一张"标题和内容 1"版式的幻灯片，在其占位符中输入相应内容，如图 14-23 所示。

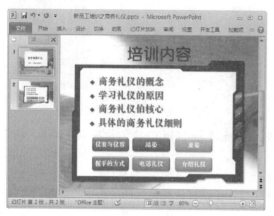

图14-22　绘制其他圆角矩形　　　　图14-23　输入标题及正文内容

第9步 单击"插入"选项卡下的"图片"按钮，将光盘文件中提供的素材"姿势 0.jpg"图片插入到幻灯片中，并调整其大小和位置，如图 14-24 所示。

第10步 插入一张"标题和内容 2"版式的幻灯片，并在其中输入内容，然后选择输入的文本按【Tab】键，使一级文本变换为二级文本，若选择二级文本后按【Shift+Tab】组合键，则可使其变回为一级文本，如图 14-25 所示。

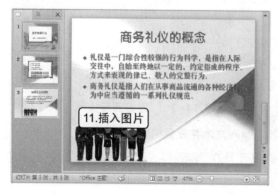

图14-24　插入图片　　　　图14-25　输入多级文本

第11步 继续制作第 5、6 张幻灯片，其中第 5 张幻灯片使用的是"标题和内容 1"版式，第 6 张幻灯片使用的是两栏内容版式。在第 6 张幻灯片中，我们将第一段文本冒号前的内容的字体设置为"方正大黑简体"，颜色为"深红"，以突出显示，如图 14-26 所示。

第12步 该幻灯片中还有多种需要设置相同格式的文本，这里选择第一处设置后的文本，双击"开始"选项卡下的"格式刷"按钮，此时鼠标光标变为 ▲I 形状，直接拖动选择其他冒号前的文本，即可使其都应用第一处设置的格式，完成设置后效果如图 14-27 所示。格式刷操作完成后按【Esc】键，鼠标光标变回默认状态。

图14-26　设置文本格式

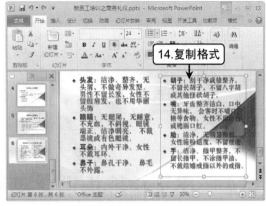

图14-27　使用格式刷快速复制格式

第13步 继续制作第 7 张幻灯片，完成内容的输入后将光盘文件中提供的素材"姿势 1.jpg"插入到幻灯片中，并对其进行裁剪和大小、位置调整，这里插入的图片不仅是装饰作用，它更要与内容配合传递一定的信息，于是单击"图片工具 格式"选项卡下的"快速样式"按钮，在弹出的列表框中选择一种图片外观样式，如图 14-28 所示。

第14步 第 8~14 张幻灯片的制作方法与前面介绍的大致相同，输入文本后，为当前幻灯片插入图片并设置样式。最后一张幻灯片为结束幻灯片，本例使用标题幻灯片版式，与首页幻灯片相呼应，在其中输入结束语即可，如图 14-29 所示。

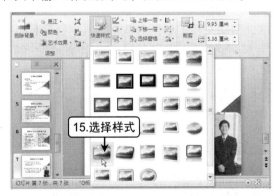

图14-28　设置图片样式

图14-29　制作其他幻灯片

14.3.4　设置幻灯片之间的超链接

第1步 完成所有幻灯片的制作后，下面为目录幻灯片中的形状设置超链接，这里切换到目录幻灯片，选择第一个圆角矩形，然后单击"插入"选项卡下的"超链接"按钮，如图 14-30 所示。

第2步 在打开的对话框左侧单击"本文档中的位置"按钮，然后在中间列表中选择要链接的目标幻灯片，单击"确定"按钮，如图 14-31 所示。

第3步 使用同样方法为其他几个圆角矩形添加超链接，设置链接后的图形对象在外观上没有改变，为了验证链接是否正确，可按【Shift+F5】组合键从当前幻灯片开始放映，然后单击其中的圆角矩形，查看是否正确链接到目标幻灯片。

图14-30　插入超链接　　　　　　　图14-31　设置链接目标

14.4 员工技能培训之销售技能

销售培训是由企业定期组织或聘请相关销售骨干和销售精英，对企业所有的销售人员进行能力培训的课程。

在现代办公中常将培训内容制作成演示文稿，但培训时演示文稿是一个展示手段，主要内容还是要靠讲解者口述，因此讲解者对于每张幻灯片的内容会进行延伸与拓展，这些内容可先制作在幻灯片的备注中，最后将其打印出来作为讲解提示稿。本节将对销售人员技能培训演示文稿的制作方法进行介绍。

////// **案例展示** ///

如图14-32所示为本节制作的销售人员技能培训演示文稿的各部分效果，其中包括首页幻灯片、目录幻灯片、正文幻灯片、带图片的幻灯片等（💿光盘\素材\第14章\装饰.jpg；💿光盘\效果\第14章\销售人员技能培训.pptx）。

① 首页幻灯片

② 正文幻灯片

 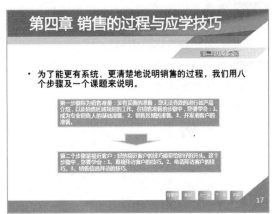

③ 带图片幻灯片　　　　　　　　　　④ 带图示的幻灯片

图14-32　销售人员技能培训演示文稿中的各幻灯片

////// **案例分析** //

　　制作培训类演示文稿时，主要是以文字为主，为避免内容过于枯燥，在幻灯片中可使用一些剪贴装饰画，但应以不影响主体内容的严谨性为前提。本例销售培训演示文稿共包括19页幻灯片，这里只介绍其中关键步骤的操作方法，其他同类幻灯片读者可参考效果文件自行练习。

////// **案例制作** //

14.4.1　制作销售技能培训母版

第1步 新建空白演示文稿并对其进行保存后，切换到幻灯片母版视图中。选择主母版，在其顶部绘制出矩形，然后选择该矩形，单击"绘图工具 格式"选项卡"插入形状"组中的"编辑形状"按钮，在弹出的菜单中选择"编辑顶点"命令，如图14-33所示。

第2步 此时可看到矩形条四角出现了黑色控制点，单击选择右下角的控制点，然后按住鼠标左键向左水平拖动，绘制出如图14-34所示的效果。

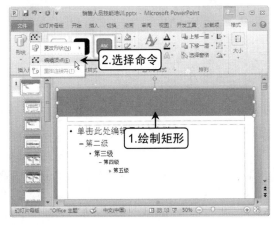 

图14-33　选择命令　　　　　　　　　図14-34　改变矩形形状

第3步 在图形对象的右斜边上单击鼠标右键，在弹出的快捷菜单中选择"添加顶点"命令，该斜边上将增加一个黑色控制点，再拖动控制点，绘制出如图 14-35 所示的效果，这样原来的基本矩形变为了现在的特殊五边形。

第4步 使用同样的方法，在主母版中绘制多个不同形状的多边形，对其进行格式设置并相互组合，再对占位符的格式进行设置，并调整其位置，完成后其效果如图 14-36 所示。

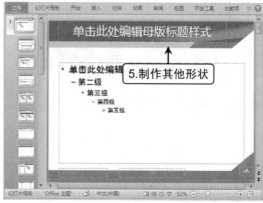

图14-35　再次更改矩形形状　　　　　图14-36　制作其他图形并设置占位符格式

第5步 切换到版式母版幻灯片中，先隐藏背景图形，然后使用前面相同的方法，在其中绘制多个特殊形状的对象制作成版式，并设置各占位符的格式和位置，如图 14-37 所示。

第6步 将光盘素材文件中提供的素材"装饰.jpg"插入到该幻灯片中，然后单击"图片工具 格式"选项卡下"大小"组中的"裁剪"按钮，在弹出的列表中选择"裁剪为形状/平行四边形"命令，如图 14-38 所示。

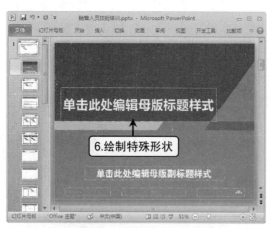

图14-37　制作标题版式　　　　　　　图14-38　改变图片形状

第7步 此时图片的形状发生改变，拖动其黄色控制点再进行调整，最后将其放置在如图所示位置，完成版式母版幻灯片的制作，如图 14-39 所示。

第8步 复制标题幻灯片版式母版再生成一个结束幻灯片版式母版，删除其中的图片，再对副标题位置进行调整，完成母版的设置后，退出母版视图，如图 14-40 所示。

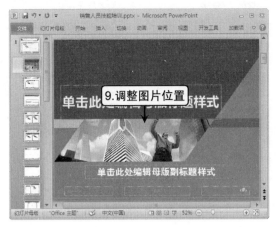

图14-39　完成标题幻灯片的制作

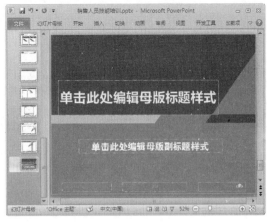

图14-40　制作结束幻灯片版式

14.4.2　制作销售技能内容幻灯片

第1步 在标题幻灯片中输入相应内容后，再进行目录幻灯片的制作，完成标题幻灯片和目录幻灯片的制作后，在其中根据"标题和内容"版式新建一张幻灯片，如图14-41所示。

第2步 开始制作具体的培训幻灯片，本幻灯片属于第一章"什么是销售"下的内容，再在幻灯片右侧的无内容区域插入一张图片，如图14-42所示。

图14-41　新建幻灯片

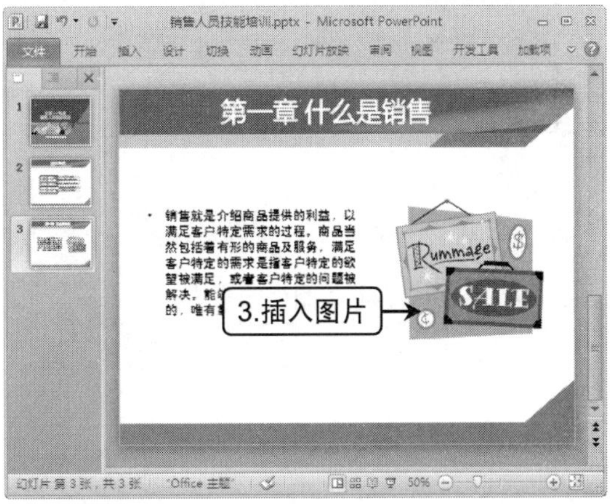

图14-42　输入内容并插入图片

第3步 本幻灯片还应有一个副标题，于是在插入图片的上方绘制一个形状，然后在其上输入副标题文本，并设置格式，得到如图14-43所示的效果。

第4步 在后面继续制作其他幻灯片，操作方法与上面相同。新建幻灯片后修改标题和副标题，再输入正文内容即可，部分字体格式可自行调整，如图14-44所示。

第5步 在制作演示文稿中的其余幻灯片时，其中分别为各项基本的销售技巧，制作方法较为简单，这里不再逐一介绍。部分幻灯片还使用了一些简单的图示，其效果如图14-45所示。

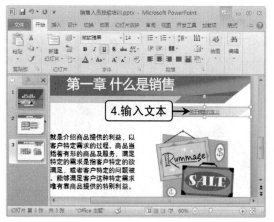

图14-43 制作副标题

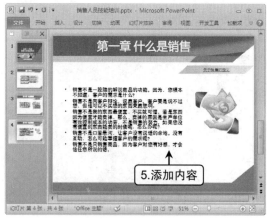

图14-44 继续制作幻灯片

第6步 完成所有幻灯片的制作后，由于该演示文稿中共有19张幻灯片，所以再次进入到"幻灯片母版"视图，然后选择主母版幻灯片中页码占位符，单击"插入"选项卡下的"幻灯片编号"按钮，打开"页眉和页脚"对话框，在"幻灯片"选项卡下分别选中"幻灯片编号"和"标题幻灯片中不显示"复选框，然后单击"全部应用"按钮，如图14-46所示。

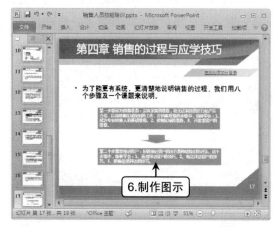

图14-45 在幻灯片中制作简单图示

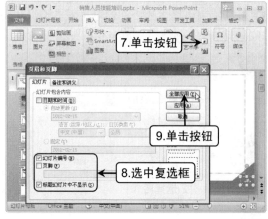

图14-46 添加幻灯片编号

14.4.3 在母版中自定义动作按钮

第1步 完成幻灯片编号的设置后，还需要在母版中添加动作按钮，进行自定义操作。为保证在每张幻灯片中都出现动作按钮，这里选择主母版，在其右下角分别绘制5个相同的矩形块，置于底层后在其中分别输入文本内容，表示按钮的相应功能，如图14-47所示。

第2步 选择第一个"目录页"按钮，然后单击"插入"选项卡下的"动作"按钮，在打开的对话框中选中"超链接到"单选按钮，在其下的下拉列表框中选择"幻灯片"选项，如图14-48所示。

第3步 在打开的对话框的列表框中选择"培训导航"选项，表示单击"目录页"按钮，将执行跳转到目录幻灯片的动作，完成后单击"确定"按钮，如图14-49所示。

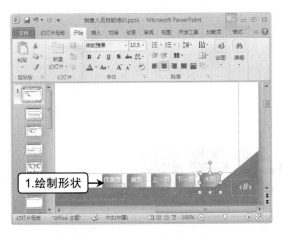

图14-47 绘制动作按钮

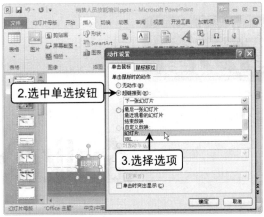

图14-48 设置动作属性

第4步 使用同样方法分别设置其他几个按钮的动作，稍有不同的是，在进行动作设置的下拉列表框中分别有"第一张幻灯片"、"上一张幻灯片"、"下一张幻灯片"和"最后一张幻灯片"选项，直接选择对应选项即可完成设置，如图 14-50 所示。最后退出幻灯片母版视图。

图14-49 设置链接对象

图14-50 设置其他按钮的动作属性

第十五章

企业公关管理

在竞争激烈的市场经济中，企业除了需要做好员工素质与技能的管理外，还需要做好公关管理。公关管理贯穿企业的各个领域，对企业管理、企业形象等起重要作用。所以从事企业公关管理的工作人员除了要维护企业与客户的合作关系，还要做好企业人力资源的相关工作。本章将介绍制作企业公关类演示文稿的技巧，帮助用户掌握制作这类演示文稿的技巧。

15.1　企业公关管理的内容

　　企业公关管理是指将不同的传播手段和谐地结合，有计划、持久得建立和维护企业和其目标对象之间的友好、相互理解和信任关系，建立、保护和推广企业最主要的品牌和企业形象。

　　公关管理的对象是媒体群体、消费者群体、政府群体、合作伙伴、公司内部员工等，因此企业公共关系的基本内容包括对内公共关系和对外公共关系两个方面。

15.1.1　企业对内公共关系

　　企业内部公共关系是指企业与员工、经营管理者、企业各部门以及公共关系与企业发展的关系股东之间的关系。内求团结是企业内部公共关系的基本目标。具体处理的关系有如下几方面。

- ◆ 员工关系
- ◆ 领导层内部的关系
- ◆ 部门关系
- ◆ 股东关系

15.1.2　企业对外公共关系

　　企业对外公共关系是指企业与社会公众，其中主要是与消费者之间的关系。具体包括如下几方面。

- ◆ 顾客关系
- ◆ 社区关系
- ◆ 新闻界关系
- ◆ 供应商关系
- ◆ 政府部门关系
- ◆ 竞争者关系
- ◆ 社会名流关系

　　无论是对内公共关系还是对外公共关系，要处理好这些关系也是不容易的，比如节假日要准备贺卡、定期开展各种活动拉近各种关系之间的距离等。在本书的第八章和第九章有相关问题的分析和具体的解析操作，读者可参见该部分内容进行学习。

　　本章将介绍处理各种关系时常用到的PPT文件的制作。

15.2　中秋贺卡

　　中秋贺卡是企业公关的一种常用手法，在每逢佳节时期，向企业客户发送使用PowerPoint制作的节日贺卡，送上美好的祝愿。本例将具体介绍制作中秋贺卡的方法。

////// **案例展示** //

如图15-1所示为本节制作的中秋贺卡演示文稿的各部分效果（●光盘\素材\第15章\中秋贺卡\；●光盘\效果\第15章\中秋贺卡.pptx）。

① 第一张月亮变化过程幻灯片

② 第二张月亮变化过程幻灯片

③ 第三张月亮变化过程幻灯片

④ 结束幻灯片

图15-1　中秋贺卡演示文稿中的各幻灯片

////// **案例分析** //

由于是节日贺卡，就要突出节日的特色，同时也要展示演示文稿精美的图片和动画效果，着重突出动画的效果，在制作过程中主要分两部分：月亮变化过程的动画制作和结束幻灯片的动画制作。

完成演示文稿的制作后，将演示文稿创建为视频发送给企业客户。下面开始讲解中秋贺卡的具体制作方法。

//////案例制作//////

15.2.1 制作中秋贺卡效果幻灯片

第1步 新建演示文稿，将其保存为"中秋贺卡"，在空白版式幻灯片中插入光盘文件夹中提供的"背景"、"荷花"、"桥"素材图片，如图 15-2 所示。

第2步 在幻灯片中单击"插入"选项卡下的"形状"按钮，在弹出的下拉列表中选择"新月形"形状，在幻灯片中绘制出新月形形状后，切换到"绘图工具 格式"选项卡，设置新月形形状的填充色为白色，并取消其边框，再单击"形状效果"按钮，在弹出的菜单中选择"柔化边缘/10 磅"命令，如图 15-3 所示。

图15-2 插入图片到幻灯片

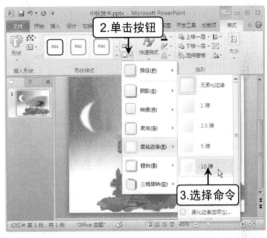

图15-3 绘制形状并设置其效果

第3步 分别选择"背景"、"荷花"、"桥"图片，切换到"图片工具 格式"选项卡，单击"调整"组中的"更正"按钮，适当调整图片的亮度和对比度，其效果如图 15-4 所示。

第4步 复制第一张幻灯片，在生成的第二张幻灯片中删除新月形，绘制一个弦形月亮，设置形状的外观样式，并拖动黄色的控制点调整形状，如图 15-5 所示。

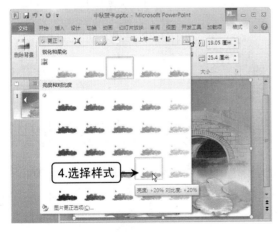

图15-4 调整图片亮度和对比度

图15-5 绘制弦形月亮并调整其形状

第5步 分别选择第二张幻灯片中的"背景"、"荷花"、"桥"图片,切换到"图片工具 格式"选项卡,单击"颜色"按钮,在"颜色饱和度"栏下选择"饱和度:33%"选项,调整图片的颜色饱和度,如图 15-6 所示。

第6步 复制第二张幻灯片,在生成的第三张幻灯片中删除弦形月亮,然后绘制一个圆形,设置形状的样式,完成后其效果如图 15-7 所示。

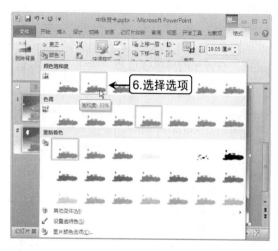

图15-6 调整图片的颜色饱和度

图15-7 绘制圆形并设置其效果

第7步 分别选择第三张幻灯片中的"背景"、"荷花"、"桥"图片,切换到"图片工具 格式"选项卡,单击"更正"按钮,调整图片的亮度和饱和度,如图 15-8 所示。

第8步 在第三张幻灯片中插入光盘素材第 15 章文件夹中提供的"中"、"秋"、"毛笔"素材图片,并调整图片的大小和位置,如图 15-9 所示。

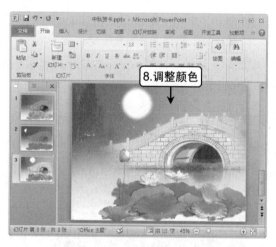

图15-8 调整图片的亮度和饱和度

图15-9 插入图片并调整其大小与位置

第9步 选择"毛笔"图片,切换到"动画"选项卡,为其绘制一条沿"中"、"秋"图片运动的动作路径,如图 15-10 所示。

职场综合应用篇

高效办公 职场

第10步 打开"自定义路径"对话框，切换到"计时"选项卡，将动画的开始方式设置为"与上一动画同时"，延迟为"1"秒，期间为"3.5秒"，如图15-11所示。

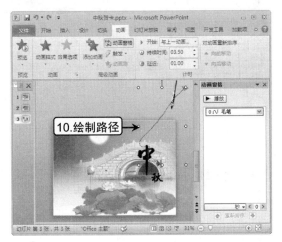

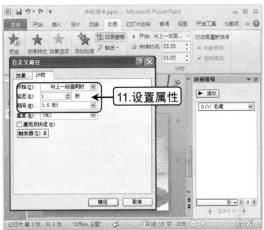

图15-10 绘制动作路径　　　　图15-11 设置动画属性

第11步 为"中"图片添加方向为"自顶部"的"擦除"进入动画，开始方式为"与上一动画同时"，延迟为"2.5"秒，期间为"快速（1秒）"，如图15-12所示。

第12步 为"秋"图片添加方向为"自顶部"的"擦除"进入动画，开始方式为"与上一动画同时"，延迟为"3.5"秒，期间为"快速（1秒）"，如图15-13所示。

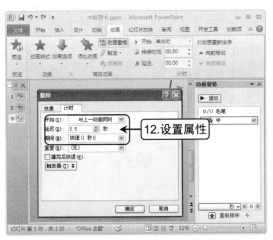

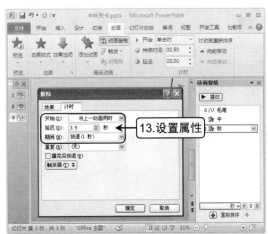

图15-12 为图片"中"添加动画　　　　图15-13 为图片"秋"添加动画

第13步 再次选择"毛笔"图片为其绘制一条离开幻灯片的动作路径，动画的开始方式为"上一动画之后"，延迟为"0.5"秒，期间为"快速（1秒）"，如图15-14所示。

第14步 选择"中"、"秋"图片，然后单击"添加动画"按钮，在弹出的下拉菜单中选择"强调"栏中"放大/缩小"选项，然后打开该动画效果对话框，设置其开始方式为"上一动画之后"，期间为"中速（2秒）"，如图15-15所示。

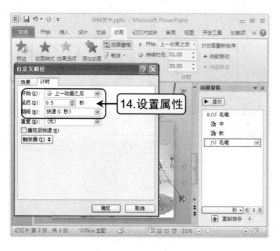

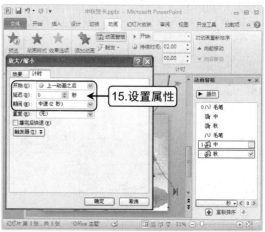

图15-14 为图片"毛笔"添加离开动画　　　　图15-15 添加动画并设置其动画属性

第15步 绘制一个横排文本框，在其中输入文本内容，并根据需要对文本的格式进行设置，如图 15-16 所示。

第16步 为文本内容添加"飞入"进入动画、"对象颜色"强调动画和"飞出"退出动画，效果分别为"按字母"，开始方式为"上一动画之后"，延迟"0"秒，期间为"快速（1 秒）"；"按字母"，"上一动画之后"，延迟"0.2"秒，期间"中速（2 秒）"；"按字母"，"上一动画之后"，延迟"0.2"秒，期间"快速（1 秒），如图 15-17 所示。

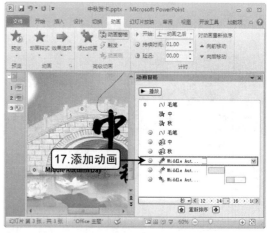

图15-16 添加文本并设置其格式　　　　图15-17 添加动画并设置动画属性

第17步 选择幻灯片中的所有图片，单击"添加动画"按钮，在弹出的下拉菜单中选择"退出"栏中的"淡出"选项，然后进入到该动画效果对话框，切换到"计时"选项卡，设置其"期间"为"中速（2 秒）"，如图 15-18 所示。

第18步 选择 3 张幻灯片，切换到"切换"选项卡，单击"切换方案"按钮，在弹出的下拉列表框中选择"细微型"栏中"淡出"选项，为 3 张幻灯片添加"淡出"切换效果。然后选中"计时"组中的"设置自动换片时间"复选框，根据实际情况设置时间，如图 15-19 所示。

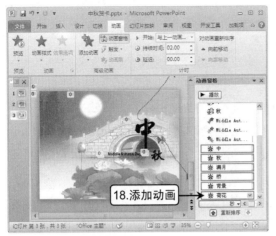

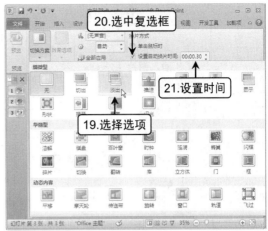

图15-18　添置退出动画　　　　　　图15-19　设置切换效果

15.2.2　制作中秋贺卡结束幻灯片

第1步 新建空白版式幻灯片，为背景填充纯色，如图 15-20 所示。

第2步 在幻灯片中绘制一个矩形，并切换到"绘图工具 格式"选项卡，设置形状的填充颜色和边框颜色，如图 15-21 所示。

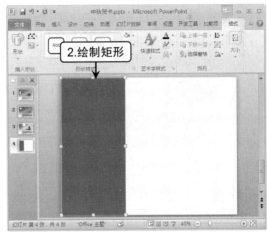

图15-20　为新建幻灯片填充纯色背景　　　图15-21　绘制矩形并设置其颜色效果

第3步 将光盘文件夹中提供的"花"、"吉祥"和"中秋"素材图片插入到幻灯片中并调整其大小和位置，然后绘制一个竖排文本框，输入文本内容并设置文本的格式，完成设置后可看到如图 15-22 所示的效果。

第4步 根据自己的需要为幻灯片中的对象添加进入和强调动画，并为最后一张幻灯片设置适合的切换效果，如图 15-23 所示。

图15-22 插入图片和文本

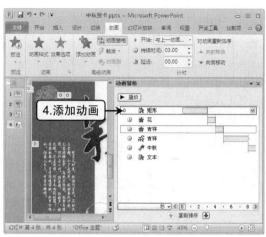

图15-23 添加动画

第5步 选择第一张幻灯片，单击"插入"选项卡"媒体"组中的"音频"按钮的下拉按钮，在弹出的下拉菜单中选择"文件中的音频"命令，打开"插入音频"对话框，将光盘素材第15章文件夹中提供的"但愿人长久.mp3"插入到幻灯片中，并切换到"音频工具 播放"选项卡，在其中设置音乐的播放方式，如图15-24所示。

第6步 切换到"文件"选项卡，然后单击"保存并发送"选项卡中的"创建视频"按钮，将演示文稿创建为视频完成本案例所有操作，如图15-25所示。

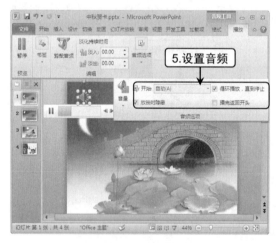

图15-24 插入音乐

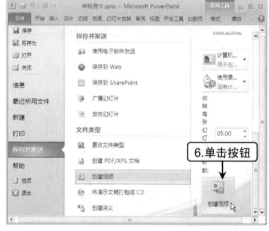

图15-25 单击"创建视频"按钮

15.3 客户茶话会

举办节假日客户茶话会是企业公关的一项重要手段，目的在于感谢广大客户的支持，树立本公司的良好形象，客户茶话会中通常都会放映用于烘托气氛的演示文稿。本节将介绍客户茶话会演示文稿的制作方法。

如图15-26所示为本节制作的客户茶话会演示文稿的各部分效果，其中包括首页幻灯片、总经理致辞幻灯片、意见反馈幻灯片和结束幻灯片等（◉光盘\素材\第15章\标签.png、手.png；◉光盘\效果\第15章\迎元旦茶话会.pptx）。

① 首页幻灯片

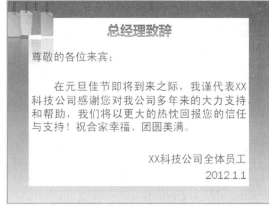

② 总经理致辞幻灯片

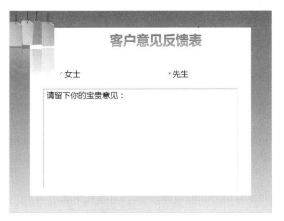

③ 意见反馈幻灯片

④ 结束幻灯片

图15-26　迎元旦茶话会演示文稿中的各幻灯片

　　本案例的重点在于母版幻灯片的详细设置，包括背景、图片、文本格式等，在制作该迎元旦茶话会演示文稿时，使用了选项按钮控件和文本框控件，这是演示文稿的高级功能，需要用户认真学习。

////// *案例制作* //

15.3.1　制作茶话会母版幻灯片

第1步 新建空白演示文稿，将其保存为"迎元旦茶话会"，然后进入幻灯片母版视图，选择标题母版幻灯片，单击"插入"选项卡"图像"组中的"图片"按钮，插入光盘素材第 15 章文件夹中"手"素材图片，并置于底层，如图 15-27 所示。

第2步 在标题母版幻灯片中绘制一个矩形，然后打开"设置形状格式"对话框，在其中将形状颜色设置为红色并添加渐变填充效果，取消边框线条，并将矩形置于底层，如图 15-28 所示。

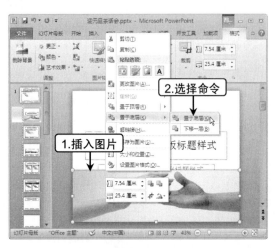 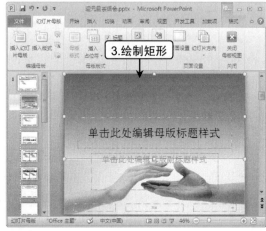

图15-27　在标题幻灯片中插入图片　　　图15-28　绘制矩形并设置其格式

第3步 单击"插入"选项卡中的"图片"按钮，将提供的"标签"素材图片插入到幻灯片中，并放置到合适的位置，如图 15-29 所示。

第4步 单击"编辑主题"组中的"字体"按钮，在弹出的下拉菜单中选择适合的字体，如图 15-30 所示。

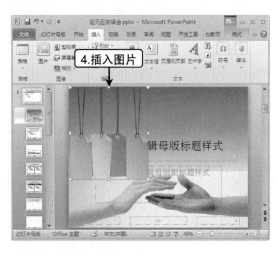

图15-29　插入图片　　　　　　　图15-30　选择字体

第5步 在幻灯片中选择标题占位符，切换到"开始"选项卡，设置字号为"54 磅"，如图 15-31

所示。

第6步 切换到"绘图工具 格式"选项卡，单击"艺术字样式"组中的"快速样式"按钮，在弹出的下拉列表中选择如图 15-32 所示的选项。

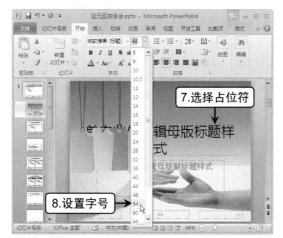

图15-31　设置字号大小

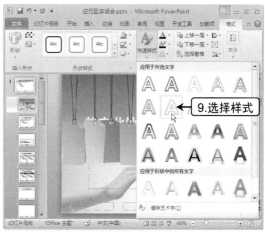

图15-32　设置标题文本的样式

第7步 选择副标题文本框，切换到"开始"选项卡，将副标题的字号设置为"18"磅，然后切换到"绘图工具 格式"选项卡，单击"艺术字样式"组中的"快速样式"按钮，选择如图 15-33 所示的选项。

第8步 切换到主母版幻灯片中，将标题母版幻灯片中的形状复制到主母版幻灯片中，并拉伸形状，将形状置于底层，如图 15-34 所示。

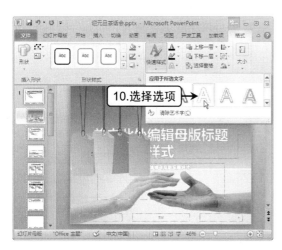

图15-33　设置副标题文本的格式

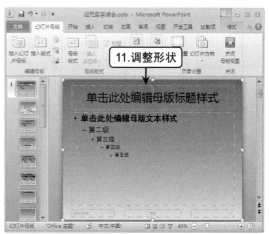

图15-34　复制并调整形状

第9步 在主母版幻灯片中的形状上再绘制一个矩形，"绘图工具 格式"选项卡再次被激活，在该选项卡中设置矩形的填充色为白色，并取消矩形的边框线条，如图 15-35 所示。

第10步 在主母版幻灯片中插入"标签"素材图片，调整图片的大小和位置，将其置于底层后单击"图片工具 格式"选项卡"图片样式"组中的"图片效果"按钮，在弹出的下拉菜单中选择适合的映像效果，如图 15-36 所示。

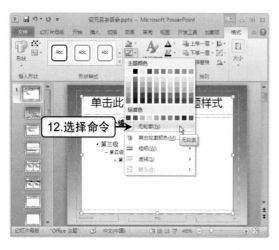

图15-35　绘制矩形并设置其样式

图15-36　为图片设置映像效果

第11步 选择标题文本占位符，切换到"开始"选项卡，将其字号设置为"36"磅，然后切换到"绘图工具 格式"选项卡，为标题文本应用"渐变填充-橙色，强调文字颜色6，内部阴影"艺术字效果，如图15-37所示。

第12步 选择正文文本框，切换到"开始"选项卡，单击"段落"组中的"项目符号"按钮右侧的下拉按钮，在弹出的下菜单中选择"无"选项，如图15-38所示。

图15-37　设置标题文本格式

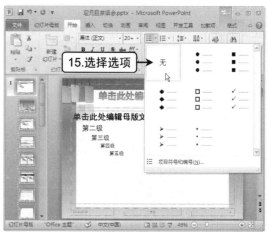

图15-38　设置正文文本格式

第13步 单击"字体"组中"字体颜色"按钮右侧的下拉按钮，在弹出的下拉菜单中选择字体的颜色为"橙色，强调文字颜色6，深色50%"选项，如图15-39所示。

第14步 新建空白幻灯片母版，选中"幻灯片母版"选项卡"背景"组中的"隐藏背景图形"复选框，隐藏主母版幻灯片中的背景图形，然后删除标题文本占位符，并将渐变颜色的矩形复制到空白母版中，如图15-40所示。

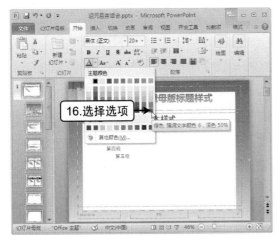

图15-39 设置正文文本颜色

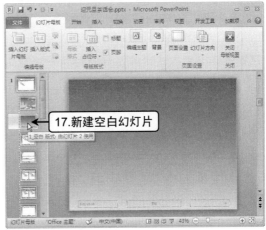

图15-40 将渐变颜色的矩形复制到空白母版

15.3.2 制作茶话会内容幻灯片

第1步 接下来就应用设计完成的母版制作内容幻灯片，于是回到幻灯片的普通视图中，然后在幻灯片中的标题和副标题占位符中输入文本，由于在幻灯片母版中已经对占位符文本格式进行了设置，所以此处无需再进行文本格式的设置，并将标题和副标题占位符移动到合适的位置，如图 15-41 所示。

第2步 在标题幻灯片中绘制 4 个文本框，并设置其格式，在文本框中输入文本内容，并将其放置在如图 15-42 所示的位置。

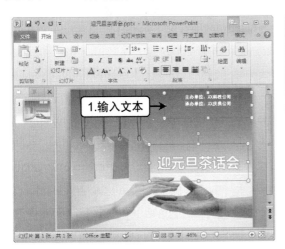

图15-41 输入标题和副标题文本并调整位置

图15-42 添加文本

第3步 新建空白幻灯片，在其中分别插入艺术字"祝广大用户元旦快乐"和"——XX 科技公司全体员工"，然后选择第一个艺术字对象，单击"艺术字样式"组中的"文本效果"按钮，在弹出的下拉菜单中为文本选择"转换"子菜单中的"跟随路径"栏下的"上弯弧"转换效果，如图 15-43 所示。

第4步 在该幻灯片后再新建一张标题和内容幻灯片，并在其中输入文本内容，其效果如图 15-44 所示。

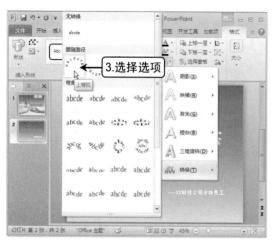

图15-43　设置艺术字效果

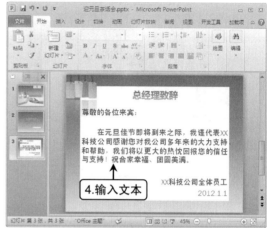

图15-44　添加文本

第5步 新建标题和内容幻灯片，在其中输入回顾 2011 年的文本内容，如图 15-45 所示。

第6步 新建标题和内容幻灯片，在其中输入新年计划相关的文本内容，如图 15-46 所示。

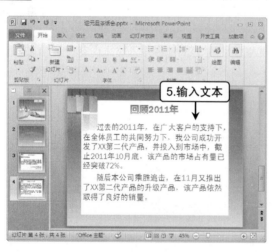

图15-45　输入文本

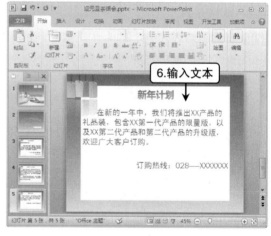

图15-46　输入文本

15.3.3　制作茶话会意见反馈幻灯片

第1步 在最后一张幻灯片中插入控件，作为意见反馈幻灯片。新建仅标题幻灯片，输入标题文本，切换到"开发工具"选项卡，然后单击"控件"组中的"选项按钮"按钮，如图 15-47 所示。

第2步 此时鼠标光标变为十字形时，拖动鼠标，在幻灯片中绘制一个选项按钮控件，如图 15-48 所示。

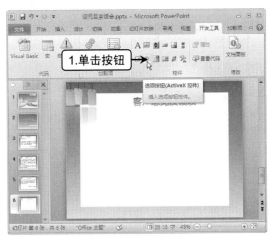

图15-47　单击"选项按钮"按钮　　　　　　图15-48　绘制控件

第3步 在绘制的选项按钮控件上单击鼠标右键,在弹出的快捷菜单中选择"属性"命令,如图 15-49 所示。

第4步 打开"属性"对话框,单击"按分类序"选项卡,然后选择"字体"栏中"Font"选项, 单击其右侧的 **...** 按钮,如图 15-50 所示。

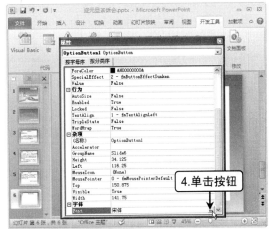

图15-49　选择"属性"命令　　　　　　图15-50　单击按钮

第5步 在打开的"字体"对话框中设置文字的字体为"微软雅黑"、字形为"常规"、大小为"22 磅",通过"示例"栏下的文本框,可以实时预览设置字体的效果,然后单击"确定"按钮关闭对 话框,如图 15-51 所示。

第6步 返回"属性"对话框,单击其右上角的"关闭"按钮 **×** ,退出"属性"对话框,再在绘制 的控件上单击鼠标右键,在弹出的快捷菜单中选择"选项按钮对象/编辑"命令,并在控件中输入 文本内容"女士",如图 15-52 所示。

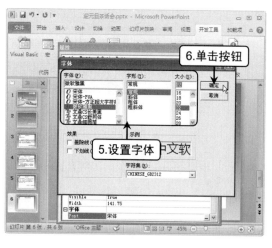

图15-51　设置字体格式

图15-52　输入文本内容

第7步 复制一个控件，并修改控件中的文本内容为"先生"，如图 15-53 所示。

第8步 在幻灯片中绘制文本框控件，用同样的方式设置控件的字体格式，并输入文本，完成演示文稿的制作，如图 15-54 所示。

图15-53　复制控件并修改文本

图15-54　输入文本

15.3.4　制作茶话会封底幻灯片

第1步 最后还需要制作一张结束幻灯片，于是进入到"幻灯片母版"视图，选择"1 空白版式"幻灯片，在其上单击鼠标右键，在弹出的快捷菜单中选择"复制版式"命令，生成"2 空白版式"幻灯片，如图 15-55 所示。

第2步 在"2 空白版式"幻灯片中单击鼠标右键，在弹出的快捷菜单中选择"设置形状格式"命令，打开"设置形状格式"对话框，在"填充"选项卡的"角度"文本框中设置其角度为"270°"，如图 15-56 所示，然后关闭该对话框。

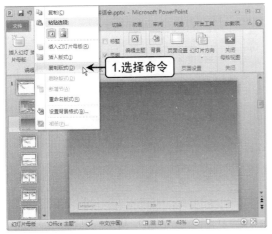

图15-55　复制版式幻灯片

图15-56　设置形状渐变角度

第3步 在"幻灯片母版"选项卡中单击"关闭母版视图"按钮退出"幻灯片母版"视图，将鼠标光标定位在第6张幻灯片后，单击"开始"选项卡下的"新建幻灯片"按钮，选择"2 空白"选项，生成第7张幻灯片，其效果如图15-57所示。

第4步 单击"插入"选项卡下的"图片"按钮，然后将图片"标签.png"插入到幻灯片中，并调整其大小和位置，完成后可看到效果如图15-58所示。

图15-57　新建幻灯片

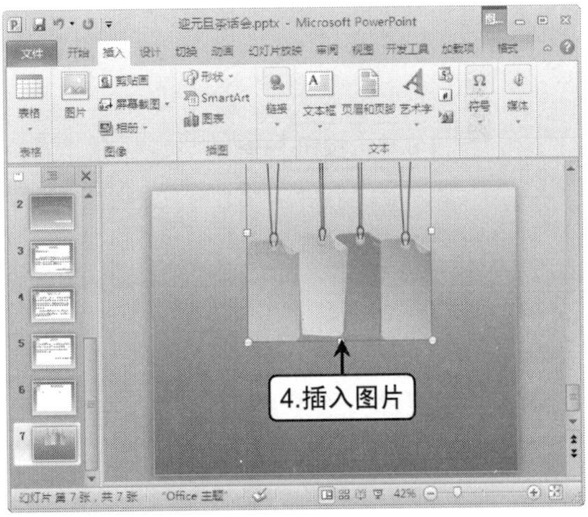

图15-58　插入图片并调整其大小和位置

第5步 将首页幻灯片中表明主办和承办单位的占位符复制到结束幻灯片中，并放置在如图15-59所示。

第6步 选择占位符中文本，然后单击鼠标右键，在弹出的快捷菜单中选择"字体"命令，切换到"字符间距"选项卡，设置其间距为"加宽"，度量值为"8磅"，完成后单击"确定"按钮，如图15-60所示。

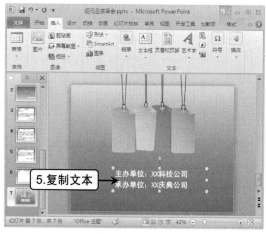

图 15-59　复制文本

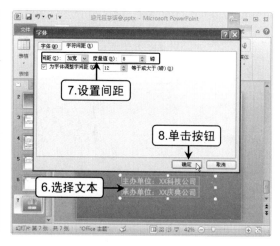

图 15-60　调整文本间距

第7步 返回幻灯片，调整占位符宽度，再切换到"绘图工具 格式"选项卡，单击"艺术样式"组中的"文本效果"按钮，选择"转换"子菜单中"跟随路径"栏下的"上弯弧"选项，如图 15-61 所示。

第8步 在插入的标签图片上绘制 4 个文本框，并设置其格式与首页幻灯片中文本格式相同，这样更能体现首页幻灯片和结束幻灯片的统一性，然后在文本框中输入文本内容，并将其放置在如图 15-62 所示的位置。

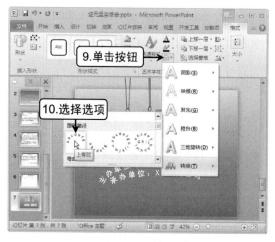

图 15-61　设置文本效果

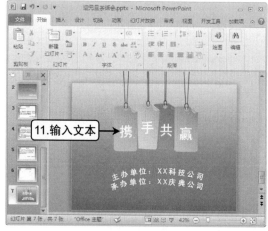

图 15-62　完成结束幻灯片的制作

15.4　公司人才招聘

　　不少大企业在招聘员工时，会提供一些能力测试题让应聘者完成，从中可以对其性格、心理或相关能力进行一些了解，作为录用时的参考。通常情况下这类测试题是打印在纸张上的，但如果条件允许，也可制作成演示文稿，由应聘者自动作答。本节将介绍制作公司人才招聘演示文稿的方法。

//// **案例展示** //

　　如图15-63所示为制作的公司人才招聘演示文稿中的各部分效果，其中包括首页幻灯片、公司招聘条件幻灯片、应聘者基本信息幻灯片、评分标准幻灯片等（💿光盘\素材\第15章\背景1.jpg、背景2.jpg；💿光盘\效果\第15章\公司人才招聘.pptx）。

① 首页幻灯片

② 公司招聘条件幻灯片

③ 应聘者基本信息幻灯片

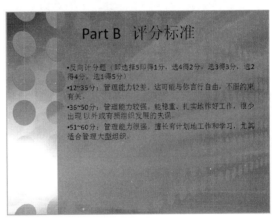

④ 评分标准幻灯片

图15-63　公司人才招聘演示文稿中的各幻灯片

//// **案例分析** //

　　"公司人才招聘"演示文稿主要用来对应聘人员进行各个方面的考评，以挑选出最适合企业的员工。其主要内容包括公司的招聘条件、应聘者的基本信息、能力测试的题目、评分标准和答案解析几方面。

　　本例测试题的内容包括性格测试、管理能力测试和综合能力测试3部分，另外，演示文稿中还包括评分标准或分析内容，即针对每部分测试内容，提供的评分标准和分析参考，此部分内容是提供给公司方人员查看的。

///// **案例制作** //

15.4.1　制作招聘开始答题幻灯片

第1步　新建一份空白演示文稿，将其保存为"公司人才招聘"。在首张幻灯片中打开"设置背景格式"对话框，将光盘中提供的素材"背景1"图片插入到幻灯片中，并在文本框中输入标题内容，如图15-64所示。

第2步　新建空白幻灯片，将光盘素材第15章文件夹中的"背景2"图片插入到幻灯片中作为背景，然后绘制文本框输入相应文本内容，如图15-65所示。

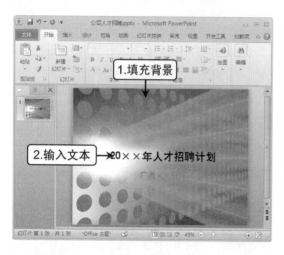
图15-64　插入图片并填充背景

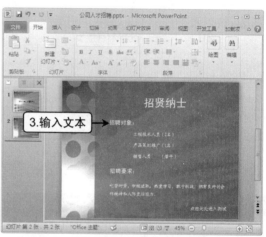
图15-65　输入文本

第3步　选择"点击此处进入测试"文本，单击"插入"选项卡"链接"组中的"超链接"按钮，打开"插入超链接"对话框，选择"下一张幻灯片"选项，如图15-66所示。

第4步　单击"设计"选项卡"主题"组中的"颜色"按钮，在弹出的下拉菜单中选择"新建主题颜色"命令，在打开的"新建主题颜色"对话框中重新设置"超链接"和"已访问的超链接"颜色，如图15-67所示。

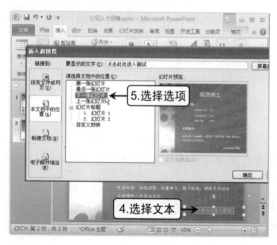
图15-66　设置文本超链接

图15-67　更改超链接颜色

第5步 新建空白幻灯片，将"背景2"图片设置为幻灯片背景，并绘制文本框输入文本内容，然后切换到"开发工具"选项卡，单击"控件"组中的"文本框"按钮，如图15-68所示。

第6步 当鼠标光标变成十字形时，在幻灯片中的适合位置绘制5个文本框控件，如图15-69所示。

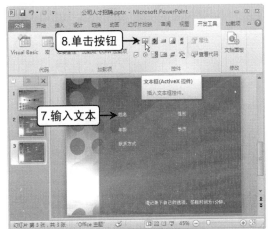

图15-68 输入文本内容并单击文本框控件按钮

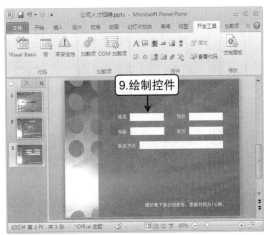

图15-69 绘制文本框控件

第7步 在幻灯片中绘制一个矩形，并在其中输入对应的文本内容，为矩形形状应用合适的外观样式，如图15-70所示。

第8步 保持形状的选择状态，单击"插入"选项卡"链接"组中的"动作"按钮，打开"动作设置"对话框，选中"超链接到"单选按钮，将形状超链接到下一张幻灯片，并选中"单击时突出显示"复选框，如图15-71所示。

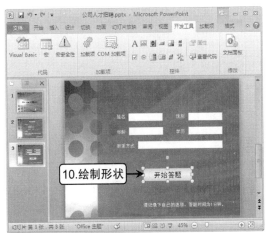

图15-70 绘制形状并设置格式

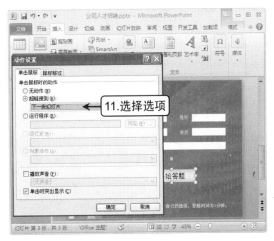

图15-71 设置动作

15.4.2 制作招聘答题卡

第1步 新建幻灯片，应用与上张幻灯片相同的背景，在其中插入"折角形"形状，输入文本内容并选择适合的预设样式，如图15-72所示。

第2步 在形状上绘制 12 个文本框并输入内容将其重叠，单击"开始"选项卡"编辑"组中的"选择"按钮，在弹出的下拉菜单中选择"选择窗格"命令，在"选择和可见性"任务窗格中重命名文本框并调整顺序，如图 15-73 所示。

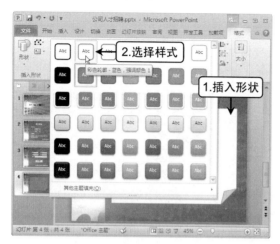

图15-72　绘制形状并设置其样式

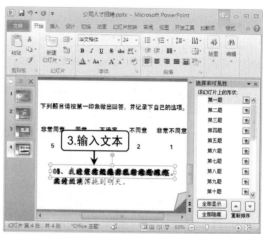

图15-73　输入文本内容

第3步 绘制两个动作按钮，在其中输入文本内容，并为形状应用适合的外观样式，其效果如图 15-74 所示。

第4步 选择绘制的"放弃答题"按钮，打开"动作设置"对话框，选中"超链接到"单选按钮，将形状超链接到第一张幻灯片，并选中"单击时突出显示"复选框，如图 15-75 所示，然后单击"确定"按钮，关闭"动作设置"对话框。

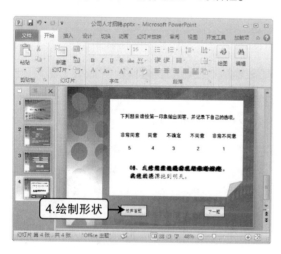

图15-74　绘制形状

图15-75　添加超链接

第5步 在幻灯片的右上角绘制一个圆形，为其应用适合的样式，然后为其添加"彩色脉冲"强调动画，打开"彩色脉冲"动画效果对话框，将期间设置为"快速（1 秒）"秒，重复为"60"次，其效果如图 15-76 所示。

第6步 选择第一题的文本，为其添加"消失"退出动画，然后单击"高级动画"组中的"触发"按钮，在弹出的下拉菜单中选择"单击/下一题"命令，如图 15-77 所示。

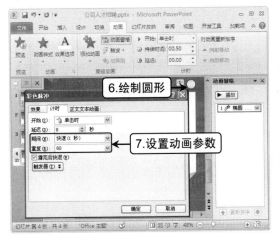

图15-76　设置圆形的动画参数

图15-77　为第一题添加触发器动画

第7步 选择第二题的文本，为其添加"出现"动画，开始方式为"上一动画之后"，并在"动画窗格"窗格中将动画拖动到"第一题"动画之后，其效果如图 15-78 所示。

第8步 再次选择第二题的文本，单击"添加动画"按钮，为其添加与文本"第一题"相同的"消失"退出动画并设置触发器，如图 15-79 所示。

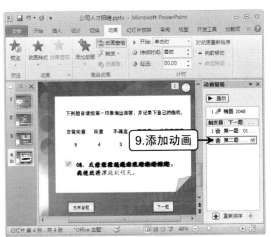

图15-78　为第二题添加动画

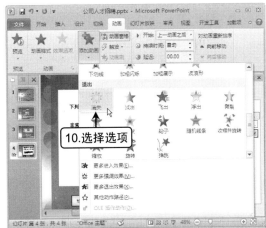

图15-79　为第二题添加退出动画

第9步 用相同的方法，为所有文本添加相同效果的动画，在"动画窗格"窗格中检查其顺序，完成后其效果如图 15-80 所示。

第10步 在幻灯片中绘制一个矩形，在其中输入文本"答题结束"，并为其应用样式，如图 15-81 所示。

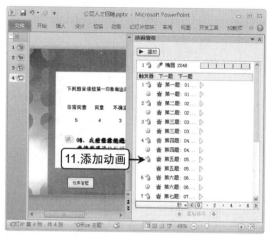

图15-80 为所有文本添加动画

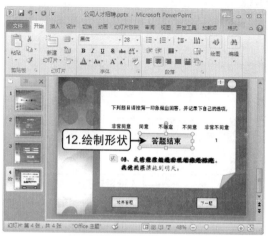

图15-81 绘制形状并设置其效果

第11步 选择"答题结束"形状，单击"添加动画"按钮，在弹出的下拉菜单中选择"进入"栏下的"出现"动画，设置其开始方式为"上一动画之后"，并在"动画窗格"窗格中将动画拖动到"椭圆"动画之后，其效果如图 15-82 所示。

第12步 选择"答题结束"形状，单击"链接"组中"动作"按钮，打开"动作设置"对话框，将其超链接到"第一张幻灯片"中，如图 15-83 所示。

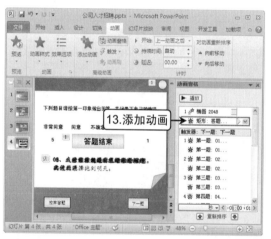

图15-82 为"答题结束"添加动画

图15-83 为形状设置动作

第13步 绘制一个与幻灯片大小相同的黑色矩形，然后在矩形上绘制两个文本框，在文本框中输入"答题结果分析"的文本内容，如图 15-84 所示。

第14步 同时选择黑色矩形和文本框，为其添加"出现"进入动画，然后单击"动画窗格"按钮，打开"动画窗格"任务窗格，将添加的动画拖至"第十二题"的进入动画之后，此时完成本案例的所有操作，如图 15-85 所示。

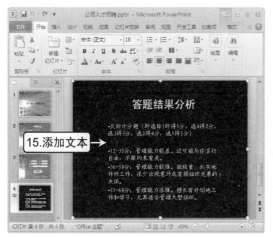

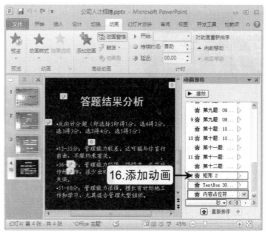

图15-84 添加"答案结果分析"文本　　　　图15-85 添加动画并调整位置

第十六章

企业产品宣传与推广管理

本章将介绍制作产品宣传与推广演示文稿，通过介绍这类演示文稿的制作流程，帮助用户学会制作商务宣传与推广类演示文稿的一般方法。

16.1 产品宣传管理

产品介绍与展示是商务领域中一项重要的宣传手段，也是PowerPoint的重要应用之一。借助演示文稿，公司可以将产品的相关信息、参数以及图片资料等方便地展示给客户或员工，达到介绍或推广产品的目的。

16.1.1 宣传类 PPT 的制作要求

宣传产品的目的是为了向广大客户展示产品，因此这类演示文稿多用到图、表、图示等元素，从而让展示效果更直观，切忌文字不宜过多。

16.1.2 宣传类 PPT 包含的基本内容

产品宣传一般包括如下5项基本内容。

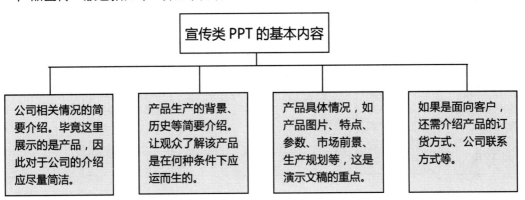

在本书第六章有相关问题的分析和具体的解析操作，读者可参见该部分内容进行学习。

16.2 产品推广管理

为了让一项新产品在上市之后能有良好的销量，就需要在其上市之前制订相应的推广与营销策划方案，以确定企业针对该产品将进行何种有效的宣传活动和销售手段，这是企业实施产品战略计划的一项重要工作。

16.2.1 推广类 PPT 的制作要求

产品推广或营销策划将用于指导该产品上市前后的各项宣传与销售手段，因此其中各项工作都要非常细致地进行准备，要通过充分的市场调查和对各项数据的仔细分析，经过广泛的研究与讨论，才能得出最恰当的推广方案。

16.2.2 推广类 PPT 包含的基本内容

产品推广一般包括如下6项基本内容。

在本书第十章有相关问题的分析和具体的解析操作，读者可参见该部分内容进行学习。

16.3 陶瓷产品宣传

在产品上市之前往往需要进行一系列的宣传和介绍，以便向客户展示该产品的相关信息、参数以及图片资料等，以达到宣传的目的。借助演示文稿可以进行辅助展示，本例将具体介绍产品宣传演示文稿的制作方法。

////// **案例展示** //

由于这里展示的是产品，因此对于企业的介绍应尽量简洁，为了让客户了解产品是在何种条件下应运而生的，所以对产品生产的背景、历史等进行简要介绍，然后着重介绍产品的具体情况。

如图16-1所示为陶瓷产品宣传演示文稿中的各部分效果，包括首页幻灯片、目录幻灯片、产品展示幻灯片、企业联系方式幻灯片等（❸光盘\素材\第16章\陶瓷产品宣传\；❸光盘\效果\第16章\陶瓷产品宣传.pptx）。

① 首页幻灯片

② 目录幻灯片

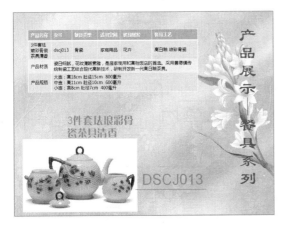

③ 产品展示幻灯片

④ 企业联系方式幻灯片

图16-1 陶瓷产品宣传演示文稿中的各幻灯片

///// **案例分析** //

产品展示类演示文稿多用图、表等元素，力求进行直观的介绍，文字不宜过多。本陶瓷产品宣传演示文稿所选背景图片以及文字字体格式都考虑到了要展示产品的特点，即采用了带有古典风格的图片与装饰。

在产品目录幻灯片中，将列出公司的各产品分类，为了让文本排列更为整齐，可在表格中输入内容，并对表格的边框与底纹进行特殊设置，形成统一的格式。

另外在幻灯片中插入了产品的清晰大图，并对重要信息进行标注，还可为标注添加动画以突出显示。

介绍与展示产品的目的是让客户购买产品，因此在幻灯片中将重点详细介绍公司的相关联系方式等信息，并对电子邮箱地址设置超链接。下面开始讲解陶瓷产品宣传演示文稿的具体制作方法。

///// **案例制作** //

16.3.1   在母版中设置侧栏版式

第1步 新建空白演示文稿并对其进行保存后，切换到幻灯片母版视图中，先选择主母版幻灯片，将素材"bj2.jpg"图片设置为背景，如图 16-2 所示。

第2步 在幻灯片中单击鼠标右键，在弹出的快捷菜单中选择"设置背景格式"命令，打开"设置背景格式"对话框，在"填充"选项卡下的"伸展选项"栏下设置该背景图片的上下偏移量为"-6%"，透明度为"33%"，如图 16-2 所示。

图16-2   设置背景

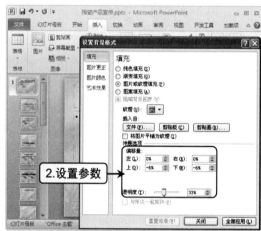

图16-3   设置背景格式

第3步 选择标题占位符，单击"开始"选项卡下"字体"组中的"字体"下拉列表框中选择"方正隶书简体"选项，然后设置其字号为"48"，颜色为"白色"，再单击"开始"选项卡下"段落"组中的"文字方向"按钮，在弹出的菜单中选择"竖排"选项，最后调整标题占位符的大小和位置，放置在幻灯片右侧区域，如图 16-4 所示。

第4步 调整正文占位符大小，选择正文占位符中的第一级文本，设置其字体为"方正隶变简体"，字号为"32"，如图 16-4 所示。

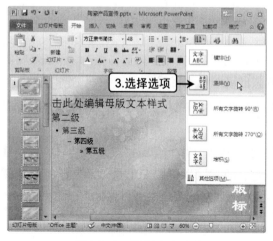

图16-4   设置文字方向

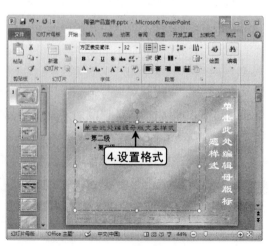

图16-5   设置字体格式

第5步 使用同样方法，设置正文占位符中第二～五级文本的字体为"方正隶变简体"，其中第二级文本字号为"28"，第三级文本字号为"24"，第四、五级文本字号为"20"，完成设置后其效果如图16-6所示。

第6步 切换到标题幻灯片母版，在幻灯片上单击鼠标右键，在弹出的快捷菜单中选择"设置背景格式"命令，打开"设置背景格式"对话框，更改该幻灯片背景为光盘素材文件夹中的"bj1.jpg"图片，并设置其上下偏移量为"-6%"，完成后其效果如图16-7所示。

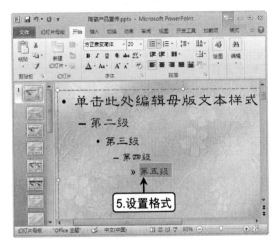

图 16-6　设置文本格式

图 16-7　更改标题幻灯片母版背景

第7步 切换到标题和内容版式幻灯片，将素材"插图1.png"图片插入到其中，并放置在如图16-8所示的位置。

第8步 复制标题和内容版式母版，生成"标题和内容2"版式母版，将其中的"插图1.png"删除并将素材件夹"插图2.png"插入到其中，并放置在如图16-9所示的位置。

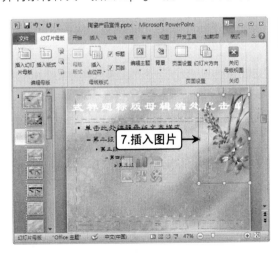

图 16-8　插入图片

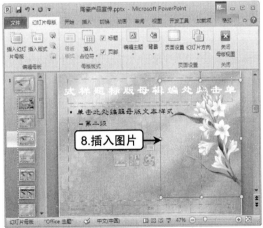

图 16-9　复制标题和内容版式母版

第9步 在节标题版式幻灯片和仅标题版式幻灯片中，分别插入"插图2.png"、"插图1.png"，并调整其位置和大小，如图16-10所示。

第10步 复制仅有标题幻灯片，生成结束幻灯片版式母版，调整幻灯片背景的透明度为"0%"，再插入素材"花.png"，其效果如图 16-11 所示。

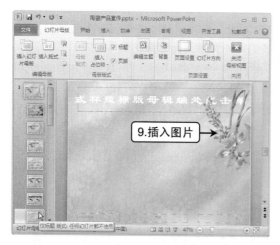

图 16-10　插入图片　　　　　　　　图 16-11　制作结束幻灯片版式

16.3.2　使用表格制作目录幻灯片

第1步 制作标题和公司介绍幻灯片，并新建第 3 张幻灯片，输入标题内容后将正文占位符删除，然后在幻灯片中插入一个文本框，输入"产品目录"的中英文内容。

第2步 在幻灯片中插入一个 2 列 13 行的表格，表格默认应用了外观样式，然后选择整个表格，设置其字体为"微软雅黑"，如图 16-12 所示。

第3步 选择第 1 行的两个单元格，单击"表格工具 布局"选项卡下"合并"组中的"合并单元格"按钮，将两个单元格合并为一个单元格，如图 16-13 所示。

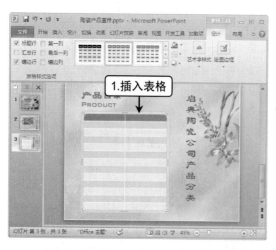
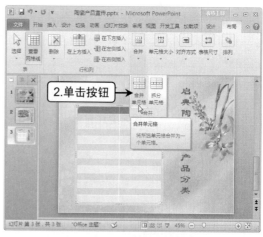

图 16-12　插入表格到目录幻灯片　　　　图 16-13　合并单元格

第4步 在合并的单元格中输入第一项产品大类，然后在其下的各个单元格中依次输入各个分类项目文本，如图 16-14 所示，并设置分类文本的字号比产品大类文本小，以示区别。

第5步 使用同样方法，合并第 5、9、12 行两个单元格，并分别输入各大类和其下各小类文本。由于表格应用了默认外观，会影响到目录的分类展示，于是选择整个表格，设置其字体颜色为"水绿色"，如图 16-15 所示。

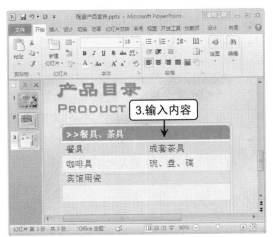

图 16-14　输入内容到表格中

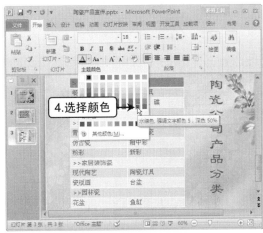

图 16-15　设置表格中文本字体颜色

第6步 单击"表格工具 设计"选项卡下"表格样式"组中的"边框"按钮右侧的下拉按钮，在弹出的下拉列表中选择"无框线"选项，再单击"底纹"按钮右侧的下拉按钮，在弹出的下拉列表中选择"无填充颜色"选项，这时幻灯片中的表格虽然仍然存在，但看起来就像仅有文字一样，如图 16-16 所示。

第7步 分别设置各大类文本的格式以突出显示，然后在各大类分隔处添加横线，将各类产品区分开来，完成目录幻灯片的制作，如图 16-17 所示。

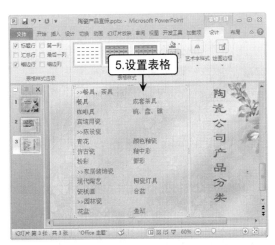

图16-16　取消表格轮廓与填充

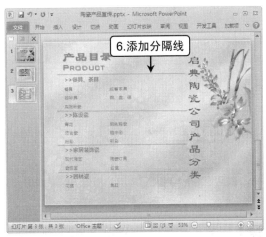

图16-17　完成目录幻灯片的制作

16.3.3　制作产品展示幻灯片

第1步 目录幻灯片完成后将制作产品的展示幻灯片，首先新建第 4 张幻灯片，输入标题后将正文占位符删除，然后插入一个 4 行 6 列的表格，如图 16-18 所示。

第2步 在插入的表格中输入产品的相应参数后，再对文本的格式以及表格的格式进行设置，如图 16-19 所示。

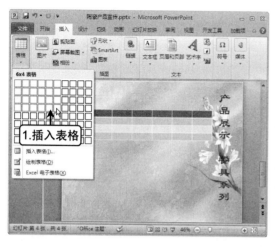

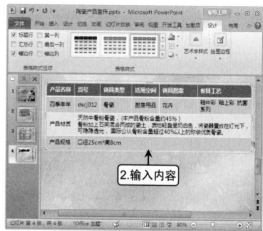

图16-18　插入表格到产品展示幻灯片　　　　图16-19　制作表格内容

第3步 在幻灯片中插入提供的素材文件"产品 1.jpg"，调整大小后将其放置在合适位置，如图 16-20 所示。

第4步 在幻灯片中添加文本框，设置不同的字体格式，输入对图片的标注内容，并添加横线，如图 16-21 所示。

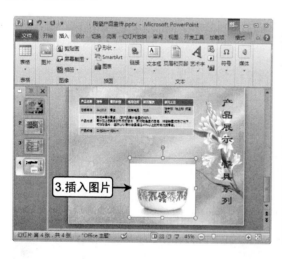

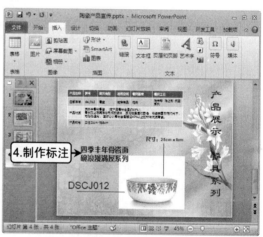

图16-20　插入产品图片　　　　　　　　　图16-21　输入对图片的标注

第5步 选择产品图片，切换到"动画"选项卡，单击"高级动画"组中"添加动画"按钮，在弹出的下拉菜单中选择"进入"栏下的"飞入"命令，如图 16-22 所示。

第6步 单击"动画"组中的"效果选项"按钮，在弹出的下拉列表中选择"自左侧"选项，如图 16-23 所示。

第7步 单击"高级动画"组中的"动画窗格"按钮，打开"动画窗格"任务窗格，然后选择添加了动画效果的图片对象，并单击其右侧的下拉按钮，在弹出的下拉菜单中选择"计时"命令，在打开的动画效果对话框"计时"选项卡中，设置其开始方式为"单击时"，期间为"非常快（0.5 秒）"，如图 16-24 所示。

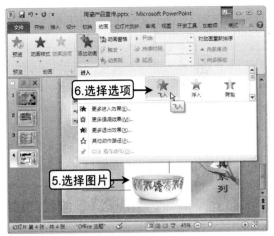

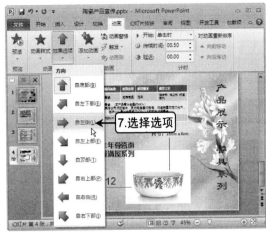

图16-22 为产品图片添加进入动画 图16-23 设置其进入方向

第8步 下面按产品名称、编号、尺寸、相应横线以及表格的先后顺序，依次设置各对象的进入动画，后面各对象的"开始"方式都为"上一动画之后"，如图16-25所示。

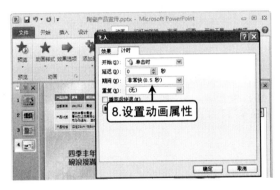

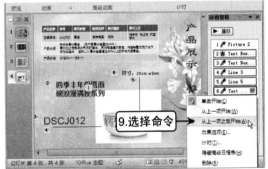

图16-24 设置图片动画属性 图16-25 为其他对象设置动画

第9步 完成第1张产品展示幻灯片中对象的动画设置后，使用相同方法，制作两张产品展示幻灯片，如图16-26左和图16-26右所示分别为另两张产品展示幻灯片。

图16-26 产品展示幻灯片

16.3.4　制作产品结束幻灯片

第1步 新建第 7 张标题和内容版式的幻灯片，在标题占位符中输入本张幻灯片的标题，此处输入"联系启典"，再在正文占位符中输入公司的联系方式等信息，并设置文本格式，完成后其效果如图 16-27 所示。

第2步 完成产品展示幻灯片和企业联系方式幻灯片的制作后，再制作结束幻灯片，这里单击"新建幻灯片"按钮，在弹出的下拉列表中选择"结束幻灯片"选项，新建第 8 张幻灯片，在该幻灯片中输入标题后，再在正文占位符中输入结束语，并设置文本格式，完成后其效果如图 16-28 所示。

图16-27　制作公司联系方式幻灯片

图16-28　制作结束幻灯片

16.4　产品上市推广

新产品在上市之前，生产商为了顺利销售产品，会制作一些演示文稿来宣传和推广产品，使用户更加了解产品，以便提高其购买的欲望。本节将对产品的上市推广演示文稿的制作方法进行介绍。

案例展示

如图16-29所示为本节制作的产品上市推广演示文稿的各部分效果，其中包括首页幻灯片、同类产品市场调查幻灯片、产品销售情况幻灯片和介绍产品优势幻灯片等（⊙光盘\素材\第16章\××产品的上市推广.pptx；⊙光盘\效果\第16章\××产品的上市推广.pptx）。

①首页幻灯片

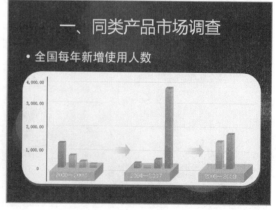

②同类产品市场调查幻灯片

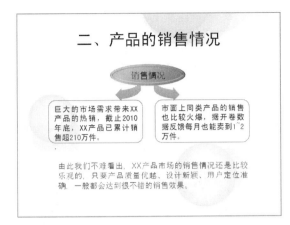

③产品销售情况幻灯片

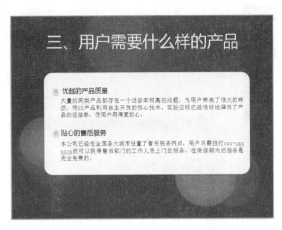

④介绍产品优势幻灯片

图16-29　产品上市推广演示文稿中的各幻灯片

///// **案例分析** /////

　　制作产品的上市推广演示文稿可能涉及到大量的数据内容，为了更形象地展示这些数据，在幻灯片中使用了大量的图表和图示，为了使演示文稿更加美观，还对图表和图示进行了自定义设置。

///// **案例制作** /////

16.4.1　制作市场调查图表

第1步　打开提供的"XX 产品的上市推广"演示文稿，新建"标题和内容"幻灯片，并在占位符中输入文本内容，如图 16-30 所示。

第2步　在幻灯片中绘制一个圆角矩形形状，将鼠标光标移动到黄色的控制点上，拖动鼠标调整圆角矩形形状的圆角大小，如图 16-31 所示。

图16-30　新建幻灯片

图16-31　绘制形状

第3步 打开"设置形状格式"对话框，为形状选择适合的填充颜色"白色"，然后切换到"阴影"选项卡，设置形状的阴影效果，如图 16-32 所示。

第4步 在幻灯片中绘制一条垂直的线条，设置颜色，粗细为"1.5 磅"，然后绘制 5 条水平线条，使线条纵向平均分布，虚线为"方点"，粗细为"0.25 磅"，并设置颜色，如图 16-33 所示。

图16-32 设置形状阴影效果

图16-33 绘制坐标轴

第5步 在幻灯片中绘制一个立方体形状，调整其大小和位置，并复制两个立方体，使 3 个形状顶端对齐，横向分布，如图 16-34 所示。

第6步 保持 3 个形状的选择状态，打开"设置形状格式"对话框，在"填充"选项卡中为形状选择适合的浅灰填充颜色，如图 16-35 所示。

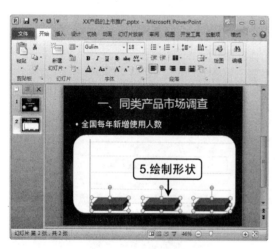

图16-34 绘制形状

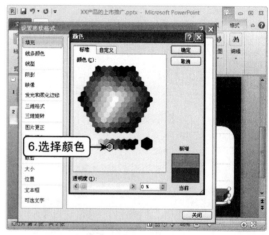

图16-35 设置形状颜色

第7步 绘制 4 个底面积相同，高度各异的立方体形状，将其放置在灰色的立方体之上，其中立方体的高度由立方体所代表的数据决定，如图 16-36 所示。

职场综合应用篇

第8步 选择第一个立方体形状，打开"设置形状格式"对话框，将其填充颜色设置为红色的渐变色，然后选择其他三个立方体形状，将填充颜色设置为绿色渐变色，如图 16-37 所示。

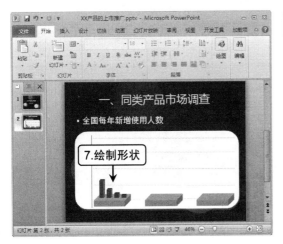
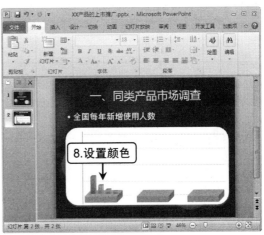

图16-36 绘制形状　　　　　　　　　　图16-37 为形状设置渐变色

第9步 将彩色的立方体形状复制到其他 3 个灰色立方体上，然后根据实际的数据大小，调整形状的高度和颜色，其中数据上涨用红色表示，数据下降用绿色表示，完成后可看到其效果如图 16-38 所示。

第10步 绘制两个箭头形状，并为箭头填充灰色渐变颜色，如图 16-39 所示。

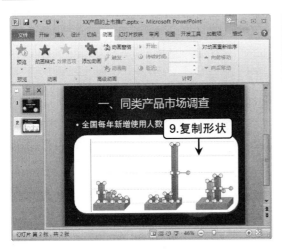
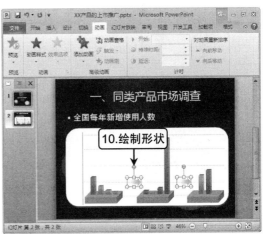

图16-38 复制形状　　　　　　　　　　图16-39 绘制箭头形状

第11步 绘制文本框，并输入文本内容，设置文本的字号为"16"，字体为"Gulim"，并在垂直坐标轴旁添加文本框，以标明坐标刻度，效果如图 16-40 所示。

第12步 新建一张空白幻灯片，在其中绘制 3 个圆形形状和 3 个圆角矩形形状，其效果如图 16-41 所示。

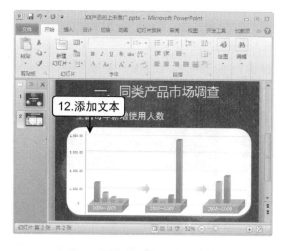

图16-40　设置文本格式

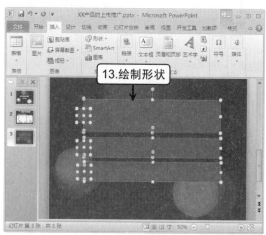

图16-41　绘制形状

第13步 为 3 个圆角矩形形状设置不同的渐变填充颜色，完成设置后的效果如图 16-42 所示。

第14步 同时选择绘制的 3 个圆形形状，在其上单击鼠标右键，在弹出的快捷菜单中选择 "设置对象格式" 命令，打开 "设置形状格式" 对话框，在其中为形状添加灰色渐变填充效果，完成后效果如图 16-43 所示。

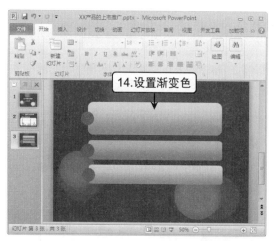

图16-42　为形状添加渐变填充色

图16-43　设置圆形填充效果

第15步 在绘制的圆形和圆角矩形上绘制文本框，并在其中输入文本内容，然后对输入的文本格式进行设置，设置其字体为 "宋体"，字号为 "18 磅"，完成后其效果如图 16-44 所示。

第16步 若想让输入的文本中重要的数据突出显示，可设置重要数据的文本颜色与其它文本颜色不同，此处将重要突出显示的数据的文本颜色设置为 "红色"，完成后其效果如图 16-45 所示。

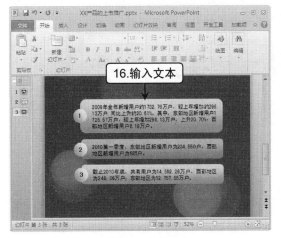

图16-44 输入文本

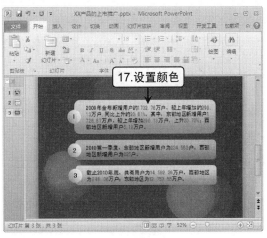

图16-45 设置重要数据突出显示

16.4.2 制作销售情况图示

第1步 接下来制作产品销售情况的幻灯片，首先新建仅标题幻灯片，并输入标题文本内容，如图16-46所示。

第2步 在幻灯片中绘制一个椭圆形状，然后打开"设置形状格式"对话框，在其中选择"碧海青天"预设渐变填充效果，如图16-47所示。

图16-46 新建幻灯片并输入标题文本

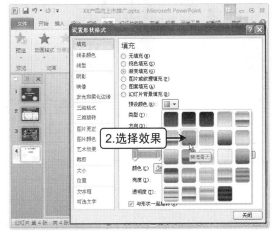

图16-47 绘制形状并设置填充效果

第3步 保持椭圆形状的选择状态，单击"绘图工具 格式"选项卡"形状样式"组中的"形状效果"按钮，在弹出的菜单中选择"棱台/硬边缘"命令，如图16-48所示，并在椭圆形状中输入文本。

第4步 在幻灯片中绘制一个右弧形箭头，再绘制一个左弧形箭头，将其放置在椭圆之下，然后打开"设置形状格式"对话框，为其设置与椭圆相同的渐变填充效果，如图16-49所示。

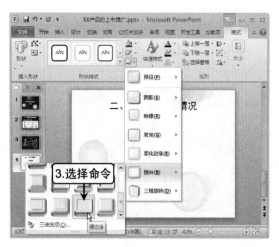

图16-48　为形状添加棱台效果

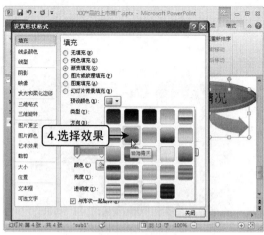

图16-49　　绘制箭头并设置其填充效果

第5步 绘制两个大小相同的圆角矩形形状，并将圆角矩形设置为无填充，形状轮廓的颜色为灰色，粗细为"1.5磅"，如图 16-50 所示。

第6步 最后绘制文本框，添加文本内容，并设置文本的字体格式，如图 16-51 所示。

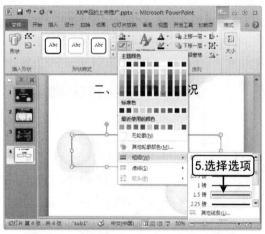

图16-50　绘制圆角矩形并设置格式

图16-51　　添加文本内容

16.4.3　制作介绍产品优势幻灯片

第1步 接下来制作用户需要什么样的产品幻灯片，首先新建仅标题幻灯片，并输入标题文本内容，如图 16-52 所示。

第2步 在幻灯片中绘制一个圆角矩形，然后单击"绘图工具 格式"选项卡"形状样式"组中的"其他"按钮，在弹出的下拉菜单中选择适合的形状样式，如图 16-53 所示。

图16-52 新建幻灯片并输入标题文本

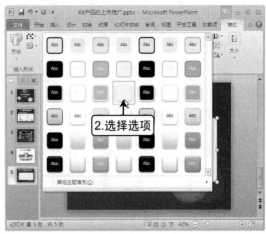

图16-53 绘制形状并设置其样式

第3步 在形状上绘制文本框，并输入文本内容，设置文本的字体格式，如图 16-54 所示。

第4步 在幻灯片中绘制两个圆形形状，然后在"形状样式"组的预设样式列表中选择适合的形状样式，如图 16-55 所示。

图16-54 输入文本内容

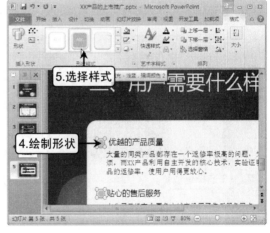

图16-55 绘制形状

16.4.4 添加动画效果

第1步 制作完成演示文稿的文本、图表和图示后，需要从第 2 张幻灯片开始，为幻灯片对象添加动画效果，于是切换到第 2 张幻灯片，选择图表的背景矩形，为其添加"进入/浮入"动画，开始方式为"与上一动画同时"，速度为"非常快（0.5秒）"，如图 16-56 所示。

第2步 选择图表中的垂直坐标，为其添加"飞入"动画，开始方式为"上一动画之后"，速度为"非常快（0.5秒）"，如图 16-57 所示。

图16-56　添加动画并设置其参数

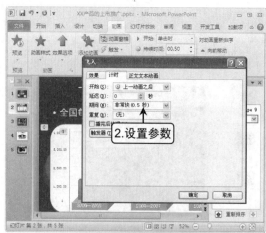

图16-57　为坐标轴添加动画

第3步 设置垂直坐标轴的动画方向，单击"效果选项"按钮，在弹出的下拉列表中选择"自左侧"选项，如图 16-58 所示。

第4步 选择水平的刻度线，单击"高级动画"组中的"添加动画"按钮，在弹出的下拉列表中选择"进入"栏下的"飞入"动画，然后打开该动画效果对话框，切换到"计时"选项卡，在其中设置其开始方式为"上一动画之后"，速度为"非常快（0.5秒）"，如图 16-59 所示。

图16-58　设置垂直坐标轴动画方向

图16-59　为水平刻度线添加动画

第5步 选择绘制的 3 个灰色立方体，并同时选择该灰色立方体上的文本框，然后在其上单击鼠标右键，在弹出的快捷菜单中选择"组合/组合"命令，将其组合为一个对象，如图 16-60 所示。

第6步 单击"高级动画"组中的"添加动画"按钮，为其添加"浮入"进入动画，然后打开该动画效果对话框，并切换到"计时"选项卡，设置其开始方式为"上一动画之后"，速度为"非常快（0.5秒）"，如图 16-61 所示。

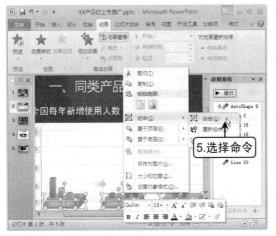

图16-60　将立方体与文本框组合为一个对象　　　图16-61　　为灰色立方体添加动画

第7步 选择灰色立方体底座上的彩色立方体，为其添加"飞入"进入动画，开始方式为"上一动画之后"，速度为"非常快（0.5秒）"，如图16-62所示。

第8步 选择幻灯片中的灰色渐变箭头形状，为其添加"飞入"进入动画，开始方式为"上一动画之后"，速度为"非常快（0.5秒）"，如图16-63所示。

图16-62　为图表柱线添加动画　　　　　图16-63　　为箭头添加动画

第9步 单击"动画"组中"效果选项"按钮，在弹出的下拉列表中选择"向左侧"选项，设置其动画方向，如图16-64所示。然后再按照前面设置动画的方法，为剩余的立方体和箭头形状添加"飞入"动画，并设置其开始方式为"上一动画之后"，速度为"非常快（0.5秒）"。

第10步 完成剩余立方体和箭头形状动画效果的设置后，接下来选择垂直坐标轴旁表示刻度的文本，并为其添加"浮入"动画效果，并设置该动画的开始方式为"上一动画之后"，速度为"非常快（0.5秒）"，如图16-65所示。

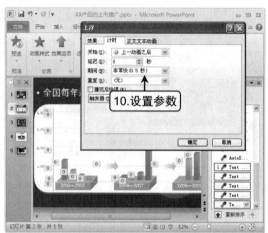

图16-64　完成剩余立方体和箭头的动画设置　　图16-65　　为标明刻度的文本设置动画

第11步 切换到第 3 张幻灯片，选择第一个圆形形状和编号文本框，为其添加"擦除"进入动画，然后打开该动画对话框，设置该动画的开始方式为"上一动画之后"，速度为"非常快（0.5秒）"，如图 16-66 所示。

第12步 打开选择第一个圆角矩形和其上的文本框，为其添加"擦除"进入动画，并打开该动画效果对话框，设置该动画的开始方式为"上一动画之后"，速度为"快速(1 秒)"，如图 16-67 所示。

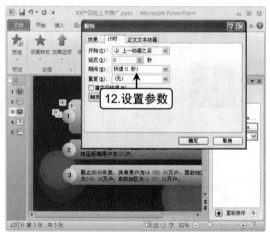

图16-66　为第一个文本添加动画　　　　　图16-67　　为矩形添加动画

第13步 用同样的方式为其他编号和矩形添加动画效果，完成动画效果的添加和设置，如图 16-68 所示。

第14步 切换到第 4 张幻灯片，从上到下依次选择所有形状和文本框，然后为其添加"擦除"进入动画，并设置动画方向为"自顶部"，然后打开动画对话框，设置第一个动画的开始方式为"与上一动画同时"，此后动画开始方式为"上一动画之后"，并设置其速度为"非常快（0.5秒）"，如图 16-69 所示。

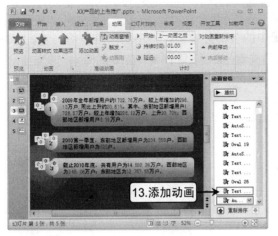

图16-68 完成所有形状和文本动画的添加

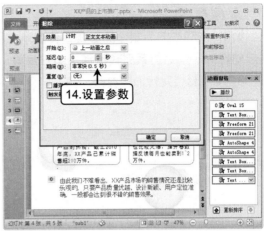

图16-69 为图示添加动画

第15步 切换到第 5 张幻灯片，选择圆角矩形形状，为其添加"擦除"进入动画，并设置其动画方向为"自顶部"，如图 16-70 所示。然后打开动画对话框设置动画的开始方式为"与上一动画同时"，速度为"非常快（0.5秒）"。

第16步 从上到下依次选择圆形形状和文本框，为其添加"淡出"动画，第一个动画的开始方式为"上一动画之后"，此后的动画开始方式为"与上一动画同时"，速度为"快速（1秒）"，如图 16-71 所示。

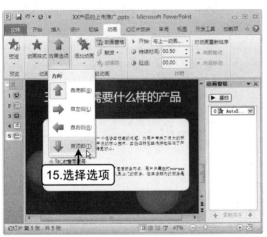

图16-70 为形状添加动画

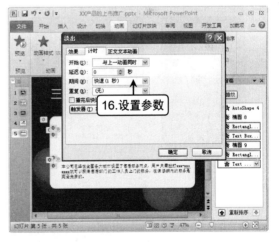

图16-71 为文本添加动画

16.5 影楼宣传

信息时代，人们获取各类资讯的途径越来越广泛，以影楼为例，橱窗展示、海报宣传、广告投放等宣传形式不胜枚举，但若需要对特定群体进行一系列的展示，如公司简介、作品展示、套系价格等，就可以选择使用演示文稿的方式。本节将详细制作一个影楼宣传演示文稿。

//// **案例展示** //

如图16-72所示为制作的影楼宣传演示文稿中的各部分效果，其中包括首页幻灯片、作品展示幻灯片、产品的系列套价详情幻灯片等（◎光盘\素材\第16章\影楼宣传\；◎光盘\效果\第16章\影楼宣传.pptx）。

①首页幻灯片

②作品展示幻灯片1

③作品展示幻灯片2

④产品的系列套价详情

图16-72 影楼宣传演示文稿中的各幻灯片

//// **案例分析** //

宣传展示类的演示文稿一般是放在某个固定的地方以广告的形式来播放。影楼宣传的目的是让客户对影楼的作品、收费标准等信息有一个清晰的了解，所以制作的演示文稿不仅要体现影楼自身的特色，还要加入已有作品、套系价格等信息，形成一个完整的宣传体。

此类宣传性质的演示文稿多用展台模式进行播放，所以幻灯片中多以图片为主，并辅助以切换效果和动画效果，增强画面的动感，下面开始讲解制作影楼宣传演示文稿的方法。

////// **案例制作** //

16.5.1 设计幻灯片母版版式

第1步 新建空白演示文稿，按【Ctrl+S】组合键将演示文稿另存为"影楼宣传.pptx"，单击"视图"选项卡，在"母版视图"组中单击"幻灯片母版"按钮，进入幻灯片母版视图，当前选择的是标题幻灯片所应用的版式母版，单击第 1 张幻灯片母版切换到主母版，单击"背景"组中的"背景样式"按钮，在弹出的下拉菜单中选择"设置背景格式"命令，如图 16-73 所示。

第2步 在打开的"设置背景格式"对话框中选中"图片或纹理填充"单选按钮，激活其下的各功能选项，单击"插入自"栏中的"文件"按钮，如图 16-74 所示，然后打开"插入图片"对话框，将光盘中提供的素材文件"bj.jpg"插入到幻灯片中。

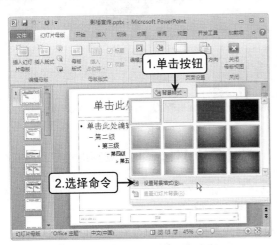

图16-73 设置母版背景

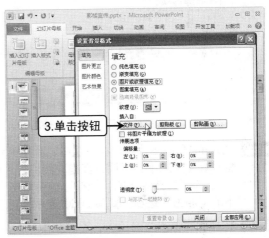

图16-74 单击按钮

第3步 返回"设置背景格式"对话框，单击"图片颜色"选项卡，单击"重新着色"栏下"预设"按钮，在弹出的下拉列表中选择"紫色，强调文字颜色 4 浅色"选项，如图 16-75 所示。

第4步 切换至"图片更正"选项卡，设置其对比度为"10%"，然后单击"关闭"按钮关闭对话框，如图 16-76 所示。

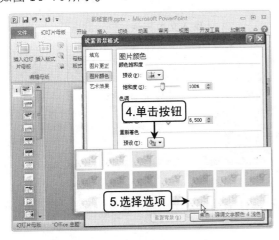

图16-75 重新着色图片

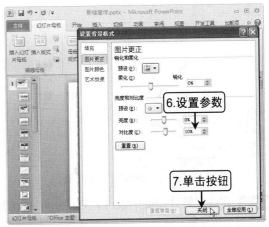

图16-76 调整对比度

第5步 选择标题幻灯片母版，用前面的方法打开"设置背景格式"对话框，单击"图片颜色"选项卡下"重新着色"栏下"预设"按钮，在弹出的下拉列表中选择"不重新着色"选项，如图16-77所示，然后单击"关闭"按钮关闭对话框。

第6步 选择主母版幻灯片，单击"插入"选项卡"图像"组中的"图片"按钮，打开插入图片对话框，将素材文件"logo.png"插入到幻灯片中，以表明影楼身份，如图16-78所示。

图16-77 取消标题幻灯片背景的重新着色

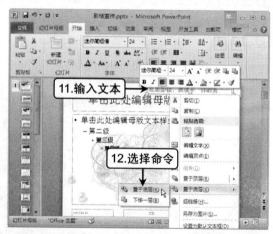

图16-78 插入logo

第7步 插入的LOGO图片出现在母版中，选择图片，按住【Shift】键的同时拖动其边框右上角的控制点，将其等比例缩小，然后将其拖动到幻灯片的右下角，完成演示文稿中LOGO图片的添加。在"图片工具 格式"选项卡的"调整"组中单击"颜色"按钮，在弹出的下拉列表中选择"重新着色"栏下的"冲蚀"选项，减淡LOGO图片的颜色，如图16-79所示。

第8步 切换到"插入"选项卡，在"文本"组中单击"文本框"按钮，在幻灯片空白处单击，出现一个横排文本框，在其中输入影楼的宣传口号文本，这里输入"虹影影楼，展现不一样的美……"文本，在"开始"选项卡中设置文本的字体、字号以及颜色格式，然后拖放到主母版的右上角。在文本框上单击鼠标右键，在弹出的快捷菜单中选择"置于底层/置于底层"命令，如图16-80所示。

图16-79 为logo图片重新着色

图16-80 将文本置于底层

第9步 完成幻灯片母版的设计，在"幻灯片母版"选项卡的"关闭"组中单击"关闭母版视图"按钮退出母版视图。

16.5.2 制作幻灯片内容

第1步 返回标题幻灯片，可以看到其中已经出现了前面添加的 LOGO 图片，在标题与副标题文本占位符中输入相应的文本内容，并设置字体、字号、文本颜色等格式，如图 16-81 所示。

第2步 在"开始"选项卡的"幻灯片"组中单击"新建幻灯片"按钮，在弹出的下拉菜单中选择新幻灯片所依据的版式母版，这里选择"标题和内容"选项，如图 16-82 所示。

图16-81 制作标题幻灯片

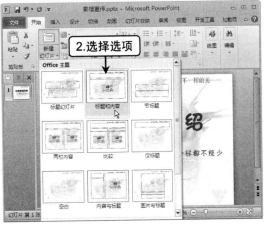

图16-82 选择幻灯片版式

第3步 该幻灯片用于介绍影楼概况，在"标题"占位符中输入"虹影影楼介绍"文本，在"正文"占位符中输入影楼的介绍性文本，并在"开始"选项卡下设置文本的字体、颜色。选择正文文本，单击"开始"选项卡下"段落"组中的"项目符号"按钮，取消文本的项目符号。单击"对话框启动器"按钮打开"段落"对话框，设置其"特殊格式"为"首行缩进"，如图 16-83 所示。

第4步 新建"内容与标题"版式的幻灯片，在"标题"占位符中输入"作品展示"文本，并设置其格式，然后在内容占位符中单击"插入来自文件的图片"按钮，插入素材文件"1.jpg"，并为其设置图片形状为"对角圆角矩形"，图片边框为"橙色"、"6磅"，调整图片位置，如图 16-84 所示。

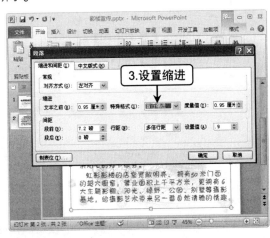

图16-83 设置首行缩进

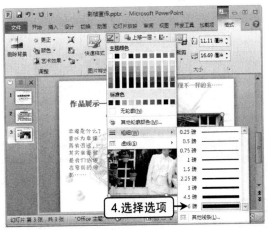

图16-84 设置图片格式

第5步 单击"新建幻灯片"按钮，在弹出的下拉菜单中选择"复制所选幻灯片"选项新建幻灯片，修改其中的文本内容，删除已有图片后重新插入素材文件"2.jpg"，并设置图片形状为"椭圆"，添加"橙色"、"6磅"边框，调整图片位置，如图16-85所示。

第6步 新建"两栏内容"版式幻灯片，在"标题"占位符中输入标题文本并设置其格式，在下面的占位符中分别插入素材文件"3.jpg"和"4.jpg"，在"图片工具 格式"选项卡的"图片样式"组的列表框中设置左侧图片样式为"圆形对角，白色"，右侧图片样式为"映像圆角矩形"。选择两张图片，单击"排列"组中的"对齐"按钮，在弹出的下拉菜单中选择"顶端对齐"命令，如图16-86所示。

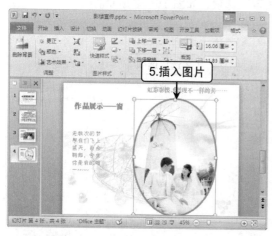

图16-85　设置图片格式　　　　　　　　图16-86　设置图片对齐

第7步 切换到"插入"选项卡，在"文本"组中单击"文本框"按钮，在弹出的下拉列表中选择"横排文本框"选项，单击右侧图片下侧的空白处，新建文本框，在其中输入描述文本并在"开始"选项卡中设置文本格式，如图16-87所示。

第8步 新建两张"两栏内容"版式幻灯片，用同样的方法插入素材文件"5.jpg"和"6.jpg"，为其设置不同的图片样式，并输入文本内容，如图16-88所示。

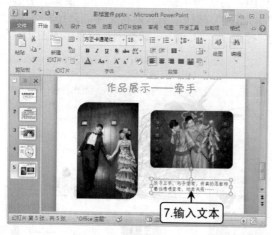

图16-87　设置文本格式　　　　　　　　图16-88　设置图片样式

第9步 新建"标题和内容"版式幻灯片，在"标题"占位符中输入文本，在"绘图工具 格式"选项卡的"艺术字样式"组中设置标题文本样式为"渐变填充-紫色，强调文字颜色 4，映像"，形状样式为"彩色轮廓-紫色，强调颜色 4"，如图16-89所示，然后在内容占位符中输入套系介绍文本。

第10步 插入"横卷形"形状，将其放置在内容占位符上面，然后将其形状样式设置为"细微效果-

紫色，强调颜色 4"，单击"绘图"组中的"排列"按钮，在弹出的下拉菜单中选择"置于底层"
选项将其置为底层，如图 16-90 所示。

图16-89　设置文本框样式

图16-90　插入形状并设置其置于底层

第11步 调整内容占位符的大小，使其适合"横卷形"形状并设置内容文本的字体格式，再在内容
占位符中输入套系介绍文本，如图 16-91 所示。

第12步 单击"新建幻灯片"按钮后，在弹出的下拉菜单中选择"复制所选幻灯片"命令，然后修
改新建幻灯片中标题占位符的文本为"婚纱套系介绍——罗蔓蒂克 2380 元"，更改"内容"占位
符中的文字，并根据内容调整矩形形状的大小。用同样的方法新建幻灯片，更改"标题"占位符中
的文本为"婚纱套系介绍——希腊风情 5280 元"，并修改其下的"内容"占位符中的文本，调整
"横卷形"形状的大小，如图 16-92 所示。

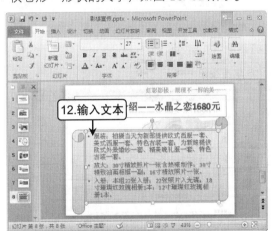

图16-91　设置字体格式并输入文本

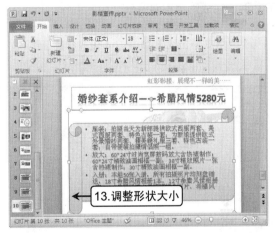

图16-92　调整形状大小

16.5.3　设置幻灯片切换效果及放映方式

第1步 至此完成所有幻灯片内容的制作，接下来设置幻灯片在放映时的切换效果，首先选择第 1
张幻灯片，单击"切换"选项卡，在"切换到此幻灯片"组中单击"切换方案"按钮，在弹出的下
拉列表框中选择"华丽型"栏下"百叶窗"选项，如图 16-93 所示。

第2步 单击"计时"组中"声音"选项旁的下拉按钮，在弹出的下拉列表框中选择"风铃"选项，如图 16-94 所示。

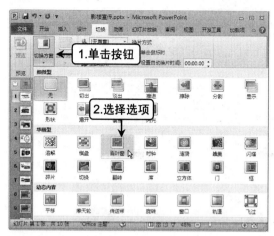

图16-93 选择切换效果

图16-94 设置切换声音

第3步 取消选中换片方式栏下"单击鼠标时"复选框，并在"设置自动换片时间"后的文本框中设置参数，然后单击"全部应用"按钮，为所有的幻灯片应用切换效果，如图 16-95 所示。

第4步 单击"幻灯片放映"选项卡"设置"组中的"排练计时"按钮，程序开始放映演示文稿，并打开"录制"工具栏，为演示文稿设置排练计时，完成后在打开的提示信息对话框中给出演示文稿总的放映时间，单击"是"按钮保留设置的排练时间。切换到"幻灯片浏览"视图查看幻灯片整体效果，并单击"设置幻灯片放映"按钮，打开"设置放映方式"对话框，在"放映类型"栏中选中"在展台浏览（全屏幕）"单选按钮，单击"确定"按钮完成设置，如图 16-96 所示。保存演示文稿，完成影楼宣传演示文稿的制作。

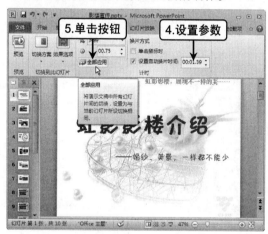

图16-95 为所有幻灯片应用切换效果

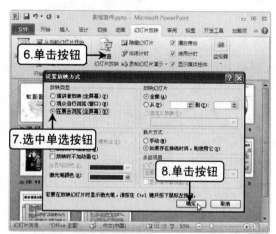

图16-96 设置幻灯片放映方式

企业经营与管理

企业经营与管理类的演示文稿与宣传类的演示文稿同属演示文稿在商务领域中的应用，但两者的侧重点不一样，后者主要用于展示给客户或观众，而前者主要在企业会议或报告中使用，前面一章已经讲了宣传类演示文稿的制作，本章将讲述怎样制作企业经营与管理适用的演示文稿。

17.1 企业经营与管理的内容

企业的经营与管理是很大的两个方面，也是非常重要的内容，其中企业经营主要有经营决策与控制、经营战略两方面的内容，企业管理主要有企业资源管理、企业质量管理、企业文化与形象管理、企业商品经营管理4方面的内容，其具体的结构示意图如下。

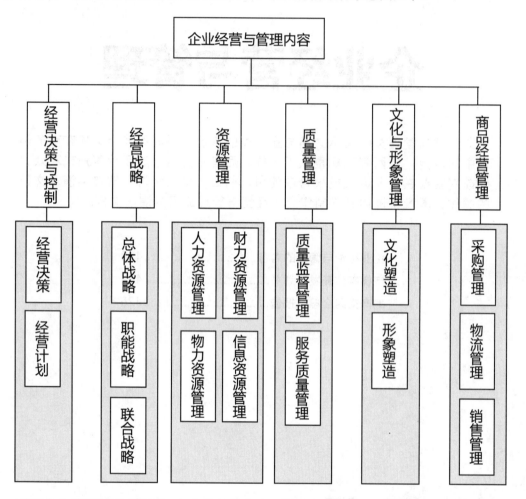

对于企业经营与管理问题，在本书的第七章、第八章和第十二章有相关问题的具体解析操作，读者可参见该部分内容进行学习。

虽然企业经理与管理的内容比较多，但是本章只挑选部分内容进行实例讲解。

17.2 电梯媒体开发计划书

开发计划书是在开发某项产品或服务之前，对市场进行的调查和分析计划。本例将介绍制作开发计划书的具体方法。

///// **案例展示** ///

本案例中的"开发计划书"演示文稿分为6个部分，每个部分都包含了丰富的图示，如图

17-1所示为该开发计划书中的各部分效果。包括首页幻灯片、目录幻灯片、电梯广告的特征幻灯片和电梯广告的优势幻灯片等（⊙光盘\素材\第17章\钟.png；⊙光盘\效果\第17章\开发计划书.pptx）。

① 首页幻灯片

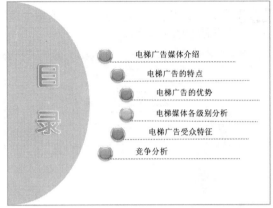

② 目录幻灯片

③ 电梯广告的特征幻灯片

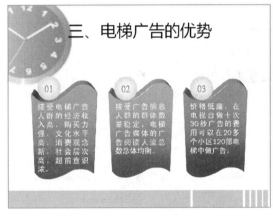

④ 电梯广告的优势幻灯片

图17-1 电梯媒体开发计划书演示文稿中的各幻灯片

///// **案例分析** //

　　由于本案例的内容较多，所以为了便于观众理解，将文稿细分为几个部分。

　　而且在本例中没有数据和图片，所以为了避免枯燥，将演示文稿中的文本内容力求以丰富的方式表达出来，下面开始讲解电梯媒体开发计划书的制作方法。

///// **案例制作** //

17.2.1　设置计划书的母版

第1步 新建演示文稿，将其命名为"开发计划书"，然后进入到"幻灯片母版"视图，制作统一的母版幻灯片格式。

第2步 在主母版中插入素材文件"钟.png"，然后单击"图片工具 格式"选项卡下"大小"组中的"裁剪"按钮，在弹出的下拉菜单中选择"裁剪"选项，如图 17-2 所示，对图片进行裁剪后调整其位置，然后将其置于底层。

第3步 单击"幻灯片母版"选项卡"编辑主题"组中的"字体"按钮，在弹出的下拉菜单中选择如图 17-3 所示的字体选项。

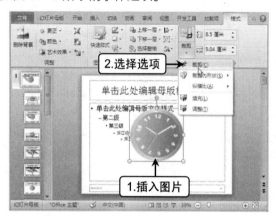

图17-2　选择裁剪选项

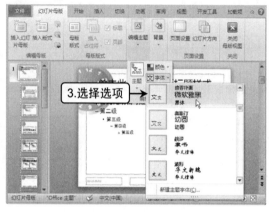

图17-3　选择字体

第4步 单击"编辑主题"组中的"颜色"按钮，在弹出的下拉菜单中选择"技巧"主题颜色选项，如图 17-4 所示。

第5步 在主母版幻灯片的底部绘制几个高度相同宽度各异的矩形，并设置矩形颜色为"褐色，强调文字颜色 5，淡色 40%"，边框为"无轮廓"，如图 17-5 所示。

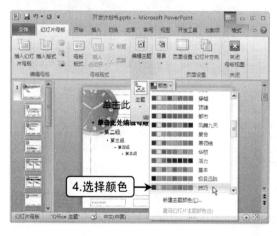

图17-4　选择主题颜色

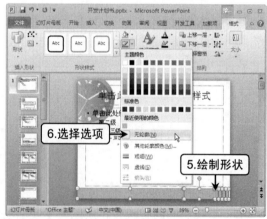

图17-5　绘制矩形

第6步 选择标题幻灯片母版，选中"背景"组中"隐藏背景图形"复选框，然后在标题幻灯片中绘制一个矩形，将其置于底层，设置矩形颜色为褐色，再次插入"钟.png"素材图片，并调整大小和位置，如图 17-6 所示。

第7步 新建母版幻灯片，隐藏背景图形，删除占位符，然后绘制一个弧形，调整大小和位置，并为弧形填充颜色为"褐色，强调文字颜色 5，淡色 40%"，边框为"无轮廓"，如图 17-7 所示。

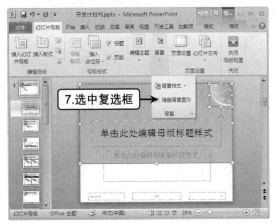

图17-6　设置标题幻灯片格式　　　　　图17-7　制作导航幻灯片格式

17.2.2　制作计划书的目录幻灯片

第1步 由于本演示文稿的篇幅较长，所以为其制作导航幻灯片。退出幻灯片母版编辑状态，在标题幻灯片中输入文本，然后新建"自定义版式"幻灯片，绘制垂直文本框并输入文本内容"目录"，单击"绘图工具 格式"选项卡下"艺术字样式"组中的"快速样式"按钮，在弹出的下拉列表框中选择如图 17-8 所示的艺术效果。

第2步 在幻灯片中绘制两个重叠的圆形，底层的圆形较大，上面的圆形较小，然后选择底层的圆形形状，打开"设置形状格式"对话框，在其中选中"渐变填充"单选按钮，单击"预设颜色"下拉按钮，在弹出的下拉列表中选择"银波荡漾"渐变效果，如图 17-9 所示，并设置该形状无轮廓。

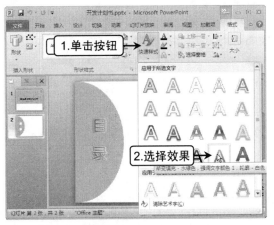

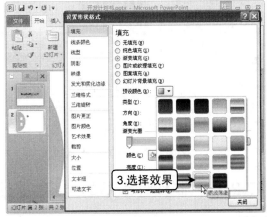

图17-8　为文本应用艺术字效果　　　　图17-9　设置大圆形状样式

第3步 选择上层的小圆形形状，单击"绘图工具 格式"选项卡"形状样式"组中的"其他"按钮，在弹出的下拉菜单中选择"强调效果-水绿色，强调颜色 1"形状样式，如图 17-10 所示，并设置其无轮廓。

第4步 将大圆形和小圆形组合成一个对象，然后将形状复制 5 个，并更换其中小圆形的填充颜色，调整形状的位置，如图 17-11 所示。

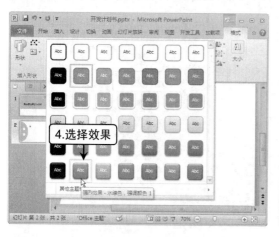

图17-10　设置小圆形形状效果

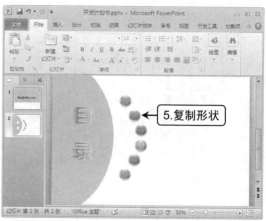

图17-11　复制形状

第5步 在每个形状组合后面绘制一根线，然后单击"绘图工具 格式"选项卡下"形状轮廓"按钮右侧的下拉按钮▾，在弹出的下拉菜单中设置线条的粗细为"2.25 磅"，线型为圆点虚线，如图 17-12 所示。

第6步 在绘制的线条上绘制文本框，然后输入文本并设置文本格式，完成后其效果如图 17-13 所示。

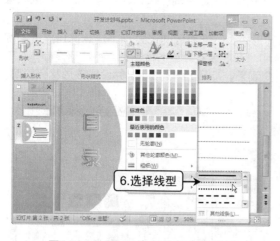

图17-12　设置线条的粗细及线型

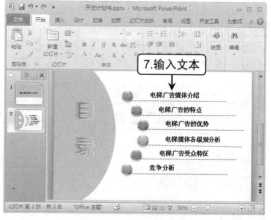

图17-13　添加文本

17.2.3　制作计划书的内容幻灯片

第1步 接下来就开始制作演示文稿的内容幻灯片，首先新建一张标题和内容幻灯片，在占位符中输入相关的文本内容，并设置文本格式，如图 17-14 所示。

第2步 新建一张仅标题幻灯片，输入标题文本后，在幻灯片中间绘制一个圆形形状，然后再绘制 4 个任意多边形，使其围绕在圆形四周，如图 17-15 所示。

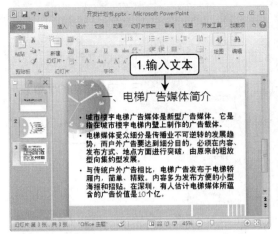

图17-14 制作电梯广告媒体简介幻灯片

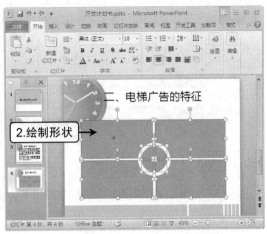

图17-15 绘制形状

第3步 选择绘制的圆形形状，设置其填充效果为银白色的渐变填充，然后单击"形状样式"组中"形状效果"按钮，在弹出的下拉菜单中选择"棱台/角度"命令，如图17-16所示。

第4步 分别选择任意多边形，为其填充不同的颜色，并调整填充颜色的透明度为"85%"，如图17-17所示。

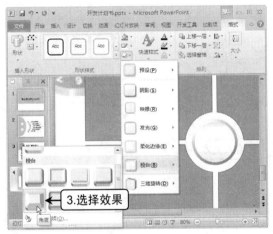

图17-16 设置圆形形状效果

图17-17 为形状填充颜色并调整透明度

第5步 接下来分别在多边形上绘制矩形形状，设置矩形的填充颜色，并进入到"设置形状格式"对话框，设置其透明度为"20%"，然后绘制文本框，输入文本内容，并设置文本格式，完成后其效果如图17-18所示。

第6步 新建仅标题幻灯片，输入标题文本，并在幻灯片中绘制一个圆形，为圆形设置灰色的渐变填充效果，并在圆形中添加文本内容，如图17-19所示。

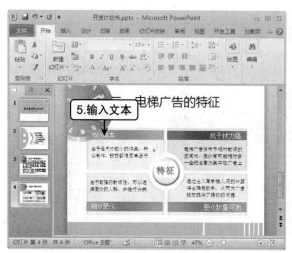

图17-18　添加文本内容

图17-19　绘制形状并在其中输入文本

第7步 绘制 3 个流程图形状，为形状设置"角度"棱台效果，分别填充绿、黄、蓝渐变颜色，并添加三维旋转的效果，如图 17-20 所示。

第8步 将圆形复制两个放置在流程图形状之上，然后修改形状中的文本内容，最后在流程图上绘制文本框，并在文本框中输入文本内容，如图 17-21 所示。

图17-20　设置形状格式

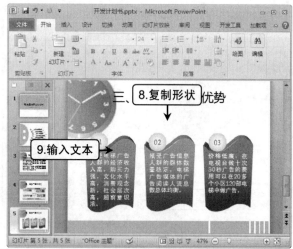

图17-21　复制形状并输入文本

第9步 新建仅标题幻灯片，输入标题文本后，在幻灯片中绘制 3 个箭头形状，调整形状的大小和层次关系后，分别选择形状，为其添加黄、绿、蓝渐变填充效果，然后为形状添加"角度"棱台效果，并设置其三维旋转的透视角度为"65°"，如图 17-22 所示。

第10步 在箭头形状中绘制垂直文本框，并输入文本内容，然后为文本添加"填充-白色，投影"艺术字效果，如图 17-23 所示。

图17-22　绘制形状并设置形状格式

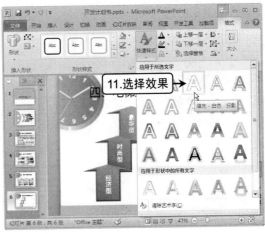

图17-23　设置文本艺术字效果

第11步 绘制 3 个矩形形状，并将矩形置于底层，然后设置矩形的填充颜色为"无填充颜色"，形状轮廓的颜色与对应箭头的颜色一致，最后在矩形上绘制文本框，输入文本内容并设置文本格式，如图 17-24 所示。

第12步 新建仅标题幻灯片，输入标题文本后，首先在其中绘制一个标注形状，然后在标注形状中输入文本内容，切换到"绘图工具 格式"选项卡，单击"形状样式"组中"其他"按钮，在弹出的下拉列表框中选择"细微效果-淡紫，强调颜色 3"样式，如图 17-25 所示。

图17-24　设置矩形格式并输入文本

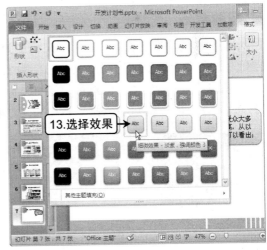

图17-25　绘制标注并设置其格式

第13步 在幻灯片中绘制 4 个矩形形状，为其填充不同的渐变颜色后，再在矩形上绘制 4 个文本框，并在其中输入文本内容，如图 17-26 所示。

第14步 新建标题和内容幻灯片，在其中输入对应的文本内容，最后回到第 2 张幻灯片中，为目录幻灯片添加交互效果，如图 17-27 所示。

职场综合应用篇

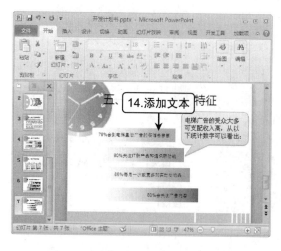

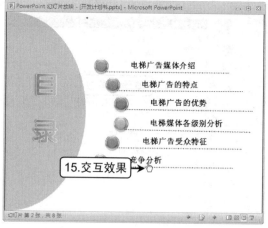

图17-26 制作产品受众特征幻灯片　　　　图17-27 为目录幻灯片添加的交互效果

17.3 　地产交易会总结报告

　　房交会总结报告演示文稿是为了提供给产业内部分析未来发展的趋势，或引导客户了解市场，这类演示文稿多以数据表格和图示为主，内容严谨。本节将介绍地产交易会总结报告演示文稿的制作方法。

///// **案例展示** ///

　　本例制作的房交会总结报告演示文稿主要分为三个部分：展会情况、参展效果和成交分析，如图17-28所示为本节制作的房交会总结报告演示文稿中的各部分效果，其中包括首页幻灯片、目录幻灯片、参展项目幻灯片和成交分析幻灯片等（◎光盘\素材\第17章\地产交易会总结报告.pptx；◎光盘\效果\第17章\地产交易会总结报告.pptx）。

① 首页幻灯片　　　　　　　　　　　② 目录幻灯片

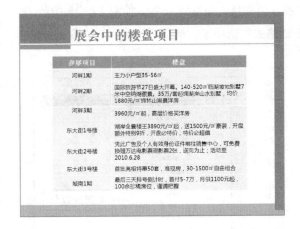

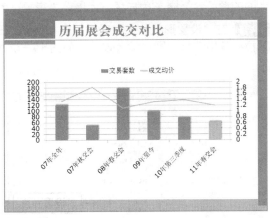

③ 参展项目幻灯片　　　　　　　　　　④ 成交分析幻灯片

图17-28　地产交易会总结报告演示文稿中的各幻灯片

////// **案例分析** //

　　由于在总结报告中会涉及到较多的数据，所以需要利用表格或图表的形式来处理这些数据，本总结报告在结构上分为3个部分，因此用户可以充分利用演示文稿的交互效果制作导航幻灯片。下面就开始制作地产交易会总结报告。

////// **案例制作** //

17.3.1　制作总结报告的目录幻灯片

第1步 打开提供的"地产交易会总结报告"演示文稿，然后新建一张仅标题幻灯片，并输入标题文本，如图 17-29 所示。

第2步 在幻灯片中绘制一个圆形形状，然后在原位上复制粘贴形状，并按住【Ctrl+Shift】组合键拖动鼠标，将置于上层的圆形形状缩小，如图 17-30 所示。

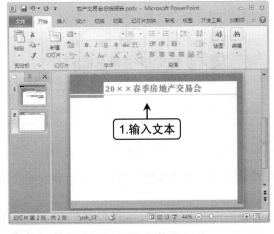

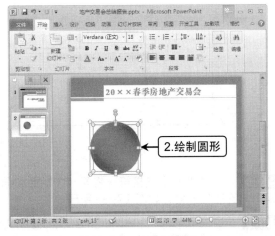

图17-29　新建幻灯片　　　　　　　　　图17-30　绘制形状

第3步 选择大圆形形状，打开"设置形状格式"对话框，为形状添加渐变填充效果，并设置渐变光圈的颜色，光圈 1 为白色，光圈 2 为绿色，光圈 3 为白色，角度为 45°，如图 17-31 所示。

第4步 在"设置形状格式"对话框中切换到"三维格式"选项卡，单击"顶端"下拉按钮，在其下拉列表中选择"圆"棱台效果，如图 17-32 所示。

图17-31　为大圆形设置填充效果　　　　　　　图17-32　为大圆形设置棱台效果

第5步 选择小圆形，打开"设置形状格式"对话框，为形状添加渐变填充效果，并设置渐变光圈的颜色，角度为 315°，如图 17-33 所示。

第6步 在幻灯片中绘制 3 个圆角矩形，保持 3 个矩形的选择状态，单击"绘图工具 格式"选项卡"形状样式"组中的"其他"按钮，在弹出的下拉菜单中选择"中等效果–深黄，强调颜色 6"选项，如图 17-34 所示。

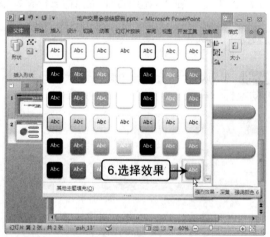

图17-33　为小圆形设置填充效果　　　　　　　图17-34　为绘制的圆角矩形设置样式

第7步 绘制两条肘形连接符，将第一个矩形和第三个矩形与圆形相连接，然后绘制直线将第二个矩形与圆形相连接，如图 17-35 所示。

第8步 分别在圆形形状和圆角矩形形状上绘制文本框并输入文本内容，并选择所有文本，单击"绘图工具 格式"选项卡"艺术字样式"组中的"快速样式"按钮，在弹出的下拉菜单中选择"填充–白色，投影"艺术字效果选项，如图 17-36 所示。

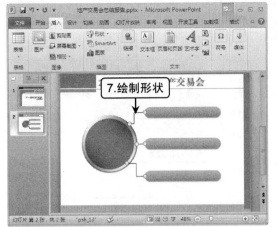

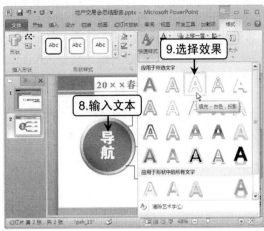

图17-35　绘制连接符　　　　　　　图17-36　为文本设置艺术字样式

17.3.2　制作总结报告的展会情况幻灯片

第1步 新建节标题幻灯片，删除其中的占位符后，在幻灯片中绘制一个圆角矩形，单击"绘图工具 格式"选项卡"形状样式"组中的"其他"按钮，在弹出的下拉菜单中选择"中等效果-浅绿，强调颜色5"选项，如图17-37所示。

第2步 绘制一个向下箭头形状，放置在矩形形状之上，调整箭头形状的样式，并为形状填充白色，无形状轮廓，然后在形状上单击鼠标右键，在弹出的快捷菜单中选择"编辑文字"命令，输入文本，并打开"设置文本效果格式"对话框为文本设置艺术字样式，如图17-38所示。

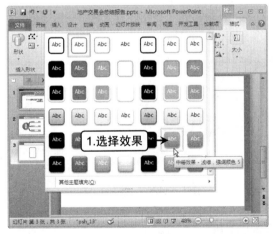

图17-37　新建幻灯片并绘制形状　　　　图17-38　绘制箭头形状

第3步 在矩形上绘制一个垂直文本框，并在其中输入文本内容，为文本添加"填充-白色，强调文字颜色3，轮廓-文本2"艺术字效果，如图17-39所示。

第4步 新建仅标题幻灯片，在标题文本框输入文本内容，单击"插入"选项卡"插图"组中的"图表"按钮，打开"插入图表"对话框，选择"簇状圆柱图"图表类型，如图17-40所示。

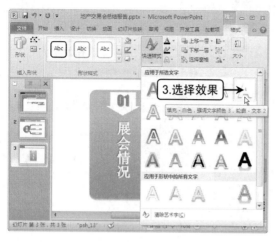

图17-39　插入艺术字

图17-40　插入图表

第5步 在打开的 Excel 电子表格中输入数据，然后退出电子表格，再选择图表，单击"图表工具 设计"选项卡"图表样式"组中的"快速样式"按钮，在弹出的下拉列表中选择图表的样式，如图 17-41 所示。

第6步 绘制一个矩形，设置为无填充效果，并设置矩形边框的颜色为深黄色线型为短划线，然后绘制一个相同样式的标注框，设置标注的格式，并在标注中输入文本内容，如图 17-42 所示。

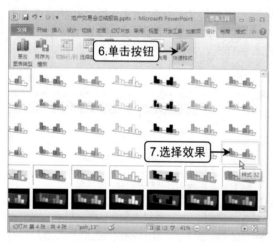

图17-41　设置图表外观样式

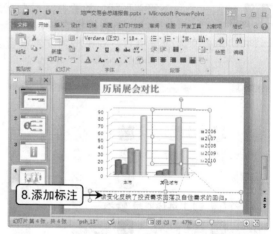

图17-42　添加标注

17.3.3　制作总结报告的参展项目幻灯片

第1步 接下来制作第二部分参展项目幻灯片，首先复制第 3 张幻灯片，重新选择矩形的预设样式，并更改幻灯片中的文本内容，如图 17-43 所示。

第2步 新建一张仅标题幻灯片，输入标题后单击"插入"选项卡"插图"组中的"表格"按钮，绘制一个 8 行 2 列的表格，如图 17-44 所示。

高效办公 职场

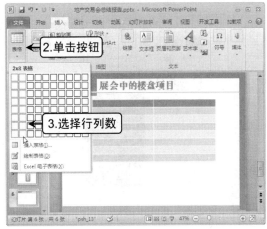

图17-43 复制幻灯片并修改形状样式和文本内容　　　图17-44 插入表格

第3步 在表格中输入文本内容，并调整表格的行高和列宽、大小和位置，如图17-45所示。

第4步 选择表头，单击"表格工具 设计"选项卡中的"底纹"按钮右侧的下拉按钮，更换表头的底纹颜色，然后选择表身，用同样的方法更换表身的底纹颜色，如图17-46所示。

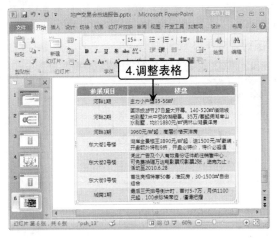
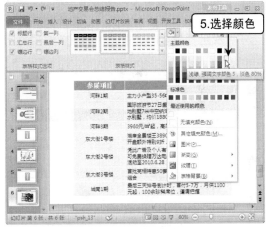

图17-45 在表格中输入文本内容　　　图17-46 设置表格填充颜色

17.3.4 制作总结报告的成交分析幻灯片

第1步 开始制作第三部分成交分析幻灯片，首先复制第5张幻灯片，并调整复制的幻灯片在"幻灯片"窗格中的位置使之成为第7张幻灯片，然后再为矩形重新选择预设样式，并更换幻灯片中的文本内容，如图17-47所示。

第2步 新建一张仅标题幻灯片，在标题占位符中输入标题文本后，单击"插图"组中的"图表"按钮，打开"插入图表"对话框，选择适合的图表类型，然后自动打开Excel电子表格，并在电子表格程序中输入数据，如图17-48所示。

图17-47　为形状设置样式　　　　　　　　图17-48　　输入数据

第3步 关闭 Excel 表格程序，然后对图表行列进行切换，选择"成交均价"数据系列，然后单击"图表工具 设计"选项卡下"类型"组中的"更改图表类型"按钮，在打开的对话框中选择"折线图"选项，如图 17-49 所示。

第4步 该数据系列变为折线图效果，但是折线效果不明显，于是选择折线，并在其上单击鼠标右键，在弹出的快捷菜单中选择"设置数据系列格式"命令，在打开对话框的"系列选项"选项卡右侧选中"次坐标轴"单选按钮，然后单击"关闭"按钮，如图 17-50 所示。

 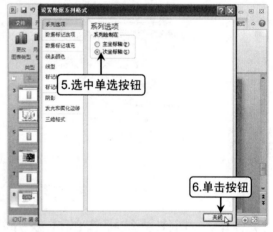

图17-49　切换行列数据并更改图表类型　　　　图17-50　　设置数据系列格式

第5步 切换到"图表工具 布局"选项卡，单击"标签"组中"图例"按钮，在弹出的下拉菜单中选择"在顶部显示图例"选项，如图17-51所示，并根据情况调整图表的布局位置。

第6步 分别选择图表中的数据系列，单击"图表工具 格式"选项卡中的"形状填充"按钮右侧的下拉按钮，为其分别选择适合的颜色，然后单击"形状效果"按钮，为形状增加外部右上斜偏移的阴影效果，如图 17-52 所示。

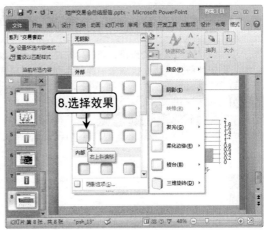

图17-51　调整图表布局　　　　　　　图17-52　设置数据系列格式

第7步 完成所有内容幻灯片的制作后，回到第二张目录导航幻灯片中，为导航添加对应的超链接，最后对演示文稿进行保存。

读者意见反馈表

亲爱的读者：

感谢您对中国铁道出版社的支持，您的建议是我们不断改进工作的信息来源，您的需求是我们不断开拓创新的基础。为了更好地服务读者，出版更多的精品图书，希望您能在百忙之中抽出时间填写这份意见反馈表发给我们。随书纸制表格请在填好后剪下寄到：北京市西城区右安门西街8号中国铁道出版社综合编辑部 苏茜 收（邮编：100054）。或者采用传真（010-63549458）方式发送。此外，读者也可以直接通过电子邮件把意见反馈给我们，E-mail地址是：suqian@tqbooks.net。我们将选出意见中肯的热心读者，赠送本社的其他图书作为奖励。同时，我们将充分考虑您的意见和建议，并尽可能地给您满意的答复。谢谢！

- -

所购书名：_____

个人资料：

姓名：_____ 性别：_____ 年龄：_____ 文化程度：_____

职业：_____ 电话：_____ E-mail：_____

通信地址：_____ 邮编：_____

- -

您是如何得知本书的：

□书店宣传 □网络宣传 □展会促销 □出版社图书目录 □老师指定 □杂志、报纸等的介绍 □别人推荐
□其他（请指明）_____

您从何处得到本书的：

□书店 □邮购 □商场、超市等卖场 □图书销售的网站 □培训学校 □其他

影响您购买本书的因素（可多选）：

□内容实用 □价格合理 □装帧设计精美 □带多媒体教学光盘 □优惠促销 □书评广告 □出版社知名度
□作者名气 □工作、生活和学习的需要 □其他

您对本书封面设计的满意程度：

□很满意 □比较满意 □一般 □不满意 □改进建议

您对本书的总体满意程度：

从文字的角度 □很满意 □比较满意 □一般 □不满意
从技术的角度 □很满意 □比较满意 □一般 □不满意

您希望书中图的比例是多少：

□少量的图片辅以大量的文字 □图文比例相当 □大量的图片辅以少量的文字

您希望本书的定价是多少：

本书最令您满意的是：

1.
2.

您在使用本书时遇到哪些困难：

1.
2.

您希望本书在哪些方面进行改进：

1.
2.

您需要购买哪些方面的图书？对我社现有图书有什么好的建议？

您更喜欢阅读哪些类型和层次的计算机书籍（可多选）？

□入门类 □精通类 □综合类 □问答类 □图解类 □查询手册类 □实例教程类

您在学习计算机的过程中有什么困难？

您的其他要求：